高效毁伤系统丛书·智能弹药理论与应用

含能破片战斗部理论与应用

The Theory and Application of the Warhead with Energetic Fragments

何勇 何源 王传婷 郭磊 编著

内容简介

破片式杀爆战斗部是我国弹药应用最广泛的战斗部类型，在我国各类炮弹、导弹、火箭弹平台均有大量应用。含能破片战斗部又称活性破片战斗部，是一种将多功能含能结构材料与预制破片式战斗部相结合的新概念高效毁伤战斗部技术。当含能破片高速撞击目标时，自身能产生燃烧/爆炸类化学反应，释放出不低于高能炸药量级的热量，并在穿透目标壳体后引燃/引爆易燃易爆类目标，有效提高了破片毁伤效能及杀伤后效，增加对目标的杀伤威力。

本书结合作者自身研究，从杀爆战斗部分类及特点、多功能含能结构材料制备及性能、杀爆战斗部基本原理及威力计算、含能破片对典型目标作用、杀爆战斗部毁伤效应等方面进行了介绍。本书既可作为从事弹药生产和研究的科技人员参考用书，也可作为弹药专业研究生教材。

图书在版编目(CIP)数据

含能破片战斗部理论与应用 / 何勇等编著. -- 北京：北京理工大学出版社，2021.6（2022.8重印）
（高效毁伤系统丛书. 智能弹药理论与应用）
ISBN 978-7-5682-9952-7

Ⅰ. ①含… Ⅱ. ①何… Ⅲ. ①弹药-战斗部-研究
Ⅳ. ①TJ410.3

中国版本图书馆 CIP 数据核字(2021)第 125602 号

出　　版 / 北京理工大学出版社有限责任公司
社　　址 / 北京市海淀区中关村南大街 5 号
邮　　编 / 100081
电　　话 / (010)68914775(总编室)
　　　　　(010)82562903(教材售后服务热线)
　　　　　(010)68944723(其他图书服务热线)
网　　址 / http://www.bitpress.com.cn
经　　销 / 全国各地新华书店
印　　刷 / 北京捷迅佳彩印刷有限公司
开　　本 / 710 毫米×1000 毫米　1/16
印　　张 / 19　　　　责任编辑 / 王玲玲
字　　数 / 322 千字　　　　文案编辑 / 王玲玲
版　　次 / 2021 年 6 月第 1 版　2022 年 8 月第 2 次印刷　　　　责任校对 / 周瑞红
定　　价 / 89.00 元　　　　责任印制 / 李志强

《国之重器出版工程》
编辑委员会

专家委员会委员（按姓氏笔画排列）：

于　全　中国工程院院士
王　越　中国科学院院士、中国工程院院士
王小谟　中国工程院院士
王少萍　“长江学者奖励计划”特聘教授
王建民　清华大学软件学院院长
王哲荣　中国工程院院士
尤肖虎　“长江学者奖励计划”特聘教授
邓玉林　国际宇航科学院院士
邓宗全　中国工程院院士
甘晓华　中国工程院院士
叶培建　人民科学家、中国科学院院士
朱英富　中国工程院院士
朵英贤　中国工程院院士
邬贺铨　中国工程院院士
刘大响　中国工程院院士
刘辛军　“长江学者奖励计划”特聘教授
刘怡昕　中国工程院院士
刘韵洁　中国工程院院士
孙逢春　中国工程院院士
苏东林　中国工程院院士
苏彦庆　“长江学者奖励计划”特聘教授
苏哲子　中国工程院院士
李寿平　国际宇航科学院院士

李伯虎　中国工程院院士
李应红　中国科学院院士
李春明　中国兵器工业集团首席专家
李莹辉　国际宇航科学院院士
李得天　国际宇航科学院院士
李新亚　国家制造强国建设战略咨询委员会委员、中国机械工业联合会副会长
杨绍卿　中国工程院院士
杨德森　中国工程院院士
吴伟仁　中国工程院院士
宋爱国　国家杰出青年科学基金获得者
张　彦　电气电子工程师学会会士、英国工程技术学会会士
张宏科　北京交通大学下一代互联网互联设备国家工程实验室主任
陆　军　中国工程院院士
陆建勋　中国工程院院士
陆燕荪　国家制造强国建设战略咨询委员会委员、原机械工业部副部长
陈　谋　国家杰出青年科学基金获得者
陈一坚　中国工程院院士
陈懋章　中国工程院院士
金东寒　中国工程院院士
周立伟　中国工程院院士

郑纬民 中国工程院院士
郑建华 中国科学院院士
屈贤明 国家制造强国建设战略咨询委员会委员、工业和信息化部智能制造专家咨询委员会副主任
项昌乐 中国工程院院士
赵沁平 中国工程院院士
郝　跃 中国科学院院士
柳百成 中国工程院院士
段海滨 “长江学者奖励计划”特聘教授
侯增广 国家杰出青年科学基金获得者
闻雪友 中国工程院院士
姜会林 中国工程院院士
徐德民 中国工程院院士
唐长红 中国工程院院士
黄　维 中国科学院院士
黄卫东 “长江学者奖励计划”特聘教授
黄先祥 中国工程院院士
康　锐 “长江学者奖励计划”特聘教授
董景辰 工业和信息化部智能制造专家咨询委员会委员
焦宗夏 “长江学者奖励计划”特聘教授
谭春林 航天系统开发总师

《高效毁伤系统丛书·智能弹药理论与应用》
编写委员会

丛书序

智能弹药被称为“有大脑的武器”，其以弹体为运载平台，采用精确制导系统精准毁伤目标，在武器装备进入信息发展时代的过程中发挥着最隐秘、最重要的作用，具有模块结构、远程作战、智能控制、精确打击、高效毁伤等突出特点，是武器装备现代化的直接体现。

智能弹药中的探测与目标方位识别、武器系统信息交联、多功能含能材料等内容作为武器终端毁伤的共性核心技术，起着引领尖端武器研发、推动装备升级换代的关键作用。近年来，我国逐步加快传统弹药向智能化、信息化、精确制导、高能毁伤等低成本智能化弹药领域的转型升级，从事武器装备和弹药战斗部研发的高等院校、科研院所迫切需要一系列兼具科学性、先进性，全面阐述智能弹药领域核心技术和最新前沿动态的学术著作。基于智能弹药技术前沿理论总结和发展、国防科研队伍与高层次高素质人才培养、高质量图书引领出版等方面的需求，《高效毁伤系统丛书・智能弹药理论与应用》应运而生。

北京理工大学出版社联合北京理工大学、南京理工大学和陆军工程大学等单位一线的科研和工程领域专家及其团队，依托爆炸科学与技术国家重点实验室、智能弹药国防重点学科实验室、机电动态控制国家级重点实验室、近程高速目标探测技术国防重点实验室以及高维信息智能感知与系统教育部重点实验室等多家单位，策划出版了本套反映我国智能弹药技术综合发展水平的高端学术著作。本套丛书以智能弹药的探测、毁伤、效能评估为主线，涵盖智能弹药目标近程智能探测技术、智能毁伤战斗部技术和智能弹药试验与效能评估等内容，凝聚了我国在这一前沿国防科技领域取得的原创性、引领性和颠覆性研究

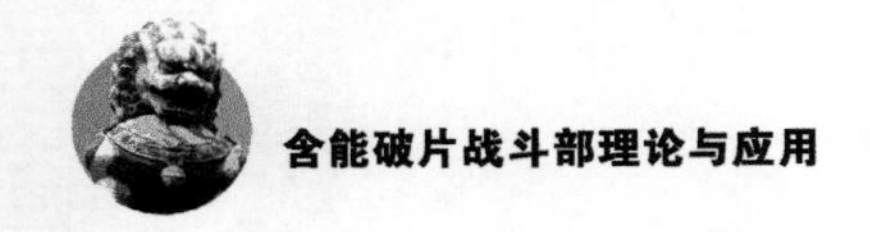

成果，这些成果拥有高度自主知识产权，具有国际领先水平，充分践行了国家创新驱动发展战略。

经出版社与我国智能弹药研究领域领军科学家、教授学者们的多次研讨，《高效毁伤系统丛书·智能弹药理论与应用》最终确定为12册，具体分册名称如下：《智能弹药系统工程与相关技术》《灵巧引信设计基础理论与应用》《引信与武器系统信息交联理论与技术》《现代引信系统分析理论与方法》《现代引信地磁探测理论与应用》《新型破甲战斗部技术》《含能破片战斗部理论与应用》《智能弹药动力装置设计》《智能弹药动力装置实验系统设计与测试技术》《常规弹药智能化改造》《破片毁伤效应与防护技术》《毁伤效能精确评估技术》。

《高效毁伤系统丛书·智能弹药理论与应用》的内容依托多个国家重大专项，汇聚我国在弹药工程领域取得的卓越成果，入选"国家出版基金"项目、"'十三五'国家重点出版物出版规划"项目和工业和信息化部"国之重器出版工程"项目。这套丛书承载着众多兵器科学技术工作者孜孜探索的累累硕果，相信本套丛书的出版，必定可以帮助读者更加系统、全面地了解我国智能弹药的发展现状和研究前沿，为推动我国国防和军队现代化、武器装备现代化做出贡献。

《高效毁伤系统丛书·智能弹药理论与应用》
编写委员会

前　言

破片式杀爆战斗部是我国弹药应用最广泛的战斗部类型，在我国各类炮弹、导弹、火箭弹平台均有大量应用。含能破片战斗部又称为活性破片战斗部，是一种将多功能含能结构材料与预制破片式战斗部相结合的新概念高效毁伤战斗部技术。当含能破片高速撞击目标时，自身能产生燃烧/爆炸类化学反应，释放出不低于高能炸药量级的热量，并在穿透目标壳体后引燃/引爆易燃易爆类目标，有效提高了破片毁伤效能及杀伤后效，增加了对目标的杀伤威力。

作者结合自身研究，从杀爆战斗部分类及特点、多功能含能结构材料制备及性能、杀爆战斗部基本原理及威力计算、含能破片对典型目标作用、杀爆战斗部毁伤效应等方面进行了介绍。本书可作为从事弹药生产和研究的科技人员参考用书，亦可作为弹药专业研究生教材。

本书采用国际单位制，由南京理工大学何勇教授主持撰写，何源、王传婷、潘绪超、焦俊杰、郭磊、方中等参与撰写。

由于编写时间仓促，书中不妥之处希望读者批评指正。

作　者

目　录

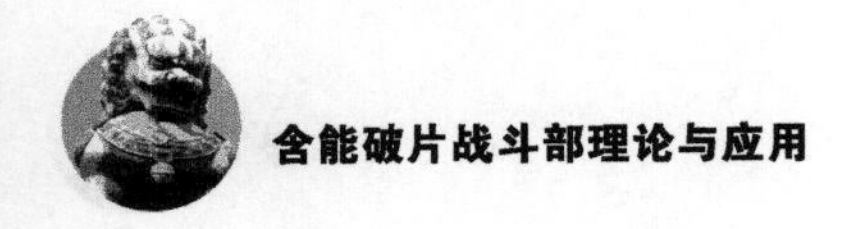

第1章 含能破片战斗部概述

1.1 含能破片战斗部的概念

破片式战斗部是战斗部的主要类型之一，主要是在高能炸药爆炸作用下，形成大量高速破片，利用破片的高速碰击、引燃和引爆作用毁伤目标。可以用于杀伤有生力量（人、畜）、无装甲或轻型装甲车辆、飞机、雷达及导弹等武器装备。

现阶段对武器装备的要求一是要能精确命中目标，二是要能高效毁伤目标，才能发挥更有效的精确打击效能，否则，击而不毁，事倍功半。常规破片式战斗部主要依赖惰性金属材料（如钨、钢、铜等）毁伤元打击目标，通过动能侵彻和机械贯穿作用对目标实施毁伤/杀伤。由于受惰性金属毁伤元单一动能毁伤机理和毁伤模式的局限，很大程度上制约了常规破片式战斗部毁伤威力的发挥和提升。因此，研究高效毁伤新材料、新机理和新方法，实现破片式战斗部威力大幅度提升，是世界各国弹药装备研发的共同目标。

含能破片战斗部又称活性破片战斗部，是一种将多功能含能结构材料与预制破片式战斗部相结合的新概念高效毁伤战斗部技术，其最早是 1976 年 Hugh 在专利中提出的。当其高速撞击目标时，自身能产生燃烧/爆炸类化学反应，释放出不低于高能炸药量级的热量，产生 3 000 ℃以上的高温，并在穿透目标壳体后引燃/引爆易燃易爆类目标，有效提高了破片毁伤效能及杀伤后效，增加对目标的杀伤威力。含能破片主要是由一种或者几种亚稳态复合材料组成的

在冲击载荷作用下可产生类爆炸或燃烧等化学反应的金属聚合物组成，配方组成形式、种类多样。而其能量的输出方式主要为热能及产生超高温，因此这类含能破片用来对付航空燃油、航空器/来袭导弹电子制导设备有较好的毁伤效果（图1.1）。

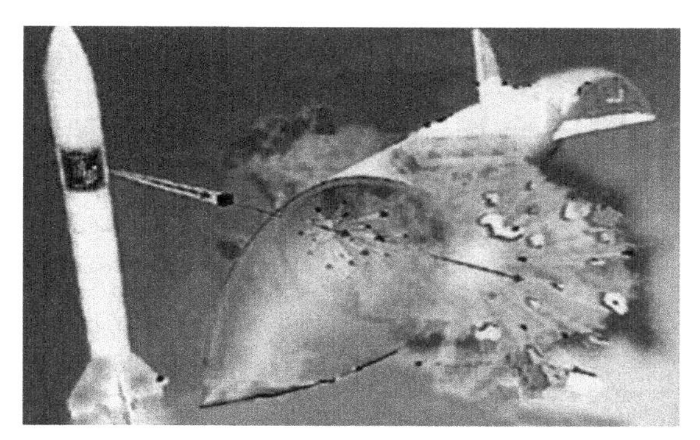

图1.1 含能破片毁伤来袭导弹示意图

含能破片（Energetic Fragment）又称反应破片，是一种自身含有化学能并在冲击过程中释放的预制破片。这种破片高速碰撞和侵彻目标时，其材料组分因受到强烈的冲击作用而快速发生化学反应，释放出大量的热量，起到对目标内部结构烧蚀、引燃、引爆的作用。由含能破片组成的预制破片战斗部结构工艺相对简单，制造成本相对较低，对发射、制导系统的要求低。相较于普通的惰性破片，含能破片不但具有传统的动能毁伤作用，还因为其具有爆炸、燃烧等化学毁伤效应，极大地提高了综合毁伤能力，这些正是现有的防空武器迫切需要解决的问题。此外，将此类战斗部应用于地面武器系统，同样可以增强对轻型装甲车辆、雷达及电子设备的毁伤能力。

含能破片按结构来分，主要可分为两种，即单一整体式含能破片和带壳包覆式含能破片。单一整体式含能破片由强度高、韧性好、密度较大的多功能含能结构材料模压或烧结等工艺制成，其优点为整体由多功能含能结构材料构成，单位体积所含化学能较高；缺点为强度、密度较低，因此驱动加载过程容易破碎，并且侵彻能力有限。带壳包覆式含能破片外壳为高强度惰性金属壳体，内部装填含能物质，其优点为壳体强度高、整体密度相对整体式大，并且加工制备工艺简单，工程应用实现容易；缺点为单位体积所含化学能相对整体式低，多功能含能结构材料装填有限。含能破片可以预制破片的形式置于战斗装药外侧或头部空腔内，炸药爆炸加速过程中，破片不发生反应或者少量反应，在含能破片与目标碰击过程中，依靠撞击产生的能量引发含能破片反应。当破片侵彻蒙皮或壳体进入目标体内部后，适时释放能量并引发爆炸/燃烧效

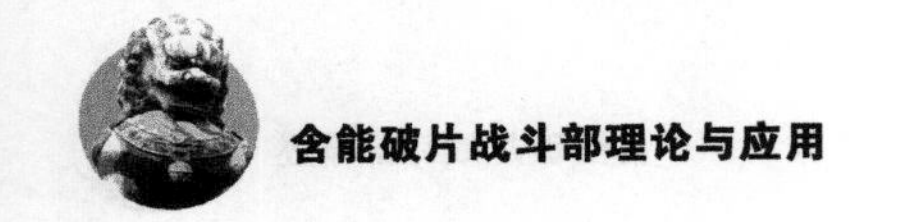

应，从而对目标形成毁伤，具有动能侵彻效应和引燃/引爆双重毁伤效应。由于其同时兼有动能和化学能两种毁伤效能，对大幅度提高防空反导弹药杀伤威力有重要的军事应用前景，可作为地空导弹、中/大口径高炮弹药的战斗部，因此得到了国内外学者的广泛关注。

1.2　破片式战斗部研究现状及发展趋势

破片式战斗部由于其结构较为简单、制造成本低、等质量情况下的杀伤半径较大、对导引和引战配合的精度要求均较低，并且在各类作战条件下均有较好的适应性，因此已成为防空弹药中应用最为广泛的一种战斗部。传统的破片战斗部可分为自然破片战斗部、半预制破片战斗部和预制破片战斗部，半预制破片又称预控破片。其中自然破片为不可控破片，半预制破片和预制破片又称为可控破片。在这类战斗部的基础上，近年来又发展了多种新型定向破片战斗部。

1.2.1　自然破片式战斗部

10 世纪末叶，中国北宋初的军事家根据炼丹家在炼制弹药过程中曾经使用过的火药配方，配成最初的火药并制成初期火器用于作战，火球、火药箭、竹火枪、铁火砲纷纷应运而生。其中火球是用火药制成的一种爆炸火器，球壳用纸糊制，内装火药、砖石、铁蒺藜、碎屑、瓷片等，重三五斤，分为引火球、蒺藜火球、霹雳火球、烟球、毒药烟球、铁嘴火鹞、竹火鹞等。后经实战的使用，又有较大的改进，由纸壳火球发展为陶装、瓷装火器。这类火器一般呈圆罐形，上部有隆起的小圆口，外表布列上锐下粗的尖刺，内装火药及铁蒺藜（图 1.2）。采用烙锥或者火捻延时引爆，通过爆炸后产生的声响、碎片、铁蒺藜等吓阻杀伤敌军。

金人受陶制与瓷制火蒺藜启发，创制了用生铁外壳装填火药的铁火砲（图 1.3），采用火捻延时引爆，爆炸时“其声大如霹雳”，所以又称“震天雷”。通过爆炸产生的冲击波和破片杀伤敌军，可以有效穿透牛皮和铁甲，是破片战斗部的先导。随后历经元明清各代发展改进，形成了采用芦管等内置药捻作为引信，使用生铁外壳，内装填火药、铁丸等火炮投射的开花弹。由于内装火药威力较小，产生的破片较大、初速较慢，杀伤半径较小，生产工艺复杂，危险性高等缺点，在战争中应用效果有限。

图 1.2 宋陶火蒺藜

图 1.3 四种铁火砲（葫芦式、圆球式、合碗式、罐式）

到了16世纪，通过古代丝绸之路的传播，欧洲人也学会了这类火器的制造方法，并将它们统称为“榴弹”。有文献记载，1643年在英国内战中争夺威尔士境内的霍尔特桥的战斗中使用了榴弹。早期榴弹的典型设计是在一个中空的生铁壳体中填满火药，士兵只需点燃火捻，并将榴弹尽快地投掷出去。由于这种榴弹杀伤威力过小，又异常危险，逐渐被人们摒弃。开花弹被传播到欧洲后，经过改良形成了近代榴弹的典型构型，如图1.4（a）所示。采用木质锥形引信保证延时的有效性，又采用木质弹托保证炮弹在膛内的姿态，提高安全性，从而大大拓展了该类榴弹的应用场景。

早期的破片式战斗部主要是无控的自然破片战斗部，此类战斗部的壳体通常是等壁厚的圆柱形钢壳，在环向和轴向都没有预设的薄弱环节。壳体在炸药爆轰产物作用下膨胀，断裂，形成破片杀伤元，壳体既是容器，又充当杀伤元素，材料利用率较高，壳体较厚，爆轰产物泄漏之前驱动加速时间长，破片初速高。战斗部爆炸后，所形成的破片数量和质量与装药性能、装药质量与壳体质量的比值（质量比）、壳体材料性能和热处理工艺、起爆方式等有关。但是，由于壳体金属晶粒大小、脆性、韧性、壳体厚度、密封情况、炸药装药等因素的影响，导致破片大小和形状均不规则［图1.4（b）］，飞行过程中速度衰减快。提高自然破片战斗部威力性能的主要途径是选择优良的壳体材料并与适当装药性能相匹配，以提高速度和质量都符合要求的破片比例。

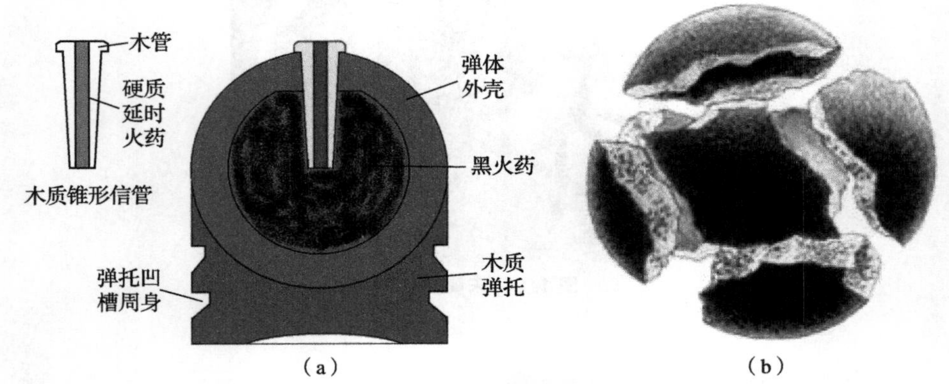

图 1.4　典型开花弹构造图及破片示意图

1.2.2　预控破片战斗部

预控破片战斗部也称半预制破片战斗部，可以通过壳体刻槽、炸药刻槽、增加内衬等技术措施，使壳体局部强度降低，控制其在炸药爆炸时的破裂部位，从而形成大小均匀、形状基本规则的破片杀伤元。

20 世纪四五十年代，基于战术需求，国外学者针对战斗部的预控破碎技术展开了研究，涉及预控破片战斗部的原理探究、结构设计、技术途径等方面，通过大量的试验积累得到了一些经验规律。1915 年，英国工程师威廉・米尔斯发明了米尔斯手雷，首先采用了半预制破片战斗部（图 1.5），采用钢制刻槽外壳，内装炸药。手雷引爆时，钢制外壳沿刻槽破裂形成破片，避免了产生过大过小破片，减少了金属壳体的损失，改善了破片性能，从而提高了战斗部的杀伤效率。

图 1.5　米尔斯手雷

1978 年，J. Pearson 采用剪切控制方法，在战斗部壳体内表面加工了网格系统，使得壳体以每个网格的根部为起点沿断裂迹线断裂，从而实现破片的均匀化。在这之后，D. K. Lucia、W. S. Howard 等学者基于剪切控制方法设计了壳体内表面刻 U 形槽、尖窄形槽等不同网格分布的方案。20 世纪后期，F. Gilbert 设计了在炸药表面刻槽的战斗部结构，炸药由于聚能效应，爆炸后形成许多小射流切割壳体形成均匀破片；W. L. Edward 在

战斗部壳体外侧放置高密度金属网格，使战斗部壳体能产生各种几何形状的杀伤破片。2000年以后，破片战斗部预控破碎技术得到了大力发展。2001年，W. Arnold在战斗部壳体内部放置了外刻槽的内衬，使战斗部形成的破片变得规则并且具有较好的一致性；W. Arnold在2011年进一步提出了带孔洞内衬的战斗部结构，通过改变孔洞分布来改变炸药爆轰波波形，从而控制战斗部壳体的破碎；V. Domenico对预控破片战斗部的工艺技术进行了研究，分别对激光加工、渗氮处理、双层壳体成型等工艺进行了评估。

我国也有不少学者对预控破片战斗部进行了深入的研究。吴建萍研究了刻槽式预控破片战斗部刻槽形状对破片速度的影响，结果表明，方形槽相对于V形槽和锯齿形槽具有更理想的破片形状和速度。彭正午就刻槽参数对预控破片战斗部的杀伤威力进行了详细的研究，并讨论了槽深、槽宽和槽间隔对壳体破碎规律的影响。厉相宝等人进行了外部刻槽钨破片的数值研究，但是只考虑了正方形预控破片，在某些情况下这种边缘为直角的破片杀伤威力是有限的。为了最大化杀伤威力，破片需获得更好的毁伤属性（外形、速度），苗春壮等人利用三维软件对外部刻槽式预控破片战斗部成型过程进行分析模拟，为预控破片弹的设计和优化提供了一定的理论参考。随着新材料、新工艺等科学技术的不断涌现，预控破片战斗部将迎来新的发展阶段。

1.2.3　预制破片战斗部

自然破片与刻槽式破片战斗部，壳体破碎形成独立破片需消耗一部分炸药爆轰所释放出的能量。为了有效避免自然和预控破片产生的不确定因素，使破片质量、形状均匀，并且增大破片的毁伤能力，国内外学者研制出了预制破片战斗部。预制破片战斗部中的破片是预先加工而成的，通过黏合剂等填充放置于壳体周围，战斗部引爆将其抛射出去，因为其形状、数量可控等优点被广泛应用于战斗部中。

预制破片可以加工成特殊的类型，如利用高密度材料作为破片以提高洞穿能力，还可以在破片内部装不同的填料（发火剂、燃烧剂等），以增大破片的杀伤效能。在性能上有较为广泛的调整余地，如通过调整破片层数，可以满足破片数量大的要求，也容易实现大小破片的搭配，以满足特殊的设计需要。目前为了提高破片杀伤战斗部的破片密度，更加高效地利用爆轰能量，常采用多层预制破片的结构。

国外对于预制破片战斗部和预制破片的研究起步比较早，尤其美国已经形成了较为完整和系统的理论方法，并且将研究成果运用到实际当中。如美国的军工研究实验室和兵器公司等在预制破片的数值模拟计算和研究方面做了大量的工作。俄罗斯的一些兵工部门对预制破片战斗部的研究已经达到了与实战逼真模拟的阶段，处在预制破片研究的最高水平。

1954 年开发的“奈克赫可里斯”导弹将战斗部设计成可释放出 18 000 枚立方体的钢预制破片，每枚重 9.1 g，破片初速超过 2 682.24 m/s，“爱国者”导弹战斗部也采用了相近的结构技术。瑞士的“阿海德”弹由 152 枚重金属柱形破片构成，其弹丸发射后能够根据装定时间在目标前方的最佳位置炸开弹体，释放出重金属预制破片，在目标前方形成一道密集的子弹幕，以此拦截来袭导弹。此类战斗部的主要代表有美国的“响尾蛇”、法国的马特拉 R350 导弹等。

针对预制破片式战斗部的探索工作，国内要比国外晚一些。国内的部分高校和一些相关的科研单位在这方面做的研究工作较多，如北京理工大学的蒋建伟等人运用数值模拟的分析方法对线型预制破片式战斗部的爆炸威力场进行了研究分析，通过对观测点的跟踪计算，研究了预制破片的速度和飞散方向等问题。南京理工大学机械工程学院的刘媛君等人以巡航式导弹为研究目标，在分析目标和等效战斗部的基础上，建立了预制破片式战斗部攻击目标的模型和作用参数，利用 ANSYS/LS－DYNA 软件模拟计算和分析了几种引战配合情况下，预制破片对目标的毁伤作用及飞散速度，通过分析比较，优化各个参数，为破片式战斗部的设计提供了重要的依据。中国人民解放军空军航空大学导弹学院的何广军以防空导弹战斗部为研究对象，分析了战斗部爆炸后预制破片的飞散特性，计算得出了战斗部在地面坐标系和弹体坐标系中破片的动态飞散特性，指出了在不同的坐标系中防空导弹战斗部破片的飞散区域和飞散密度之间的关系。北京理工大学的吴成、魏继锋、焦清介等人研究了预制破片定向战斗部的破片场，在分析研究的基础上对两层预制破片式战斗部的破片飞散速度计算公式提出了修正建议。中国人民解放军火箭军炮兵工程大学的张志春研究分析了杀伤式战斗部破片的飞散速度，为杀伤式战斗部的威力效果评估提供了重要依据。中国工程物理总体工程研究所的杨云斌等人利用数值分析方法，通过建立破片飞散和破片侵彻目标的分析模型，并在分析过程中考虑了空气阻力等复杂因素的影响，进而获得了破片飞散、破片威力和破片对靶板的侵彻效果。

关于预制破片战斗部的研究，因为涉及保密的原因，很多研究成果不予公布，因而在国外的期刊文献中很少报道。

1.2.4 定向战斗部

定向战斗部是指战斗部破片飞散方向能按不同的交会方向进行控制的战斗部。它可以采用转动、变形以及对装药径向分布的控制起爆技术实现对战斗部破片的定向集中，因此其在破片杀伤战斗部上的应用是极有发展空间的，尤其

对应用于防空反导作战的炮弹以及导弹战斗部，使用定向毁伤战斗部能大幅提高打击空袭目标的毁伤效果和能力。

20 世纪 60 年代初期，美国率先开始了定向战斗部结构及定向引爆系统的研究，开展了多种结构类型和定向方式的探索。此后，各国相继加入对定向战斗部的探索研究中。定向战斗部是未来防空导弹战斗部的一个重要发展方向，它的应用将大大提高对空中目标的毁伤效果。因此，定向战斗部得到了各国普遍的重视，尤其是美英等军事大国。

定向战斗部技术探索初期，各国将重点放在了定向引爆系统的研制上。1965 年，美国海军水面武器中心申请了一种定向起爆战斗部专利，该战斗部在圆柱形装药周围沿轴向等距离地排列了多列雷管，当近炸装置探测到目标的方位角时，控制盒选择一列或几列雷管同时起爆。该战斗部作用时，目标选择与爆轰作用基本同步，所以具有快速定向的特征。据分析，该种定向战斗部在美国 20 世纪 70 年代初期的地空、空空导弹中被采用。

1971 年，美国海军空中武器中心 K. L. Marvin 申请了一项二次起爆定向战斗部专利，该战斗部含有一个圆柱形外壳及相对厚的内壳，两壳之间填充炸药，内外壳由钢或类似材料制成。当传感器感知到目标方位后，控制器发出信号，使对应方位的瞄准起爆器点火并造成外壳破裂，同时，又利用与之相连的导爆索精确延期而使直径对称位置的主装药起爆，产生快速膨胀气体和燃烧产物，并从外壳断裂处冲向目标，该力将带走爆轰产生的破片。当爆轰沿环形方向传播时，剩余的壳体也破裂成破片，其中大部分将朝目标飞去。同年，美国海军军械站 R. G. Moe 发明了两端同时起爆的战斗部，通过在前后端中心同时起爆主装药，使战斗部在轴中心处产生径向圆环破片，其破片速度和质量不仅很大，而且与轴线垂直，这对于击中空中目标极为有效。该时期的这类战斗部设计方案为定向战斗部的结构和原理设计提供了一种新的思路，通过对二次起爆的合理利用，催生出爆炸变形式、破片芯式、机械展开式等定向战斗部类型。

美国的 D. Abernathy 于 1973 年申请了一项展开式定向战斗部专利，战斗部采用多体结构，各个体之间通过铰链连接并用薄片状炸药隔开，探测器探测到目标方位后，给出信号使与目标相对一侧的辅装药起爆，由铰链连接的多体战斗部结构在辅装药的爆炸驱动作用下机械展开，从而使破片层全部朝向目标，此时延时起爆网络起爆主装药，驱动破片集中向目标方向飞散。这是关于展开式定向战斗部的最早记载，提出了该类定向战斗部的基本结构形式和作用方式。

英国于 20 世纪 70 年代初期开始研制定向战斗部技术，德国 MBB 公司和英国皇家军事科学院于 80 年代后期开始研究工作。近年来，国外破片式定向战斗部和杆式定向战斗部的研究异常活跃，目前完成型号研制并已装备部队的带有预制破片定向战斗部的防空导弹主要有美国的 AIM－120 中距离空空导弹、俄罗斯的 Kshl72 远程空空导弹和以色列的“怪蛇”4 空空导弹；完成型号研制并已装备部队的带有杆式定向战斗部的空空导弹主要有俄罗斯的 P－73 改进型、P7 改进型和美国的 AIM－9X 空空导弹。

此后，美国海军开始加强对变形定向战斗部的研究，英国、以色列等也加快了对空导弹的变形式定向战斗部的研制步伐。爆炸变形式定向战斗部技术的实践应用逐步在美英的可编程集成弹药舱计划中实现。图 1.6 所示为英美研制的定向战斗部。

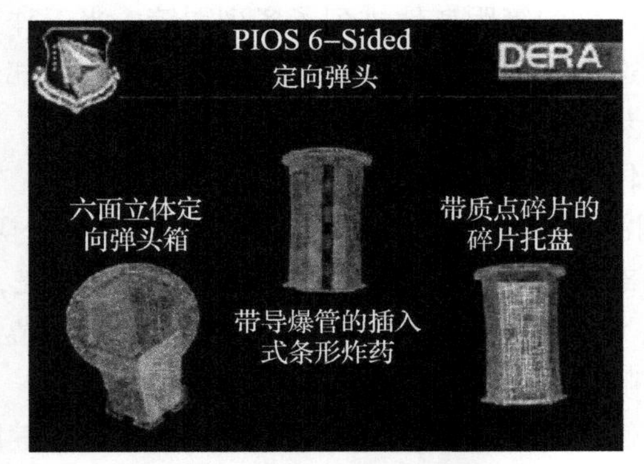

图 1.6　英美研制的定向战斗部

2007 年的国际引信年会上，美国空军研究实验室（Air Force Research Laboratory）发表了关于可适应性小型起爆系统技术（AMIST）的研究情况，如图 1.7 所示。

图 1.7　先进的小型起爆网络

该研究开发了两种单点起爆控制网络：第一种没有自激发能力，每个起爆点需要直接连接到模式控制器；第二种的起爆点具有网络能力，各起爆点和模

式起爆器之间是相互独立的。该成果含有小型化的起爆系统、低能量起爆元器件、脉冲放电开关等多项关键技术。

近期，美国雷声公司的 R. M. Lloyd 和 J. L. Sesbeny 对中心载荷式定向战斗部进行了试验研究，图 1.8 所示为试验照片。试验表明，这种中心载荷式定向战斗部能使其战斗部总质量的 70% 生成有效杀伤元。该新型战斗部在目标方向的杀伤元数量是普通战斗部的 16～30 倍。破片轴向 90% 的毁伤元集中在 50°飞散角内，周向 90% 的毁伤元集中在 40°飞散角内。距爆点 1 m 处毁伤元的分布密度为 0.816 个/cm^2，离爆点 2 m 处毁伤元分布密度为 0.046 个/cm^2，但毁伤元的平均速度较低。

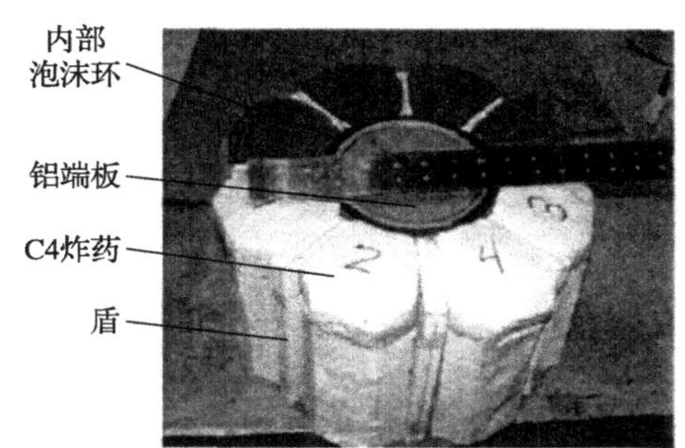

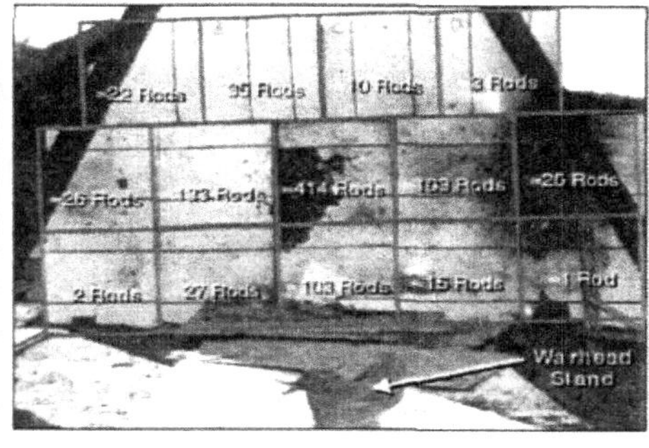

图 1.8　中心式定向战斗部的结构及试验结果照片

近年来，国外与方位探测结合使用的定向战斗部技术的研究非常活跃，并已成功地应用于武器系统。美国“爱国者” PAC－3 导弹和俄罗斯 S－300V 导弹的战斗部主要采用定向战斗部技术，破片的利用率提高了 3 倍，炸药能量利用率提高近 4 倍。以色列和法国的新型聚焦战斗部已经装备部队；瑞士和美国在防空反导领域广泛应用定向及网络起爆战斗部技术，可在最佳位置起爆并控制杀伤破片定向飞散，实现破片利用率和毁伤效果最大化；俄罗斯 2007 年研制成功的 S－400 防空反导系统即采用自适应定向高爆破片杀伤战斗部达到类似的效果。

2008 年，瑞典博福斯公司推出一种采用激光探测与定向战斗部技术的低成本近程防空武器——“阿布拉姆”（ABRAHAM），如图 1.9 所示。

其主要用于近程防空，成本仅为便携式防空导弹的 1/10。主动式激光近炸引信采用双路工作方式以提高抗干扰能力，在导弹与目标交汇瞬间，激光近炸引信利用弹体的高速旋转探测到目标相对于弹丸的方位信息，在最佳位置、以最佳方式引爆定向战斗部，提高某一方向上的杀伤能力，实现最佳的杀伤效果。

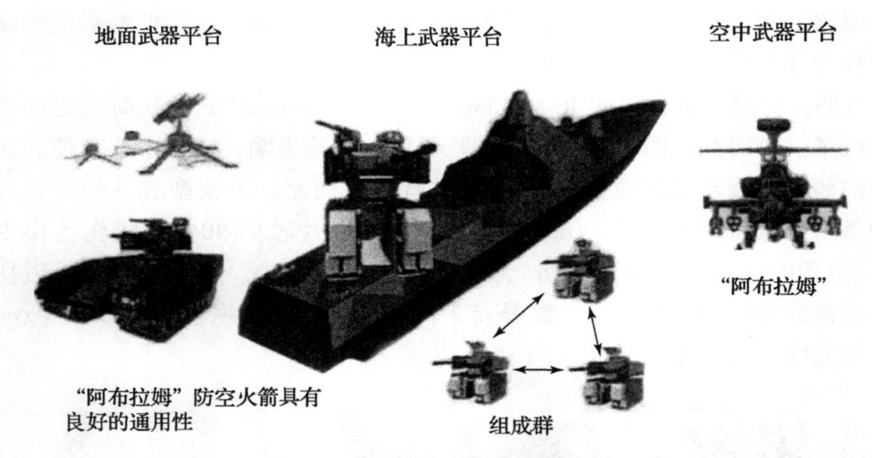

图 1.9 “阿布拉姆”(ABRAHAM) 武器系统的应用平台

我国对定向战斗部的研究起步较晚，研究重点主要在偏心起爆式战斗部和爆炸变形式定向战斗部上。北京理工大学、南京理工大学、中国工程物理研究院、5013 厂、西安近代化学研究所等单位研究了偏心式定向战斗部，破片的速度增益达到 20%～30%，目前已经在型号中应用。此外，国内也进行了可变形定向战斗部、万向定向战斗部等类型定向战斗部的研究工作，但尚处在预研阶段。

在定向战斗部方面，国内和国外的差别主要表现在两个方面：

(1) 定向战斗部的定向原理。国外开展了偏心起爆式（包括载荷四周式和载荷中心式）、可变形定向战斗部、万向战斗部、展开式定向战斗部（图 1.10）以及电磁控制定向战斗部等类型的研究。国内主要集中在偏心起爆和可变形方面，新原理定向战斗部研究较少。

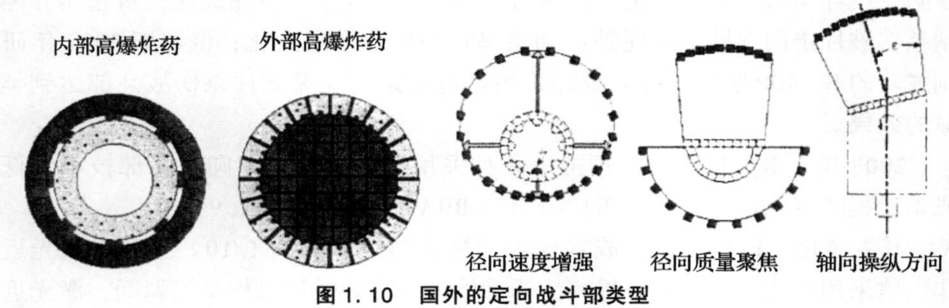

图 1.10 国外的定向战斗部类型

(2) 定向战斗部的增益程度。国外定向战斗部（偏心起爆）的速度增益可达到 48%，载荷内置式目标方向的杀伤元数量已达到普通战斗部的 16～30

倍；国内定向战斗部的速度增益为20%～30%，破片数目密度增益也远远低于国外的水平。

1.3　多功能含能结构材料研究现状及发展趋势

多功能含能结构材料（Multifunctional Energy Structural Materials，MESM）最早以反应破片（Reactive Fragment）的形式被提出，这种破片在高速侵彻和碰撞目标时会发生化学反应，释放大量的化学能并产生强烈的类爆轰现象。MESM在提高对目标毁伤威力方面有较大的优势，与传统材料相比，当这类由MESM材料组成的毁伤元高速碰撞和侵彻目标时，材料因受冲击作用而发生化学反应，释放大量能量并可能引起爆炸、燃烧等附加二次效应，从而获得更理想的毁伤效果。当将其作为战斗部材料时，因工艺简单、成本较低，而且具有发射时安定冲击着靶瞬间释能并产生附带毁伤的特点，在军事上有较为广阔的应用前景。

1.3.1　理论进展

由于MESM冲击化学反应作用过程主要依赖于材料的冲击诱发，相对于试验研究，MESM理论分析难度较大，公开发表的文献不多。目前理论研究主要围绕MESM冲击响应物态方程、冲击诱发化学反应两方面来开展。

由于模压成型工艺的限制以及MESM试件自身性能的需要，MESM大多为具有一定孔隙度的混合物。对于疏松态混合物物态方法的研究，主要分为两部分：疏松态物态方程理论及混合物叠加原理。疏松态物质物态方程的求解都是以密实态物质的物态方程为基础，其方法有两种：一种是从等压路径求解，另一种是从等容路径求解。吴强、经福谦从等压路径建立了基于密实材料的Wu－Jing模型；L. Mostert－Boshoff把Wu－Jing模型与多个求解疏松态物质物态方程的模型进行了对比研究，结果显示，Wu－Jing模型能更好地对疏松材料的冲击压缩特性进行预测和描述。随后耿华运对Wu－Jing模型进行了扩展，考虑了自由电子的影响，建立了能够适用于更大疏松度、更高压力范围的计算模型。

目前混合物物态方程的计算可采用两种近似的方法。第一种方法是质量平均法，该模型假设在冲击压缩过程中混合物各组分之间的压强瞬间达到平衡，按照质量比对各组元的比容、比内能进行叠加，以获取混合物的相关参数。第二种方法先计算混合物的冷压线，然后利用Grüneisen方程计算混合物的Hugoniot

曲线。在冲击压缩条件下，混合物各组元的内能并不相等，因而温度也不相等，第二种方法采用0 K叠加原理，避免了温度对叠加的影响。其中，R. K. Barry对混合物的物态方程进行了理论计算，提出了体积相加原理；O. E. Petel对计算混合物的物态方程模型进行了对比研究。结果显示，R. K. Barry的体积相加原理模型简便，能够准确地对混合物的物态方程进行描述。

MESM冲击诱发化学反应（Shock – Induced Chemical Reaction，SICR）是MESM在冲击波作用时间内开始的化学反应，目前国内外学者针对MESM冲击诱发化学反应理论分析的研究工作主要包括两个方面：

（1）结合冲击动力学和热力学关系对生成物的物态方程进行研究。S. S. Batsanov、L. H. Yu和I. Song等提出了计算MESM化学反应生成物物态方程的热力学计算模型。M. B. Boslough对冲击化学反应进行理论分析，建立了热力学模型。该模型根据热化学关系、Grüneisen方程、Rankine – Hugoniot能量方程，以等熵线为参照建立了生成物Hugoniot关系的计算方法。最后对冲击温度进行了理论计算，通过把计算结果和试验结果对比，来判定化学反应是否进行。L. S. Bennett对冲击化学反应进行了分析，指出已有的化学反应计算模型都存在局限性，并从等压和等容路径以等熵线为参考对模型进行了发展和完善，利用两种模型对Ni/Al进行了计算，两种计算结果一致性较好。

（2）利用化学反应动力学基本原理对MESM冲击诱发化学反应进行描述。MESM冲击反应过程非常复杂，反应阈值条件受材料微观形态、材料颗粒尺寸等多种因素的影响，但国内外学者普遍认为冲击温度是控制MESM冲击诱发化学反应过程的主要因素。对于MESM冲击诱发化学反应理论模型方面，L. S. Bennett基于前人的工作提出了新的VIR（Void – Invert – Reactive）模型，该模型把反应混合物分为多个子系统，各个子系统独立地控制反应速率和反应程度。由于MESM冲击释能特性受颗粒尺寸大小、颗粒微观形态影响明显，D. Reding建立了一个多尺度模型来描述MESM冲击诱发化学反应。该多尺度模型加入了微观粒子的数值模拟，用来考虑MESM的微观粒子形态。张先锋基于一维冲击波理论对MESM的冲击响应、冲击温升及冲击诱发化学反应进行了理论分析，考虑了冲击速度、材料密实度对冲击温度和冲击压力的影响，并结合MESM冲击温升计算结果、化学动力学方法，发展了考虑化学反应效率的MESM冲击诱发化学反应热化学模型。计算结果显示，MESM的冲击化学反应释能效率受材料配方、材料密实度和冲击速度影响较为明显。

1.3.2 试验进展

由于MESM具有较高应用价值与前景，国内外学者对MESM的冲击响应特

性及其释能机理进行了大量的试验研究。美国海军水面作战中心的 Ames 最初利用 Taylor 杆撞击试验技术，开展了多功能含能结构材料试件的冲击变形及化学反应特性研究，利用高速摄影获取不同冲击速度下多功能含能结构材料变形行为和化学反应，并对其本构参数进行了拟合验证。之后，为了研究多功能含能结构材料的冲击反应释能特性，Ames 设计了准密闭反应容器，开展了对四种氟聚物基金属复合材料的冲击释能效率的研究，得到了不同材料组分在多种冲击速度下的准密闭容器内的平衡压力，利用“准静态”压力和能量之间的关系定量计算多功能含能结构材料的冲击释能效率。

国内外学者主要利用 Hopkinson 压杆试验技术来获取 MESM 在低应变率下的应力应变关系。徐松林、阳世清采用冷压和热烧结的工艺方法对 Al/PTFE 反应金属材料进行了制备，并利用分离式 Hopkinson 压杆、材料试验机和改进的冲击试验机等试验手段研究了 Al/PTFE 的材料力学性能，并获取了 Al/PTFE 反应金属材料在 $10^{-3} \sim 10^{3}\ s^{-1}$ 应变率范围内的应力 - 应变曲线，对试验数据进行了数据处理，获得了基于 Johnson - Cook 塑性模型并考虑应变率效应和应变硬化效应的 Al/PTFE 本构模型参数。

2005 年，美国海军水面作战中心（Naval Surface Warfare Center，NSWC）的 Ames 系统地提出了评估多功能含能结构材料在撞击作用下的能量释放特性评估方法（Vented Chamber Calorimetry，VCC），即直接弹道试验（图 1.11），建立了多功能含能结构材料释放能量和准静态压力的函数关系。

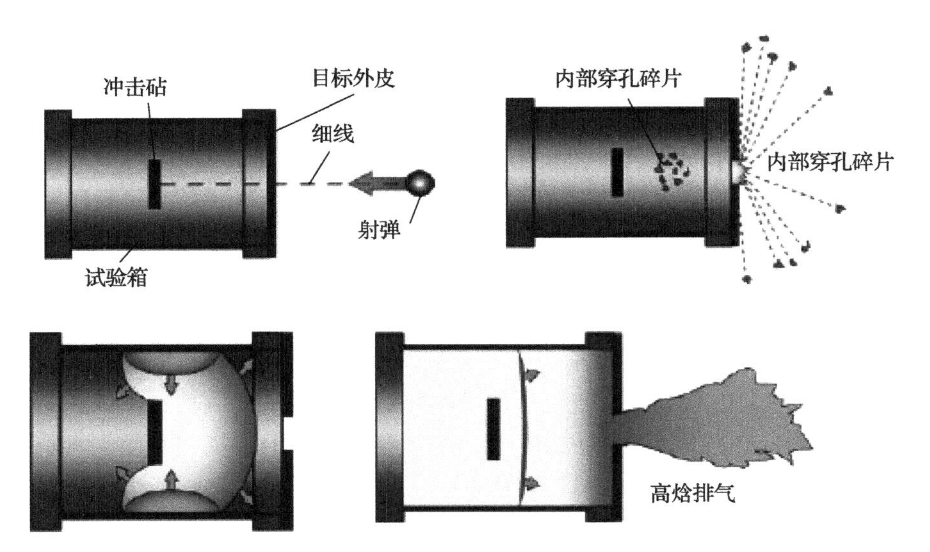

图 1.11　能量释放特性评估方法直接弹道

L. Ferranti、D. E. Eakins 等对 MESM 试件在不同冲击速度下的变形行为进行了试验研究，利用高速摄影系统获取了试件在撞击过程中的变形参数。G. A. Richard 基于 Taylor 杆试验技术研究了柱形 Al/PTFE（26. 5/73. 5）MESM 试件的冲击压缩和冲击诱发化学反应特性，试件应力 - 应变曲线如图 1. 12 所示。试验结果显示，当冲击速度为 163 m/s 时，试件开始反应。

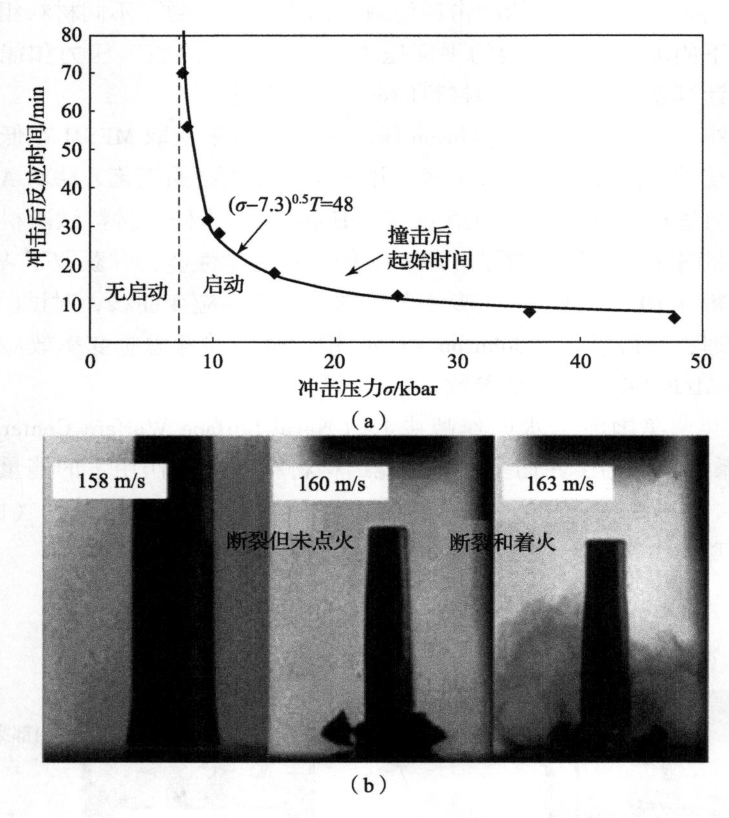

图 1. 12　Al/PTFE 撞击变形及反应阈值条件研究

（a）Al/PTFE 应力 - 应变曲线；（b）Al/PTFE 撞击过程照片

2015 年，北京理工大学王在成等开展了 W/Zr 合金复合材料的冲击毁伤试验研究，利用盖板为不同厚度铝板的准密闭反应容器试验装置对不同冲击速度下的准静态超压进行测试。结果表明，冲击速度、靶板厚度和多功能含能结构材料三者决定了冲击反应的释能行为。

2017 年，北京理工大学肖艳文等开展了多功能含能结构材料对油箱的引燃效应试验，采用弹道驱动含能破片撞击 RP - 3 航空煤油油箱。结果表明，在弹丸质量和尺寸一定条件下，多功能含能结构材料对油箱引燃能力比钢制试

件能力更强，并分析了不同装油量下的碰撞位置和速度对油箱破裂和引燃行为的影响机理；还利用弹道枪驱动含能破片正撞击双层间隔铝板，针对其毁伤效应问题进行研究，试验结果表明，在高速冲击条件下，含能破片对前靶的作用主要体现为动能贯穿破坏，对后靶毁伤表现为更大的穿孔尺寸和毁伤面积；并基于裂纹扩展理论，分析了冲击速度及靶板厚度对含能破片动能侵彻和爆炸作用联合毁伤效应的影响，揭示了后靶毁伤行为和效应机理。

2017 年，国防科技大学白书欣等对含 Zr 高熵合金 HfZrTiTa0. 53 的力学性能和释能特性开展了一系列试验研究，发现该材料良好的力学性能和释能特性相结合，在高速冲击靶板时具有良好的穿靶能力，并能释放大量化学能，可以作为新型高强度多功能含能结构材料。2018 年，该课题组人员黄才明利用弹道枪发射平台驱动锆基合金 Zr55Ni5Al10Cu30 冲击 1. 5 mm Q235 钢板，观察到撞击过程发生反应，产生剧烈火花，并且试件可以有效穿透靶板，穿孔大于试件直径。

2018 年，南京理工大学陈曦等采用了准密闭反应容器试验方法，研究锆基非晶材料 ZrTiCuNiBe 在高速冲击下的释能反应特性，发现锆基非晶破片冲击时发生化学反应释放能量，产生剧烈火光持续时间达 50 ms，冲击速度在 1 350 m/s 时产生的超压最高。

2019 年，陆军工程大学张云峰等同样利用准密闭反应容器试验研究了锆基非晶合金 ZrNiAlCuAg 的冲击反应释能行为，发现冲击反应效率随冲击速度的增大而增大，材料在冲击速度为 1 485 m/s 时的能量密度为 3. 83 kJ/g。

1. 3. 3　数值进展

在数值研究方面，如何计算具有特殊细观构造的含能结构材料在冲击载荷作用下的力学响应行为是各国学者的主要研究方向。Do 和 Benson 基于中尺度的建模，进行了含能结构材料冲击压缩数值模拟，通过将非均质 Nb/Si 材料的数值模拟结果输入化学反应模型，实现了非均质 Nb/Si 材料在冲击作用下化学反应的模拟。Reding 基于微孔洞塌陷模型，建立了含能结构材料多尺度模型，该模型考虑了材料的非均质特性，实现了微观颗粒间碰撞挤压、孔洞压缩垮塌以及细观尺度颗粒冲击波传播和冲击温升分布与宏观反应行为的结合，从孔洞垮塌、微观颗粒碰撞与材料输运、中尺度反应的统计分布及宏观反应特性四个方面，基于过渡态理论（Transition State Theory）研究了冲击释能的多尺度机理。Austin 基于 SEM 电镜实拍结果建立了多种不同细观结构的 Al/Ni 含能结构材料的细观有限元模型（图 1. 13），并基于 Euler 方法计算了温度等物理参量（图 1. 14）。Qiao 在前人基础上，从含能结构材料的细观结构入手进行仿真建模分析，基于均匀化方法得到了材料内部的热力学参量分布情况，进一步利用化学反应动力学计算得到了材料的冲击反应程度，得到了一套较为完整的含能结构材料冲击释能数值仿真方法。

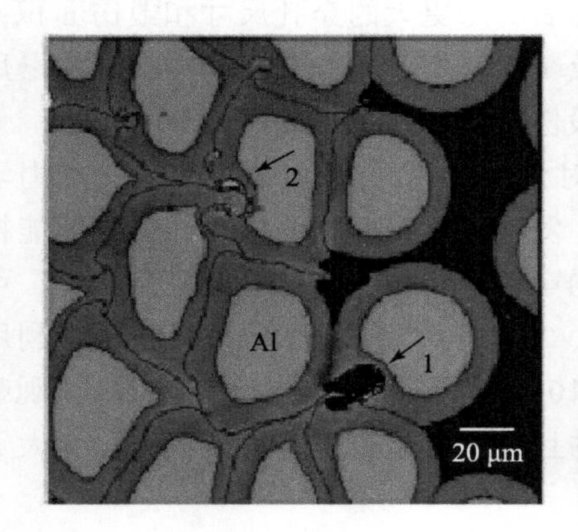

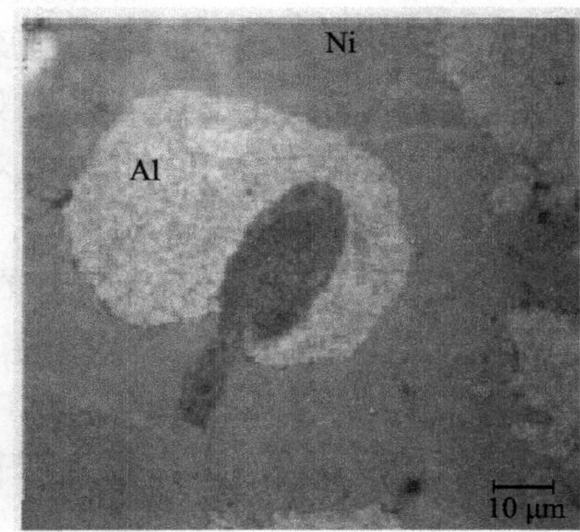

图 1.13　包裹型 Al/Ni 含能结构材料细观模型

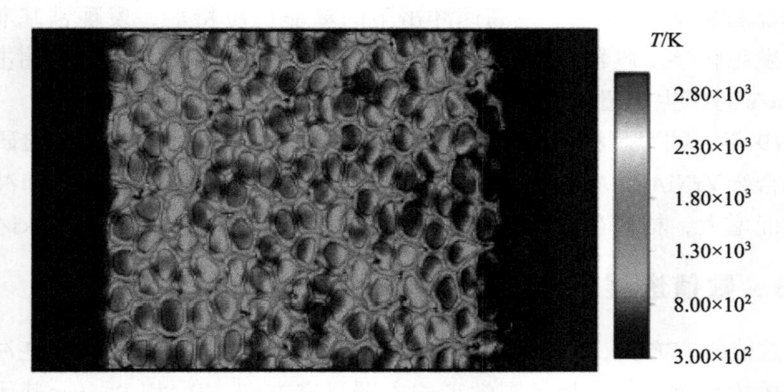

图 1.14　2 km/s 冲击速度时的温度计算结果

综上所述，多功能含能结构材料的概念自提出以来就受到世界各研究机构的广泛研究。国内外学者逐渐完善了多功能含能结构材料的冲击响应物态方程、冲击诱发机制、冲击释能试验方法和多尺度冲击反应数值模型，为多功能含能结构材料在战斗部上的应用奠定了深厚的基础。

参 考 文 献

[1] Jazon B, Backofen J J, Brown R E, et al. The Future of Warheads, Armour and Ballistics [C]. 23rd International Symposium on Ballistics, Tarragona,

Spain, 2007.

[2] Kipp M E, Grady D E, Swegle J W. Numerical and experimental studies of high - velocity impact fragmentation [J]. International Journal of Impact Engineering, 1992, 14 (1-4): 427-438.

[3] Baker E L, Daniels A S, Ng K W. Barnie: A unitary demolition warhead [C]. 19th International Symposium on Ballistics, Interlaken, Switzerland, 2001: 569-574.

[4] Consaga J P. Chemically reactive fragmentation warhead [P]. US, 6293201, 2001.

[5] 乔良. 多功能含能结构材料冲击反应与细观特性关联机制研究 [D]. 南京: 南京理工大学, 2013.

[6] 张天光. 美英定向战斗部的研究与应用 [J]. 航空兵器, 2002 (3): 38-41.

[7] 王凯民, 符绿化. 定向破片战斗部及其多点起爆系统 [J]. 火工品, 1995 (3): 33-38.

[8] Abernathy D. Aimed Warhead [P]. US, 3728964, 1973-4-24.

[9] Menz F L, Osburn M R, Jones J O. Selectively Aimable Warhead Initiation System [P]. US, 5050503, 1991-9-24.

[10] 李记刚, 余文力, 王涛, 等. 定向战斗部的研究现状及发展趋势 [J]. 飞航导弹, 2005 (5): 25-29.

[11] 刘俞平, 冯成良, 王绍慧. 定向战斗部研究现状与发展趋势 [J]. 飞航导弹, 2010 (10): 88-93.

[12] 吴强, 经福谦. 用于预测疏松材料冲击压缩特性的热力学 [J]. 高压物理学报, 1996, 10 (1): 1-5.

[13] Wu Q, Jing F Q. Unified thermodynamic equation - of - state for porous materials in a wide pressure range [J]. Journal of Applied Physics, 1995, 67 (1): 49-51.

[14] Wu Q, Jing F Q. Thermodynamic equation of state and application to Hugoniot predictions for porous materials [J]. Journal of Applied Physics, 1996, 80 (8): 4343-4349.

[15] Boshoff - Mostert L, Viljoen H J. Comparative study of analytical methods for Hugoniot curves of porous materials [J]. Journal of Applied Physics, 1999, 86 (3): 1243.

[16] Barry R K, Thad V J. A Hugoniot theory for solid and powder mixtures [J].

Journal of Applied Physics, 1991, 69 (2): 710 - 716.

[17] Petel O E, JettéF X. Comparison of methods for calculating the shock Hugoniot of mixtures [J]. Shock Waves, 2010, 20 (1): 73 - 83.

[18] Batsanov S S, Doronin G S, Klochkov S V, et al. Synthesis reactions behind shock fronts [J]. Combustion Explosion & Shock Waves, 1986, 22 (6): 765 - 768.

[19] Yu L H, Meyers M A. Shock synthesis and synthesis - assisted shock consolidation of silicides [J]. Journal of Materials Science, 1991 (26): 601 - 611.

[20] Song I, Thadhani N N. Shock - induced chemical reactions and synthesis of nickel aluminides [J]. Metallurgical Transactions A, 1992, 23 (1): 41 - 48.

[21] Boslough, Mark B. A thermochemical model for shock - induced reactions (heat detonations) in solids [J]. Journal of Chemical Physics, 1990, 92 (3): 1839 - 1848.

[22] Bennett L S, Horie Y. Shock - induced inorganic reactions and condensed phase detonations [J]. Shock Waves, 1994, 4 (3): 127 - 136.

[23] Bennett L S, Horie Y, Hwang M M. Constitutive model of shock - induced chemical reactions in inorganic powder mixtures [J]. Journal of Applied Physics, 1994, 76 (6): 3394 - 3402.

[24] Reding D J. Multiscale chemical reactions in reactive powder metal mixtures during shock compression [J]. Journal of Applied Physics, 2010 (108): 024905 - 024918.

[25] 张先锋，赵晓宁，乔良．反应金属冲击反应过程的理论分析 [J]. 爆炸与冲击，2010，30 (2): 145 - 151.

[26] Ferranti L, Thadhani N N. Dynamic mechanical behavior characterization of epoxy - cast Al + Fe_2O_3 thermite mixture composites [J]. Metallurgical and Materials Transactions A, 2007 (38A): 2697 - 2715.

[27] Ferranti L, Thadhani N N, House J W. Dynamic mechanical behavior characterization of epoxy - cast Al + Fe_2O_3 mixtures [J]. AIP Conference Proceedings, 2006, 845 (1): 805 - 808.

[28] Eakins D E, Thadhani N N. Instrumented Taylor anvil - on - rod impact tests for validating applicability of standard strength models to transient deformation states [J]. Journal of Applied Physics, 2006, 100 (7): 073503 - 073510.

[29] Ames R G. Energetic release characteristics of impact - initiated energy materials Materials [J]. Research Society Mater, 2006 (896): 123 - 132.

[30] 徐松林，阳世清，徐文涛，等 . PTFE/Al 反应材料的力学性能研究 [J]. 高压物理学报，2009，23 (5)：384 - 388.

[31] 阳世清，徐松林，张彤 . PTFE/Al 反应材料制备工艺及性能 [J]. 国防科技大学学报，2008，30 (6)：39 - 42.

[32] 徐松林，阳世清，李俊玲，等 . PTFE/Al 含能复合材料的压缩行为研究 [J]. 力学学报，2009，41 (5)：708 - 712.

[33] 徐松林，阳世清，张炜，等 . PTFE/Al 含能复合物的本构关系 [J]. 爆炸与冲击，2010，30 (4)：439 - 444.

[34] Ames R G，Waggener J J. Vented chamber calorimetry for impact - initiated energetic materials [R]. AIAA，1 - 13，2005.

[35] Ames R G，Waggener J J. Reaction Efficiencies for Impact - Initiated Energetic Materials [C]. 32nd International Pyrotechnics Seminar，2005.

[36] 肖艳文，徐峰悦，郑元枫，等 . 活性材料弹丸碰撞油箱引燃效应试验研究 [J]. 北京理工大学学报，2017，37 (6)：557 - 561.

[37] 肖艳文，徐峰悦，余庆波，等 . 高密度活性破片碰撞双层靶毁伤效应 [J]. 科技导报，2017，35 (10)：99 - 103.

[38] 陈曦，杜成鑫，程春，等 . Zr 基非晶合金材料的冲击释能特性 [J]. 兵器材料科学与工程，2018，41 (6)：44 - 49.

[39] Do I P H，Benson D J. Modeling shock - induced chemical reactions [J]. International Journal of Computational Engineering Science，2000，1 (1)：61 - 79.

[40] Do I P H，Benson D J. Micromechanical modeling of shock - induced chemical reactions in heterogeneous multi - material powder mixtures [J]. International Journal of Plasticity，2001，17 (4)：641 - 668.

[41] Reding D J. Shock induced chemical reactions in energetic structural materials [D]. Georgia Institute of Technology，2008.

[42] Reding D J，Hanagud S. Chemical reactions in reactive powder metal mixtures during shock compression [J]. Journal of Applied Physics，2009，105 (2)：175 - 180.

[43] Reding D J. Pore collapse in powder metal mixtures during shock compression [J]. Journal of Applied Physics，2009，105 (8)：321 - 356.

[44] Reding D J，Hanagud S. Chemical reactions in reactive powder metal mixtures during shock compression [J]. Journal of Applied Physics，2009，105 (2)：175 - 180.

[45] R A Austin. Modeling shock wave propagation in discrten Ni/Al powder mixtures [D]. Georgia Institute of Technology, 2010.

[46] Qiao L, Zhang X F, He Y, et al. Multiscale modelling on the shock - induced chemical reactions of multifunctional energetic structural materials [J]. Journal of Applied Physics, 2013, 113 (17): 173.

第2章 多功能含能结构材料

2.1 多功能含能结构材料定义

多功能含能结构材料（Multifunctional Energetic Structural Materials，MESM）又称反应金属材料、含能金属材料，是指将一种或多种金属材料按一定的工艺方法组合形成的具有强度特性和反应特性的多功能结构材料。MESM 最早由 Hugh 在专利中以反应破片（Reactive Fragment）的形式提出，这种破片在高速侵彻和碰撞目标时会发生化学反应，释放大量的化学能并产生强烈的类爆轰现象。与传统破片相比，MESM 不但具有动能毁伤，还具有引燃、引爆类化学毁伤效应，其可在较低冲击速度下穿透目标防护结构，对目标造成动能和化学能双重毁伤效应。典型 MESM 包括铝热剂（Thermites）、金属间化合物（Inter Metallics）、金属聚合物（Metal Polymer Mixture）、亚稳态金属分子化合物（Metastable Intermolecular Composites，MIC）等。由于 MESM 在一定加载条件下可发生化学反应生成新的产物并释放出大量的能量，一方面其放热效应可用于提高毁伤元对目标的综合毁伤效应（反应式金属破片、反应式金属药型罩）；另一方面也可用于提高材料的综合防护性能（冲击反应增强防护材料）。正是由于 MESM 在高效毁伤和防护方面均具有较高的应用价值，因而得到了国内外学者的广泛关注。

MESM 具有独特的多功能复合特性，包括：

（1）强度、密度特性。决定侵彻威力的主要因素除速度外，侵彻体还必须具备高强度、高密度特性。与传统的含能材料（炸药、发射药等）不同，

MESM 的高强度与高密度特性是实现其工程应用的关键技术之一。主要通过调整组分配方与制备方法来保证上述特性。

（2）反应释能特性。MESM 的最主要特色是其在撞击侵彻过程中能适时反应释放能量，达到提高对目标毁伤的目的。MESM 反应释能特性主要包括释能效率、剧烈程度、反应释能阈值条件等，这些反应特性是 MESM 作用性能的主要影响因素。可通过对金属（如 Al、Cu、Ni、Ti 等）改性、包覆来达到改善 MESM 反应释能特性的目的。

（3）钝感特性。MESM 通常是在高过载加速条件下使其达到较高的速度（破片速度一般为 1 500 m/s、射流速度达到 9 000 m/s），如何保证 MESM 在爆炸加速条件下不反应或缓慢反应是实现其预期功能关键技术之一。通过调整材料配方以及采用包覆等特殊工艺措施可有效地改善 MESM 的钝感特性。

2.2　多功能含能结构材料分类及特点

常见的 MESM 主要由金属单质（铝热剂）、金属间化合物、金属高分子化合物以及一些亚稳态的金属化合物组成。以反应过程是否需氧来分，主要有厌氧反应类型（Oxygen Deficient Energetic Metal）、氧平衡反应类型（Oxygen Balanced Energetic Metal）及富氧反应类型（Oxygen Rich Energetic Metal）。以反应过程类型来分，MESM 的反应主要可以分为金属氧化反应、铝热反应、金属合金化反应三种类型。

1. 金属氧化反应类型

以活性金属为典型代表的可燃剂主要有 Al、Cr、Mg、Mn、Ti、Zr、Fe、Hf、Ta 等。常用氧化剂主要有含氧酸盐（如氯酸盐、高铝酸盐、硝酸盐、硫酸盐和铬酸盐）、过氧化物和氧化物，如 $KClO_3$、$KClO_4$、$BaCrO_4$、$K_2Cr_2O_7$、KNO_3、Fe_2O_3 等。一般含能金属材料中还有起黏结作用的黏结剂，如酚醛树脂、氯橡胶、聚氯乙烯、聚四氟乙烯等。

$$M + O \rightarrow MO + \Delta H \tag{2.1}$$

$$M + AO_2(\text{过氧化物}) \rightarrow MO + AO(\text{氧化物}) + \Delta H \tag{2.2}$$

2. 铝热反应类型

广义上的铝热反应是指由金属粉和金属氧化物组成的混合物相互反应的一

类反应；狭义的主要指铝粉和氧化剂的反应，如铝粉和氧化铁的反应。其反应类型为

$$M + AO \rightarrow MO + A + \Delta H \tag{2.3}$$

铝热反应的特点是燃烧温度很高，可以高达上千度，能放出大量的热，而且没有气体反应生成物和火焰，燃烧能形成易流动的熔渣，并且持续的时间长，在弹药销毁及高热度燃烧弹等领域取得了较为广泛的应用。根据对反应热力学参数的计算，单位质量的铝热反应释放的总能量与 TNT 的相当，但由于铝粉在反应过程中反应不彻底，导致其热量有限。可通过对铝等材料的改性处理达到提高能量释放效率的目的。

3. 金属合金化反应类型

金属合金化反应主要是用氧化物和金属的混合物进行反应，这种反应可以通过燃烧的高温过程将混合物中的金属合金化，产生新的配比的合金。这类反应以 Al、Ni 间的合金化反应最具代表性。

$$M + N \rightarrow MN + \Delta H \tag{2.4}$$

2.3 多功能含能结构材料的制备

2.3.1 聚合物基多功能含能结构材料的成型工艺

为了实现 MESM 的工程应用，必须采用合适的制备工艺方法来保证 MESM 试件不仅具有一定的强度，能够实现侵彻目标的功能，还应具备一定的反应释能性能，以达到对目标进行最佳毁伤的目的。目前，常采用模压成型、注射成型以及爆炸粉末烧结的方法制备 MESM。其中，模压成型是最普遍的工艺方法，适用于各种类型的 MESM。为了尽可能提高其强度并获取尽可能大的材料密实度，一般在 MESM 粉末压制过程中加入黏结剂（如 PTFE）以及使用高强度压制模具。

以典型的氟聚物基多功能含能结构材料 Al/PTFE 为研究对象，其本质上是一种高能混合物材料，当受到冲击载荷的作用时，潜在的化学能会被引发释放并产生一定的高温、高压效应，对穿甲后的目标造成引燃或者内爆等多种毁伤效应，增强了对目标的毁伤效能。相比于传统的固体炸药等含能材料，氟聚物基多功能含能结构材料强度相对较高，但比金属构件的强度则要低得多，当其代替惰性材料（如金属破片、药型罩、战斗部附属结构件等）应用于战斗部

结构中时，理想条件下要求多功能含能结构材料构件在动载荷加载（炸药加载、强机械加载）时不发生破碎和化学反应，整体上表现为连续体；同时，也要求材料有足够的强度和密度特性来保持较高的动能和优良的侵彻性能；还需要材料具有一定的强度来保证生产加工、勤务处理过程中的结构完整性。

由于 Al/PTFE 多功能含能结构材料的强度和密度相对较低，当以含能破片的形式对目标进行作用时，其侵彻能力受到限制。考虑到 W 颗粒具有强度高、密度大和熔点高等特点，在零氧平衡配比的 Al/PTFE 材料基础上，通过加入适量的 W 粉来提高材料密度特性和强度特性，从而提高含能破片的侵彻性能。W 颗粒的加入可以提高材料的冲击压力和冲击温升；同时，还有助于提高材料颗粒细观变形的剧烈程度，促进局部热点的产生，从而提高多功能含能结构材料的引发化学反应性能。

氟聚物基多功能含能结构材料的成型过程主要是基体材料（PTFE）的成型过程，PTFE 树脂多为粉末状或分散液，具有极高的相对分子质量（$8.88\times10^6\sim3.17\times10^7$）和较高的结晶度（92%~98%），熔点为 327 ℃。由于其分子结构中存在强氟碳键，因而具有优良的物理性能。而且由于 PTFE 具有很高的熔体黏度，显现出非熔流材料的特性，因此不能用常见的热塑性塑料加工方法进行加工。半个世纪以来，已经开发出一些特有而多样化的 PTFE 加工技术，包括模压、推压、柱塞挤出、螺杆挤出、浸渍、复合喷涂、二次成型、热真空成型和热吹成型等。通常根据试件尺寸选择 PTFE 树脂类型，并针对不同的品种与牌号选择加工成型方法，如悬浮聚合的 PTFE 树脂（10~500 μm）常采用改进的粉末冶金工艺进行加工，乳液聚合的分散 PTFE 树脂（0.2~0.3 μm）常采用冷挤出工艺进行加工，乳液聚合的 PTFE 分散液（0.2~0.3 μm）则采用乳液加工工艺进行处理。

悬浮聚合 PTFE 树脂的成型方法基本步骤包括预成型、烧结成型两部分，这两个步骤分别影响并决定 PTFE 试样性能的三个方面——孔隙率、相对分子质量和结晶度，从而对试样的最终性能如密度、硬度、透气性和力学性能起着决定性的作用。

预成型是将粉末状 PTFE 树脂冷模压成各种形状的预成型品，此过程中，材料力学性能主要受加压速度、预成型压力及保压时间等因素的影响；直径较小的短制品，加压速度通常保持在 10~20 mm/min；成型压力通常在 20~35 MPa，预成型压力过高会导致颗粒在模腔内滑动，使预成型品出现裂纹，压力过低则会使预成型品不密实，机械强度降低；保压时间一般保持在 3~5 min。

烧结成型一般是在惰性气体或真空状态下进行，主要包括升温、保温、降温三个阶段。升温阶段是将预成型品加热至晶体熔点以上，使聚合物分子由结晶形态逐渐转变为无定形态；由于 PTFE 材料热导率不高，仅为 0.251 W/(m·K)，因此，对于尺寸较大的试件，升温速度过高可能会导致内外受热不均而使样品开裂。PTFE 的熔化温度为 327 ℃，不同使用条件下的各类 PTFE 制品的熔融温度不同，最高约为 342 ℃，因此最高的烧结温度一般设计在 360 ℃以上；但烧结温度过高（390 ℃以上）或者保温时间过长均会加速 PTFE 的分解，导致材料内部形成孔隙并使力学性能下降。冷却是在一定的冷却速度下降温，以获取具有所需结晶度的制品，此时，聚合物分子由无定形态转变为结晶相，聚四氟乙烯结晶速率最大时的温度为 310 ~ 315 ℃，当温度低于 260 ℃时，结晶速率很低；结晶度对材料力学性能影响很大，当结晶度高时，试样密度高，表面硬度高，收缩率大，拉伸强度高。

氟聚物基多功能含能结构材料的试样制备工艺则是在 PTFE 基体材料的基础上进行改进，主要包括原料混合、模压预成型和烧结成型三个步骤，具体操作过程如下：

1. 原料混合

原料混合的目的是使 PTFE 基体材料与各填料（Al 粉、W 粉）分散均匀，氟聚物基多功能含能结构材料的均匀程度对试样的力学性能有较大影响。主要采用干法混合，利用机械搅拌的原理使材料混合均匀。

首先将 Al 粉、W 粉和 PTFE 粉末分别按不同方案各组分质量配比称量，并进行初步混合搅拌，然后将初步混合后的材料装入行星球磨机的不锈钢罐中，以 40 r/min 转速充分混合 1 h，保证各组分材料混合均匀。最后将粉末混合物放入恒温干燥箱中，保持 55 ℃干燥 3 h，以去除混合材料中的水分和其他易挥发成分。

行星球磨机以及恒温干燥箱如图 2.1 所示。

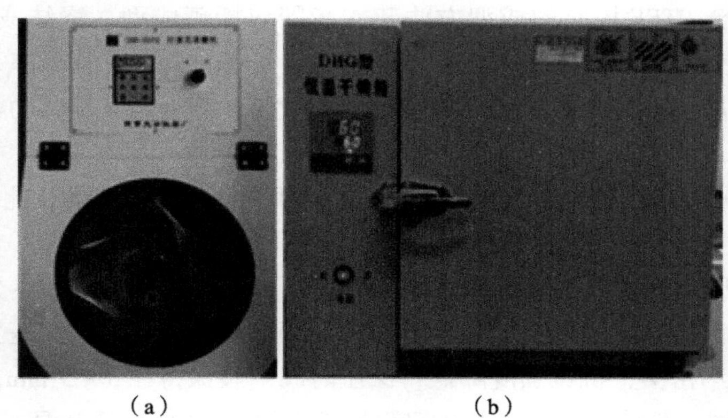

(a)　(b)

图 2.1　球磨机 (a) 和干燥箱 (b)

2. 压制预成型

按照设计试样尺寸计算所需用量，称取适量的干燥混合粉末加入柱形模具型腔内，加料过程一次性完成，以免形成分层。加料完毕后闭合模具，启动压缩机进行压缩。设置预成型压强为 30 MPa，压缩速度控制在 5 mm/min，保压 4 min 后缓慢卸压，避免型坯产生回弹变形而导致尺寸变化，甚至产生微裂纹。为消除型坯内残余应力，脱模后，型坯应于室温条件下静置 24 h，避免压坯在烧结过程中因含残余应力而导致试样开裂或分层。不同配比混合均匀的粉末材料以及压制预成型的型坯如图 2.2 所示。

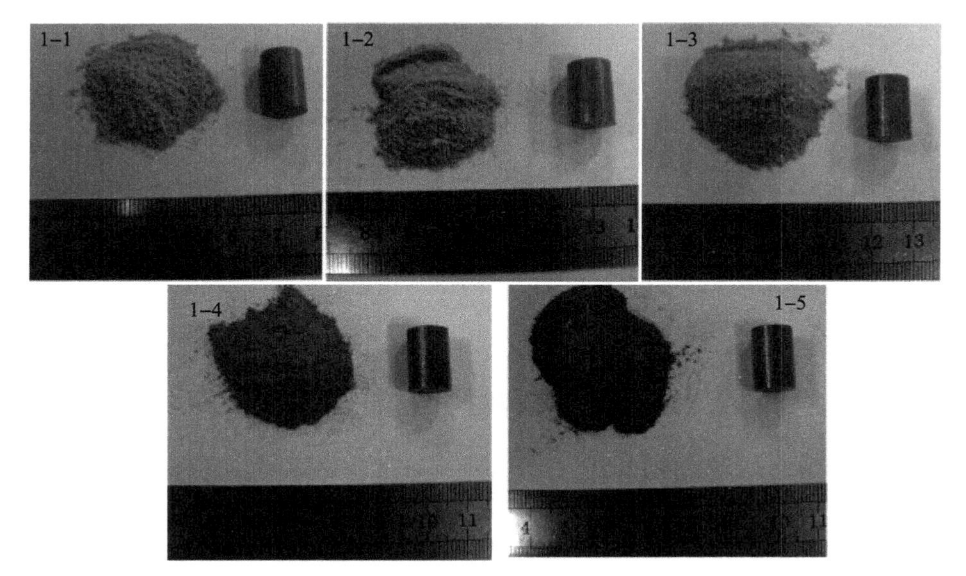

图 2.2　不同方案的多功能含能结构材料粉末及预成型型坯

3. 烧结成型

烧结工艺是 PTFE 基多功能含能结构材料增加结构强度的重要手段，烧结过程直接影响 PTFE 的相对分子质量和结晶度，对试件的密度、硬度和力学性能起到决定性作用。在此过程中，PTFE 将发生复杂的物理化学变化，是晶体融化再结晶的过程。在升温、保温阶段，PTFE 分子运动逐渐加剧，颗粒间界面消失，金属颗粒之间的空隙得到补充，试件成为密实、连续的整体；PTFE 树脂在降温阶段会进行重结晶，在其结晶速度最快的温度范围保温一段时间，可使试件结晶更完全，从而提高材料的结构强度。

烧结装置为如图 2.3（a）所示的真空电烧结炉，主要由烧结炉腔体、控制面板、真空泵以及冷却循环系统几部分组成。烧结过程中，将型坯放入炉腔中，开启真空泵抽出空气，以保证电炉容腔内的真空状态。根据 PTFE 基多功能含能结构材料烧结工艺来确定烧结温度，并采用编程面板对电炉烧结温度进行程序控制，升温速率为 60 ℃/h，烧结温度为 380 ℃，烧结时间为 2 h。降温过程中，在 327 ℃时保温 2 h，最后随炉冷却直到室温。具体的烧结温度控制曲线如图 2.3（b）所示。

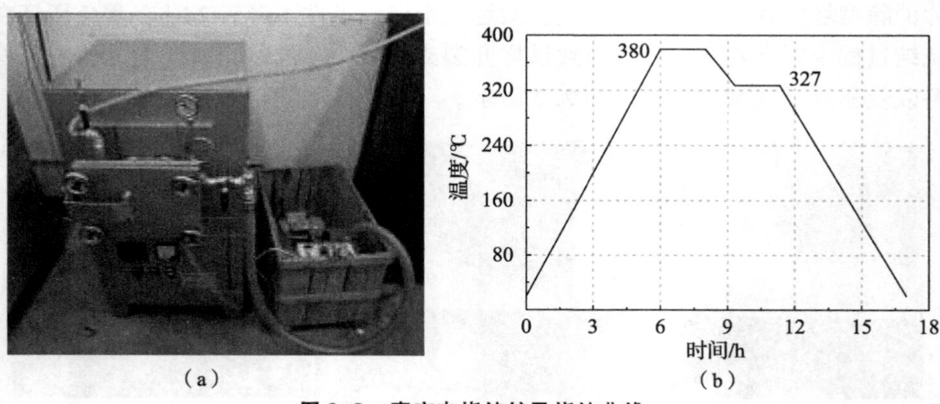

（a）　　（b）

图 2.3　真空电烧结炉及烧结曲线

（a）真空电烧结炉；（b）烧结温度控制曲线

2.3.2　合金类多功能含能结构材料的制备

以典型活性金属成分为基体的合金类多功能含能结构材料，其力学性能相比聚合物基多功能含能结构材料高很多，作为战斗部结构件使用具有广泛前景。该类材料的制备方法包括熔炼、烧结、铸造等。

以典型锆基非晶为例，制备 ZrCuAlNi 非晶合金的原材料均为高纯度金属块，原材料按照 ZrCuAlNi 非晶合金的原子百分比换算成其质量分数进行配料。将大块原材料切割成小块，利用锉刀或者砂纸除去各原材料的表面氧化皮层。称量原材料时，使用高精度天平，使其误差控制在 ±0.001 g。将称量好的原材料放入已经加入无水乙醇的超声波清洗机，使用超声波清洗 10~20 min，洗净其表面附着的杂质，最后利用电吹风快速吹干。准备好的原材料如图 2.4 所示。

采用真空非自耗电弧熔炼炉进行熔炼吸铸，该方法简单，易于操作，可以高效、快速制备出纯净度较高的块体非晶合金。熔炼炉设备如图 2.5 所示。图 2.6 所示为熔炼炉内 6 个专用的半球形铜坩埚，其中中间的坩埚是用于在开始熔炼原材料之前熔炼纯钛或者纯锆锭，除去炉内多余的氧气；最前面的坩埚与铜模具相连接，用于吸铸成型 ZrCuAlNi 非晶合金棒料，熔炼炉底座接入外部

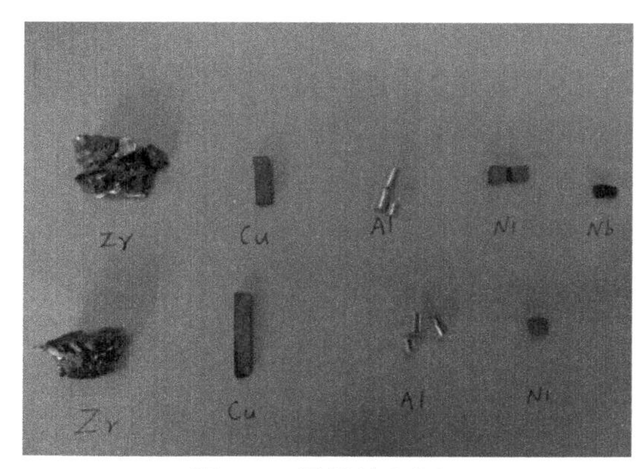

图 2.4　原材料实物图

循环水，可以对铜坩埚以及铜模具进行快速冷却。具体制备过程如下：将已经按比例配好的原材料放置在干净的水冷铜坩埚内，关闭炉门。利用机械泵将熔炼炉抽粗真空至 5 Pa 以下，然后利用分子泵对炉内抽高真空，待炉腔内真空度达到 2×10^{-3} Pa 以下时，通入高纯氩气（纯度 99.999%）作为熔炼过程中的保护气体，至熔炼炉压力至 0.025 MPa。首先，将预先放置于炉内的钛合金锭熔化 3 遍，通过钛与氧气反应吸收炉腔内的氧气，进一步降低炉内氧含量。然后，开始熔炼 ZrCuAlNi 合金原材料，为了保证所得到的合金样品成分均匀，对每个合金样品进行反复熔炼 5 次以上，而且在每次熔炼之前将 ZrCuAlNi 非晶合金样品翻转 180°，最后得到 ZrCuAlNi 晶体合金铸锭，如图 2.7 所示。可以发现，ZrCuAlNi 晶体合金铸锭具有良好的金属光泽，而且整个铸锭没有缺陷，具有良好的表面质量。将得到的 ZrCuAlNi 合金铸锭进行加工，得到所需要的合适质量，并去除其表面氧化物，以 190 A 的电流加热直至合金锭充分熔化，然后打开吸铸开关，利用熔炼炉与模具内的压力差，快速将熔融态材料吸入纯铜模具内，快速冷却，得到 10 mm 的 ZrCuAlNi 非晶合金棒料。

图 2.5　非自耗真空电弧熔炼炉

图 2.6　电弧熔炼炉坩埚

图2.8所示为吸铸用的铜模具与制备的ZrCuAlNi非晶合金棒料。制备得到的所有非晶合金棒料表面都具有良好的金属光泽；在制备过程中未掺杂氧元素等杂质，保证所制备得到的非晶合金棒料具有较高的纯净度；通过观察非晶合金棒料表面是否出现原料堆积，确保非晶合金为均匀快速冷却。

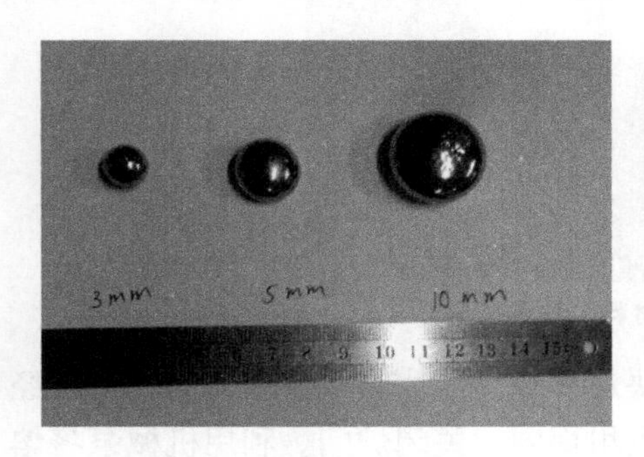

图2.7　ZrCuAlNi晶体合金铸锭

图2.8　铜模具与ZrCuAlNi非晶合金棒料

2.3.3　其他常用的多功能含能结构材料制备方法

早期的多功能含能结构材料一般通过混合、压制和多步烧结工艺成型，加工时间长，成本高，不适合大批量生产及武器工程化应用。美国阿连特技术系统公司在多功能含能结构材料配方中引入THV220含氟聚合物，省去传统多功能含能结构材料所需的烧结工艺，提高了生产效率。目前，随着多功能含能结构材料配方的多元化，已经可以通过压制、铸造、挤压和注塑等多种常规工艺成型。

美国表面处理技术公司利用真空等离子喷涂专利技术，可以快速成型大型多功能含能结构材料结构，每小时成型厚度达到15 cm。利用该技术制造的含能药型罩可以侵彻12.7 cm厚的钢板。该工艺还可以使用机器人控制，能够迅速沉积多功能含能结构材料，形成高强度坯料（锥形药型罩、爆炸成型弹丸等）。这种坯料还可以通过机械加工、碾压、锻造或者其他安全、可控的方式进行塑性变形。

除此之外，多功能含能结构材料还可以通过以下方法进行制造：

1. 模压成型方法

和传统的粉末冶金方法一样，MESM成型的最常用方法是模压成型的方法。这种方法适用于各种反应类型的MESM。为了尽可能提高其强度，并获取尽可能大的金属致密度，一般在MESM粉末混炼时采用黏结剂及使用高强度模具。压制压力与密度的关系由黄培云对数方程表示：

$$m\lg\ln\frac{(\rho_m-\rho_0)\rho}{(\rho_m-\rho)\rho_0}=\lg p-\lg M \tag{2.5}$$

式中，p 为压制压强；ρ_m 为致密金属密度；ρ_0 为压坯的原始密度；ρ 为压坯密度；M 为压制模数；m 为硬化指数。

2. 注射成型方法

粉末注射成型（Powder Injection Molding，PIM）与传统的金属精密铸造相比，不仅精度高、组织均匀、性能优异，而且其生产成本只有传统工艺的20%～60%，因此被誉为当今最热门的零部件成型技术。结合 MESM 的可反应性特点，对氧平衡及富氧反应类型 MESM 不能进行烧结处理。对于厌氧类型的 MESM，可采用真空烧结方法，以提高 MESM 的强度。

3. 爆炸粉末烧结

爆炸粉末烧结是利用炸药爆轰产生的能量，以激波的形式作用于金属或非金属粉末，在瞬态、高温、高压下发生烧结的一种材料加工或合成的新技术。作为一种高能率加工的新技术，爆炸粉末烧结具有烧结时间短（一般为几十微秒）、作用压力大（可达 0.1～100 GPa）等特征。可利用该方法进行金属氧化反应类型 MESM 的烧结，可获取高强度、高致密性 MESM 试件。但这种爆炸烧结方法不适用于氧平衡及富氧反应类型，并且爆炸烧结后，应进行相应热处理，以提高 MESM 的韧性。

爆炸烧结过程中，MESM 致密度与爆炸压力见式（2.6）：

$$p_D=\frac{125o_s(1-\rho)[e^{-125}(1-\rho)^2+2e^{-25}(1-\rho)^2]}{\sqrt{[1-e^{-125(1-\rho)^2}-e^{-2(1-\beta^2)}]^3}} \tag{2.6}$$

式中，p_D 为爆炸烧结所需的压力；o_s 为材料的屈服强度；ρ 为烧结后材料的密度。

4. 累积叠轧焊（ARB）方法

迄今，ARB 方法已经广泛用于制备铝、铝－镁、铝－铜、铝－镍、铝－锆、铜－铁、IF 钢等各种金属板材或片层结构复合材料。A. Mozaffari 等人在常温下用 1060 商业纯铝和 200 系列的纯镍为原材料成功制备了超细晶铝－镍复合材料。经过 ARB 处理（图 2.9）后，其显微组织如图 2.10 所示。镍在 SEM 下呈浅色，深色为铝。由于铝较软，并且塑性更好，因此，在轧机施加的压力下迅速变薄。而镍偏硬脆，在 ARB 过程中断裂为薄片。ARB 道次增加后，图

2.10 所示的组织两相分布较为均匀。ARB 处理后，材料的屈服强度和抗拉强度分别为 290 MPa 和 350 MPa，延伸率为 5%。经过 500 ℃温度下 60 min 的退火处理后，在铝、镍的界面处生成 Al_3Ni 和 Al_3Ni_2 相，材料的抗拉强度提高到 450 MPa 左右，延伸率下降到 3% 左右。

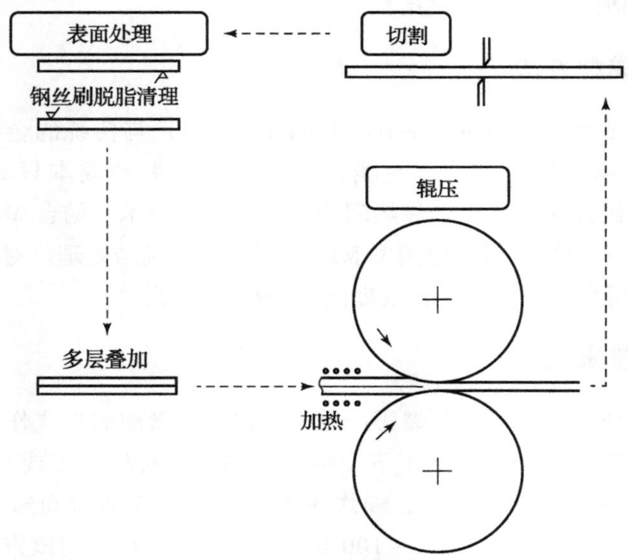

图 2.9　ARB 的工艺流程示意图

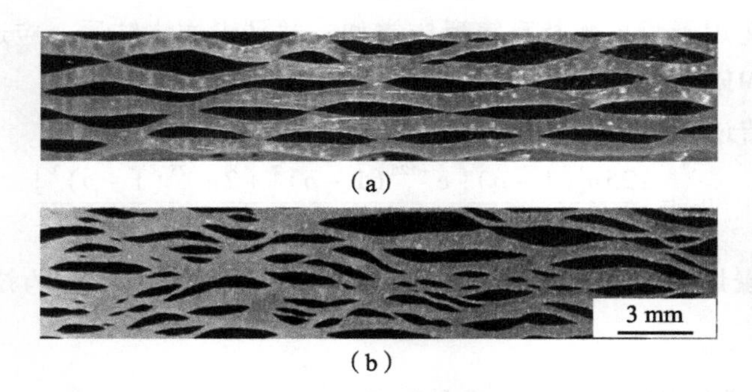

图 2.10　Al－Ni 复合材料的显微组织

（注：图中深色为镍，浅色为铝）

(a) 1 道次；(b) 4 道次

5. 固相反应法

固相反应法是在机械作用下，使两种（或多种）固体反应物组分的界面发生充分的接触，反应物在接触面上发生化学反应而得到新的所需的粒子。该

法是制备铝热剂的传统方法，成本低，产量大，制备工艺简单易行，但制成的铝热剂粒径很难小于 1 μm，分布不均匀，易团聚。Kevin 等对固相反应法进行了改进，加入分散剂改善了纳米粒子的团聚问题，制备了纳米 $AlMoO_3$ 铝热剂。其方法为：称取一定量的纳米铝粉和三氧化钼粉末置于反应容器中，然后加入正己烷处理，之后进行超声分散混合，处理，最后真空干燥，得到复合颗粒。与微米级这两种成分粒子通过常规物理混合得到的样品相比，纳米铝热剂的燃速更高，可达到 442 m/s。薛艳等用超声分散混合的方法制备了纳米 Al－MoO_3 铝热剂；SEM 测试发现，纳米铝粉外表呈球形，粒径在 100 nm 左右，经过超声分散后，纳米铝嵌入纳米 MoO_3 中。激光发火试验表明，纳米铝热剂 Al－MoO_3 在 3.27 mJ 条件下，作用时间为 1.859 ms，火焰持续时间大约为 45 ms，表现出较好的激光点火性能。用超声分散法制备了纳米 B/Al/CuO 铝热剂，并研究了 B 的加入量对 Al/CuO 纳米铝热剂燃烧性能的影响。结果发现，当纳米 B 在燃烧剂中的摩尔含量小于 50% 时，它能够增强 Al/CuO 纳米铝热剂的燃烧性能，在相同的条件下用微米 B 代替纳米 B，没有发现相同现象。

6. 抑制反应球磨法

抑制反应球磨法是在高能球磨法的基础上利用球磨机的转动或振动使硬球对原料进行强的撞击、研磨和搅拌，把金属或合金粉末粉碎为纳米微粒，并且在粉碎过程中不发生化学反应的方法。Swati 等采用抑制反应球磨法制备了不同配比的 Al－MoO_3 纳米铝热剂，发现铝粒子在 MoO_3 纳米网格中均匀分布，产物粒子尺寸随着铝含量的增大而增大。热分析的结果显示，当纳米铝热剂加热到 350 K 时，放热反应开始。铝的含量越高，点燃样品的温度越高。连续恒容爆炸试验表明，纳米铝热剂产生的烟雾在空气中的传播速度远远超过纯铝粉，铝与三氧化钼摩尔数之比为 8 时，反应速度达到最大。Demitrios 等采用抑制反应球磨法制备了纳米 Al－CuO 铝热剂。研究结果表明，嵌入 Al 网格的纳米 CuO 粒径越小，铝热剂的燃烧性能越好，将纳米 Al－CuO 铝热剂加热到 870 K左右时，铝热剂开始反应，反应温度与加热速率无关。

7. 喷雾热分解法

喷雾热分解法是一种将前驱体溶液喷入高温气氛中，立即引起溶剂的蒸发和金属盐的热分解，从而直接合成氧化物粉料的方法。喷雾热分解法最显著的特点是采用液相物质前驱体通过气溶胶过程得到最终产物，不需过滤、洗涤、干燥、烧结及再粉碎过程，可以制备多组分复合超细粉体。Prakash 等以 $KMnO_4$ 为核，用喷雾热分解法在其表面上均匀包覆上一层 Fe_2O_3，然后与铝粉复合得到纳米铝热剂。研究中发现，Fe_2O_3 与 $KMnO_4$ 之间的非润湿作用导致相分离而形成核壳结构，随着包覆层厚度的增加，铝热反应程度逐渐减弱；通过计算铝热剂的动力学参数，发现铝热反应一旦开始，反应速度由产物在 Fe_2O_3 的扩散速率所决定。

8. 自组装法

自组装是指分子及纳米颗粒等结构单元在平衡条件下靠自发的化学吸附或化学反应在底物上自发形成热力学上稳定的、结构上确定的、性能上特殊的一维、二维甚至三维有序的空间结构的过程。Rajesh Shende 等用模板法制备了 CuO 纳米棒和纳米线，然后用自组装法将 CuO 纳米棒、纳米线与纳米铝粒子复合。结果发现，用化学计量法优化 CuO 纳米棒与纳米铝粒子的配比后得到的复合材料，其燃速可达 1 650 m/s，用 CuO 纳米线代替 CuO 纳米棒与纳米铝粒子复合时，得到的复合材料的燃速可达 1 900 m/s，这可能是因为纳米线的比表面积更大，产生了密度更高的热点。用自组装制备 CuO 纳米棒与纳米铝粒子复合得到的材料的燃速最高可达 2 400 m/s，远远高于一般数值，这是因为在自组装法制备的复合材料中，燃料和氧化剂通过极强的吡啶基结合在一起，它们之间的距离为几个乙烯基吡啶分子的大小。

9. 溶胶 - 凝胶法

近年来，将溶胶 - 凝胶法（sol - gel）用于制备纳米铝热剂是 sol - gel 化学的一个新的研究方向。利用溶胶 - 凝胶法化学，多功能含能结构材料的各个组分混合便于控制、操作简单安全，其性能都在现有技术基础上得到大大改善。美国 LLNL 实验室于 1995 年取得气溶胶制备技术的突破，即将溶胶 - 凝胶法引入铝热剂材料研究，利用溶胶 - 凝胶法在分子尺度上进行纳米粒子的混合，可以准确控制粒子的组分和形貌，得到某些特殊性能，例如，更优异的工艺性能和安全性能。

10. 电镀、沉积法

典型的双金属类多功能含能结构材料，如 Al - Ni 复合材料，可以采用电镀、沉积类的手段进行制备。对提前备好的铝箔基体上采用电镀、电火花沉积或者物理气相沉积等方法制备镍层，其厚度可以通过调整处理时间加以控制。之后将镀膜后的铝箔通过堆垛、机械压实、热处理等工序制备多层的 Al - Ni 复合材料，其每层厚度可精确至微纳米级。

2.4　多功能含能结构材料组织表征

在制备多功能含能结构材料之后，通过各类微观组织表征手段，对其微观组织、颗粒分布、组织缺陷等进行表征，可为完善多功能含能结构材料的配方设计和成型工艺提供重要信息。常规工程材料的组织表征手段都可以用来检测多功能含能结构材料的微观组织。

2.4.1　XRD 表征

X 射线衍射仪具有很强的适应性，应用范围很广，通常用于测量粉末、晶体以及非晶体材料的组织结构。根据处理后所得到的衍射图谱可以获得材料的成分、材料内部原子或分子的结构或形态等。其原理是 X 射线作为一高频电磁波投射到试件材料，每种材料内部的原子排列方式是唯一的，类似于人的指纹，具有唯一性和不重复性，具有特定的结构参数，因此不同的材料呈现该物质特有的衍射花样是不同的，所以可以进行各种材料的物相分析。X 射线衍射仪装置实物图如图 2.11 所示，将扫描的样品切割成 1 ~ 2 mm 厚度的薄片，且利用专用的试件装夹工具在 180 ~ 1 200#砂纸依次进行打磨，以保证其平行度以及平面度。将两个试件并列放在载物台上，设置扫描角度为 20° ~ 80°，扫描速度为 1.5°/min。

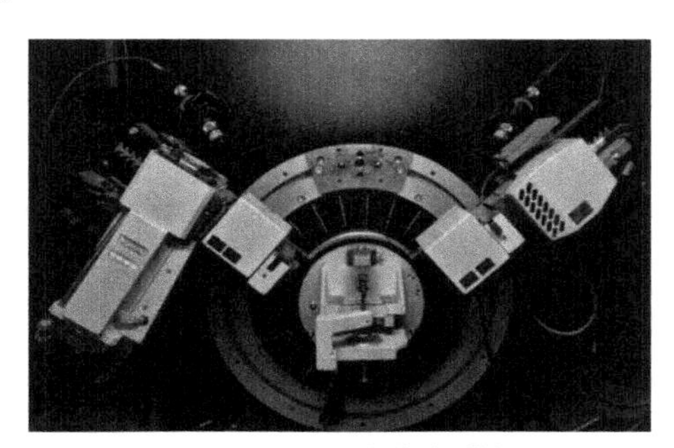

图 2.11　X 射线衍射仪装置图

图 2.12 所示为扫描的典型 Zr 基非晶合金的衍射图谱。从图中可以看出，整个图谱没有类似晶体合金的精细的谱峰结构，在 20° ~ 38°附近有一个明显的宽的漫散射峰（“大包峰”），表现为典型的非晶结构峰，证明所制备得到的 Zr 基非晶合金棒料为完全非晶体结构。

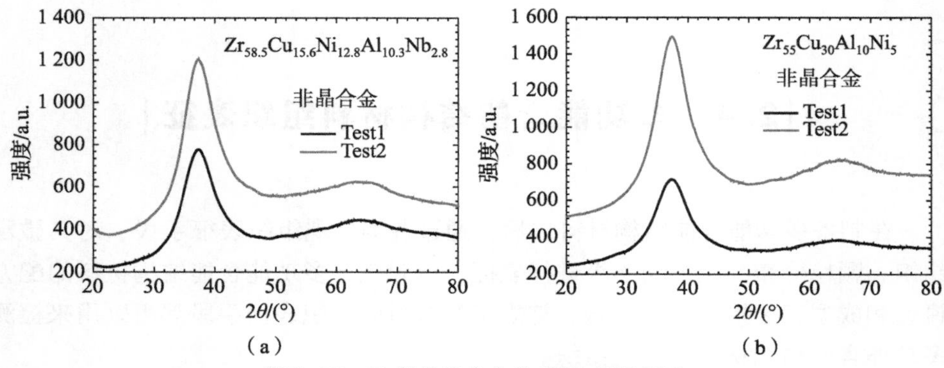

（a）　　（b）

图 2.12　Zr 基非晶合金的 XRD 衍射图谱

（a）ZrCuAlNiNb 非晶合金；（b）ZrCuAlNi 非晶合金

2.4.2　SEM 表征

扫描电子显微镜（SEM）主要是利用电子与物质的相互作用，采用热阴极发射的细聚焦高压电子束扫描试件表面，并利用试件表面激发产生的某些物理信号（如二次电子、背散射电子、俄歇电子等），经过相关的检测装置将其转换调制微观成像，用来观察样品的表面形态。扫描电子显微镜对试件的表面状态非常敏感，能有效观察试件的微观结构，由于其具有超大的景深，因此更适合观察具有凹凸不平表面的细微结构。与光学显微镜相比，电子显微镜以电子束为介质，而光学显微镜以可见光为介质，扫描电子显微镜分辨率更高、放大倍数更高，而且可以根据其他物理信号对其组织表面进行化学成分分析。扫描电镜制样简单，只要大小符合要求，表面清洁导电就可以进行观察。美国 FEI 公司生产的 QuantaFEG250 场发射扫描电镜装置实物如图 2.13 所示，该扫描电镜配有 X 射线能谱（EDS）装置，利用不同元素 X 射线光子特征能量不同这一

图 2.13　扫描电子显微镜装置图

特点可以进行成分分析；可以同时进行显微组织形貌的观察和微区的点线面的化学成分分析。

2.4.3　TEM 表征

透射电子显微镜（Transmission Electron Microscope，TEM）是观察金属样品内部晶体结构及原子排列的一种常见观察设备。基本工作原理为：将加速、聚焦后极短波长的电子束穿过特别薄的样品，穿过样品的电子与样品中原本存在的原子发生相互碰撞，进而改变电子的运动方向，照射到荧屏上形成明暗场影像。相比于扫描电镜只能看到材料表面的形貌，TEM 不但可以观察到样品表面的形貌，还能依托透过样品的电子束分析样品内部的晶格结构。采用透射电子显微镜对产物的形貌进行分析，并使用配备在透射电镜上的 EDS 能谱仪对样品表面的元素组成进行分析。TEM 测试的制样过程如下：将微量的样品用乙醇溶剂超声分散 20 min，用滴管向铜网上滴加悬浮液（1 ~ 2 滴），不宜滴过多，避免团聚现象。最后将铜网放在仪器中对形貌进行观察。加速电压为 200 kV。图 2.14所示为 FEITecnai20 高分辨透射电镜。

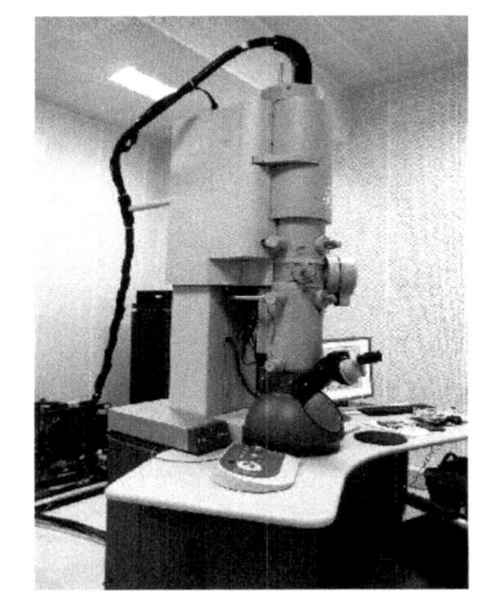

图 2.14　FEITecnai20 高分辨透射电镜

2.4.4　EBSD 表征

对于超细晶/纳米晶尺度的金属而言，TEM 虽然能观察到微观尺度的变形组织，但其观察范围有限，无法从广阔区域观察和分析统计晶粒尺寸、取向分布等重要信息。通过背散射电子衍射（Electron Back - Scattered Diffraction，EBSD）技术能很好地达到上述试验观察需求。背散射电子衍射是扫描电镜中的一个附加观察功能，它以一种特设的衍射方法获得金属晶体的微观结构数据。利用 EBSD 技术探究金属材料的择优取向分布时，不仅能够得到所测区域中每一个晶体取向分量所占的比例，还能得到每一个取向在显微组织结构中的分布规律，并最终通过计算机分析采集的数据，获得所测区域晶体取向的极图、反极图和 ODF 图像等。图 2.15 所示为 FIB/SEM 双束系统。

EBSD 的基本工作原理如图 2.16 所示，被测样品表面与水平方向呈 70°夹角，利用射入的电子束和样品表面反射的背散射电子在磷屏上投射出具有晶体取向信息内容的菊池花样（Kikuchi pattern），接着通过计算机处理和特定的软件分析技术，得到测试所需的晶体取向矩阵数据。

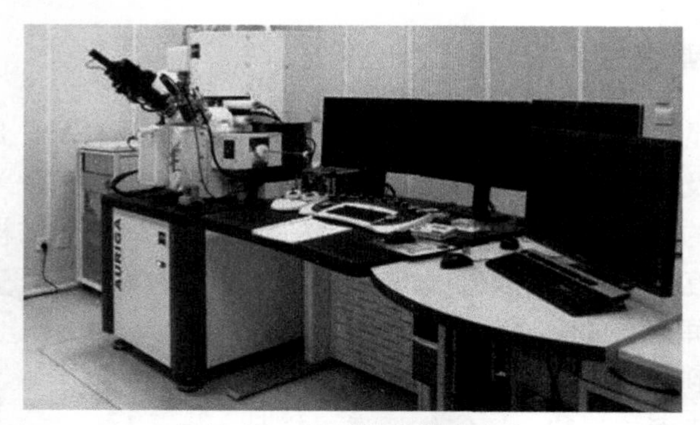

图 2.15　FIB/SEM 双束系统

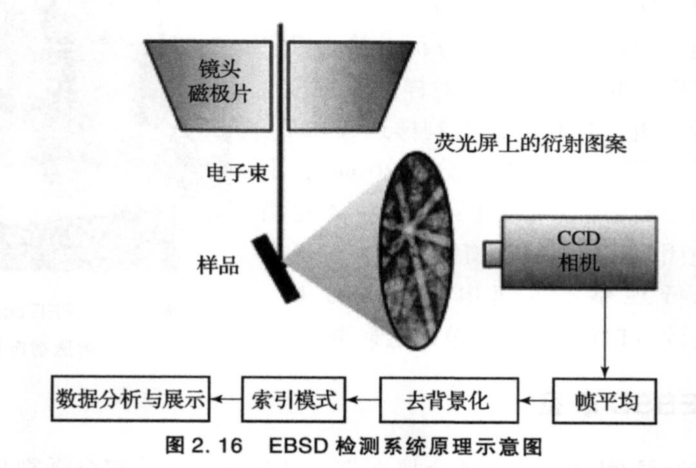

图 2.16　EBSD 检测系统原理示意图

EBSD 的数据收集通过 Aztec 软件完成，数据的分析和处理则是专业 Channel5 软件包。其他工作参数为：扫描电镜的加速电压为 20 kV，电镜探头的工作距离为 14 ~ 20 mm。EBSD 的扫描步长则考虑样品实际扫描区域大小和晶粒尺寸，设定为 30 ~ 50 nm。对于 EBSD 样品的制备，因机械抛光后样品表面存在的应力层会影响 EBSD 检测结果，所以必须在机械抛光后进行电解抛光处理。

2.4.5　其他表征方法

其他组织表征方法，如计算机断层扫描（Computed Tomography，CT）、三维原子探针（Atom Probe Tomography，APT）等，也可以用来检测多功能含能结构材料组织状态，为材料的相分布、晶粒状态甚至元素分布等多种尺度的组织研究提供手段。

2.5 多功能含能结构材料力学特性及测试

2.5.1 维氏硬度试验

硬度作为材料的一个重要特性，尤其是金属材料的硬度值，不仅可以直观、有效地反映材料抵抗变形和破坏的能力，而且可以综合反映材料的各项力学性能。硬度值作为衡量金属材料性能的重要参数之一，可以显著地直接反映材料的组织均匀性以及力学性能的差异性。

典型显微维氏硬度计设备装置如图2.17所示。其测量原理主要是将正四棱角锥体的压头压入待测材料的表面，保持规定时间，然后卸载，根据所得到的压痕面积可以计算得到其硬度值（图2.18）。本试验所采用的硬度计的压头为面间角136°的正四棱角锥体。在选定好外加载荷载下，将压头压入试样表面，达到设置的10 s保压时间，然后开始卸力，在所压试样的表面形成压痕为正四棱角锥。其维氏硬度（HV）可根据以下公式计算，其等于加载载荷除以压痕面积，然后乘以一个修正系数。

$$\mathrm{HV}=\frac{2p\sin(\alpha/2)}{d^2}=\frac{1.854\,4p}{d^2} \tag{2.7}$$

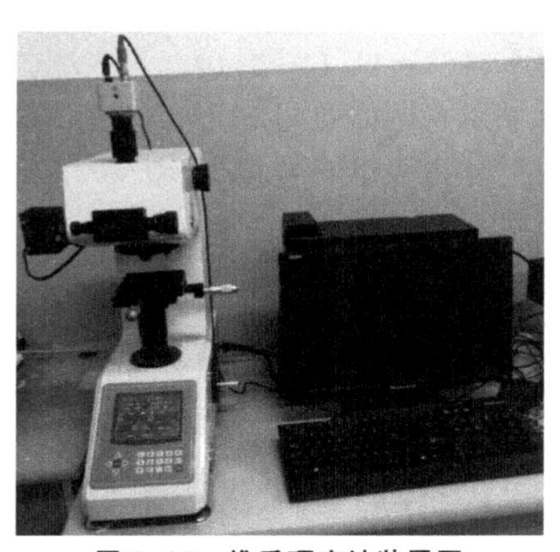

图2.17 维氏硬度计装置图

式中，p为外加载荷（kgf①），根据不同的材料类型，选择不同的外加载荷；d

① 1 kgf = 9.8 N。

图 2.18　典型合金材料表面显微硬度压痕

为对角线的平均长度（mm）；α 为金刚石角锥体棱面夹角（136°）。利用该测试方法可以测试常见金属材料的硬度值。在开始试验之前，利用配套的夹具对试件进行表面处理，在 180 ~ 1200#砂纸上进行打磨，先用粗砂纸进行粗磨，然后用细砂纸进行细磨，保证两端面有较好的平行度并与柱身垂直，再抛光使其表面无划痕，将试件打磨光滑之后，放在试验平台上开始试验。在开始正式试验之前，选择一个已知硬度的样品进行标定，确定修正系数。由于在测量时是人为选择测量压痕的对角线，因此，在测量压痕面积时，多次测量取平均值。并且为了避免试件不均匀，对试件表面多次测量硬度，所以，在每个试件上打一系列的测量点，然后得到待测样品的平均硬度值，保证测量数据的有效性。

2.5.2　多功能含能结构材料准静态压缩试验

微机控制电子万能材料试验机（图 2.19）可广泛应用于测试材料的压缩、蠕变、压溃等试验，加载示意图如图 2.20 所示。图 2.21 所示为典型多功能含能结构材料试件经过准静态压缩试验后的变形失效情况。该试验机所能施加的

图 2.19　准静态压缩试验设备图

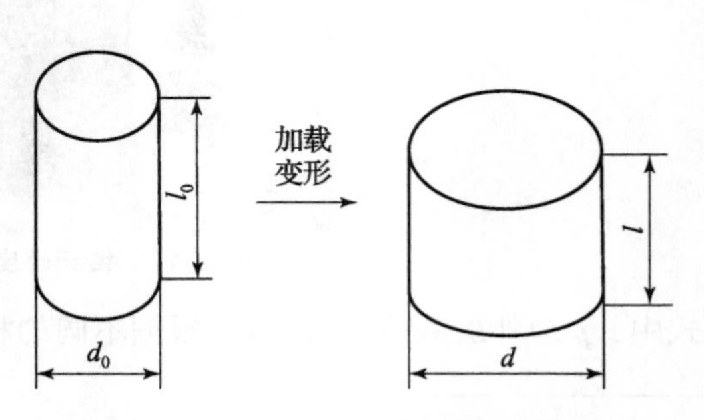

图 2.20　准静态压缩加载示意图

极限载荷为300 kN，可以利用电脑简便地控制试验机的压头运动，而且能在电脑上实时查看压头运动的过程以及运动中的一些参数，能对金属、非金属、复合材料进行一系列准静态力学性能试验，研究材料在准静态情况下的力学响应以及特性。可以自由控制试验机压头对材料实现恒应变、恒载荷或者恒位移加载。同时，可以实时采集压头的运动状况，以便用于试验数据处理。

(a)

(b)

图2.21　典型多功能含能结构材料试件的变形失效情况

通过传感器采集到的试验机压头载荷与位移数据，经进一步处理得到所加载材料的工程应力、工程应变以及工程应变率：

$$\begin{cases}\sigma_e = 4p/(\pi d_0^2) \\ \varepsilon_e = (l_0 - l)/l_0 \\ \dot{\varepsilon}_e = \Delta\varepsilon/\Delta t\end{cases} \tag{2.8}$$

式中，d_0、l_0、l 分别为试样在最初根据游标卡尺得到的初始直径、初始长度和试样在试验过程中实际的真实长度；ε_e、σ_e、$\dot{\varepsilon}$ 分别为试验机测得的试样的工程应变、工程应力与工程应变率。

根据式（2.8）计算得到的结果为工程应力 - 应变曲线。事实上，由于在压缩过程中试样的面积是在变化的，因此需要将其数据进行修正。其真实应力计算表达式为 $\sigma_t = p/A$，式中，p 为试验中所采集到的试验机压头所带来的载荷；A 为试验过程中试样的真实面积；A_0 为试样在试验之前所测量的面积。根据试样在压缩过程中材料的密度与体积不变性，有

$$A_0 l_0 = Al \tag{2.9}$$

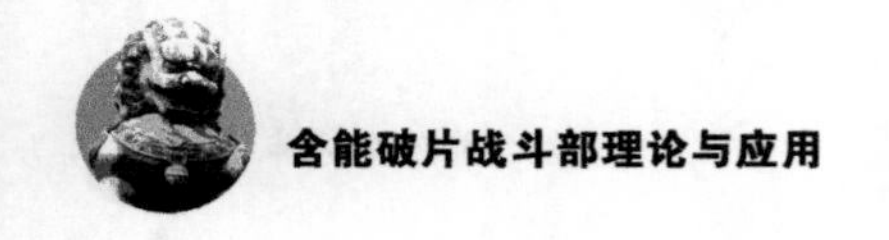

得出其真实应力为

$$\sigma_t = \frac{p}{A} = \frac{p}{A_0}(1 - \varepsilon_e) \tag{2.10}$$

真实应变是试件的瞬时改变量 Δl 与试样的长度 l 之比的对数，即

$$\varepsilon_t = \ln \frac{l}{l_0} = \ln \frac{1}{1 - \varepsilon_e} \tag{2.11}$$

式中，σ_t 和 ε_e 分别为材料压缩均匀变形的真实应力和应变。应变是一个量纲为1的量，有正负之分，将试件伸长定义为正应变，将试样缩短定义为负应变。在试验中，只能采集到材料的工程应力-应变关系，为了得到材料的真实应力-应变关系，需要将其根据上述公式进行转换。

2.5.3 材料动态力学性能研究方法

随着新型材料不断涌现，航空、航天、军事防护等各领域对这类新材料的动态力学性能更加关注。有关部门及学者对这类材料在冲击载荷下力学行为的研究也越来越重视。准确地获得材料本构特性的相关参数不仅可为材料的变形行为及损伤提供正确的数值仿真结果，也可为材料的工程应用提供数据支撑。20世纪70年代以来，国内外学者发展了一系列测定材料在冲击载荷下力学响应行为的方法，如机械落锤试验方法、气体炮冲击试验方法、伺服液压试验方法、泰勒杆试验及分离式霍普金森压杆试验等。

1. 机械落锤试验

机械落锤试验装置由重锤、支架和底座等组成（图2.22）。该试验方法的原理是重锤从不同高度落下，冲击压缩试样，分析落锤高度与试件破坏结果的关系，研究该材料在不同应变率下的变形行为及其破坏特性；此外，也可以固定重锤高度而改变锤质量，或者两者都改变而用落锤能量表征加载条件的方法。这种试验装置简易，操作简便，可以完成中低应变率条件下的压缩试验；但该种试验不能施加恒定载荷，因而无法实现恒应变率加载。

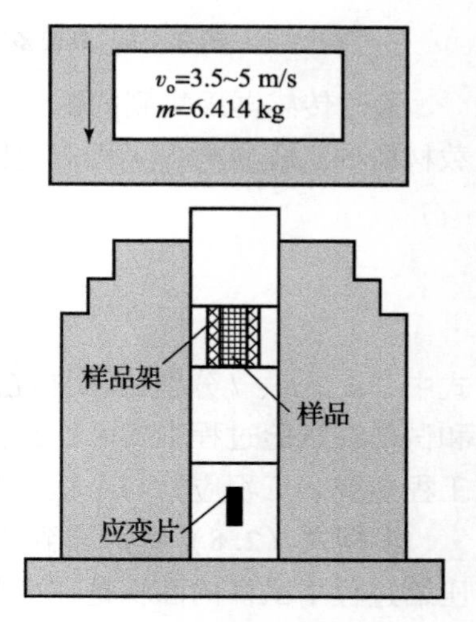

图2.22　落锤试验装置示意图

2. Taylor（泰勒）杆试验

Taylor（泰勒）杆试验装置是由G. I. Taylor提出的，已成为一种验证材料

本构关系的标准试验，其试验装置如图 2.23 所示。其试验原理是发射平头弹正撞击目标，通过测量子弹的变形尺寸，并结合理论公式求解出材料的动态屈服极限。该试验方法操作简便、重复性好且能在较高的应变率下实现对材料动态力学性能的研究；但其对试验装置的要求较高，所能研究的材料有限且一般只用于确认材料的本构参数。

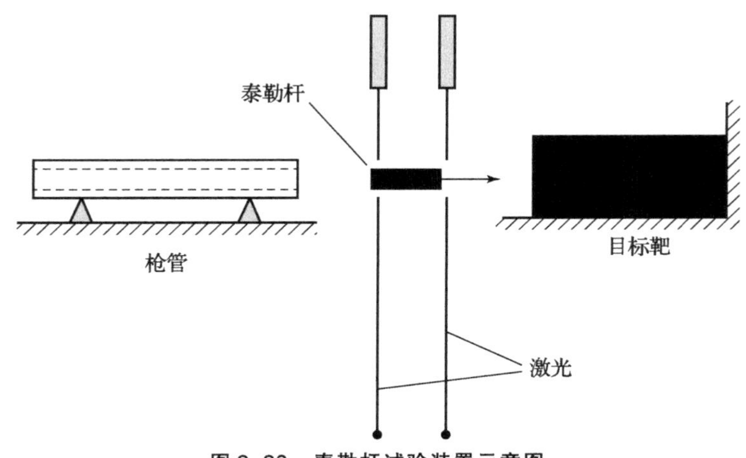

图 2.23　泰勒杆试验装置示意图

3. 分离式霍普金森压杆试验

分离式霍普金森压杆（Split Hopkinson Pressure Bar，SHPB）试验装置是由 Kolsky 在霍普金森压杆试验的基础上发展而来的，是一种研究材料在中低应变率下动态力学特性的试验方法。该装置由发射装置及若干杆件等组成。该方法操作简便，测试原理简单，可实现恒应变率加载，并且能得到应变率在 $10^2\ s^{-1}$ 以上的应力 - 应变曲线，在研究材料动态本构方面得到了非常广泛的应用。

Kolsky 将霍普金森压杆改成分离式并发展了分离式霍普金森压杆（又称 Kolsky 杆）试验技术，使其成功应用于材料的动态力学行为研究，经过多年的改进，现已成为在中低应变率条件下材料动态力学特性的研究手段之一。SHPB 试验技术因具有巧妙的设计思想、操作方便、装置简单、加载信号易测易控等优点，使其得到推广和普及。国内外学者根据不同的目的，相继研制出了不同尺寸的 SHPB 装置，如欧美等国家建立的 $\phi76$ 和 $\phi100$ 分离式霍普金森压杆试验装置、中国科技大学的变截面 $\phi74$ 试验装置和中国人民解放军总参谋部工程兵科研三所的 $\phi100$ SHPB 试验装置。

SHPB 试验装置是由霍普金森于 1914 年提出的用于测量瞬态脉冲应力的试验装置。霍普金森压杆的基本原理是在杆的一端施加载荷并产生入射脉冲在杆件中传播，当弹性波到达试件时，使其高速变形。基于应用弹性波理论通过一定的测试技术即可在压杆的输入端和输出端记下一些信号，通过对数据的处理便可测定载荷的脉冲波形以及杆端的位移。Kolsky 于 1949 年将压杆分成两段，该方法利用短杆撞击或加速的质量来产生脉冲并在弹性杆中传播，而试件置于输入杆和输出杆之间，再结合一些测试手段，便可用于测定材料在动态载荷下的本构关系。

随着 SHPB 技术的发展与不断成熟，其研究对象从单一的金属材料发展到复合材料及其他新型材料，试验的应变率也不断提高，已可达 $10^5\ s^{-1}$。SHPB 试验装置除了进行动态压缩试验，研究材料的动态本构关系外，还不断被改进，用于其他新的用途。

国内外学者在 SHPB 试验的基础上，对该装置进行了有针对性的改善和发展，以适应科研工作的需要，并取得一定的研究成果。J. Duffy、W. E. Backer 等设计了霍普金森扭杆试验技术，使其可用于对材料施加高应变率的纯扭转载荷，并在提高试验精度方面做了大量工作；Tabaka 等设计杆式拉伸试验装置，实现了间接拉伸的试验方法；J. Harding 等提出了 Hopkinson 单轴拉伸试验方法，实现对材料施加高应变率下的拉伸载荷；Zhao 等在 SHPB 试验装置上改用黏弹杆研究软材料的动态特性，提高了试验结果的精确性；卢芳云等根据实践提出用石英晶体获取透射信号和用入射波整形技术研究软材料动态力学性能，获得了理想的试验结果；李玉龙、S. Nemat - Nasser 等利用同步组装系统对多种材料在高温条件下的动态力学性能进行研究；刘孝敏、胡时胜等利用变截面的方法对混凝土材料的动态力学性能进行研究，其试验装置如图 2.24 所示，但该方法是否合理还有待进一步研究；薛青等对 Hopkinson 扭杆试验装置进行改进，实现了单脉冲加载；于亚伦等利用三轴 SHPB 试验装置，研究了岩石的微观损伤机理、破坏机理和动载特性并建立了相应的本构模型；王永刚等利用 PVDF 压电计实现了对低阻抗多孔材料的动态特性研究；刘剑飞等则采用新的数据处理方法和半导体应变片，实现对低阻抗介质的动态特性研究。

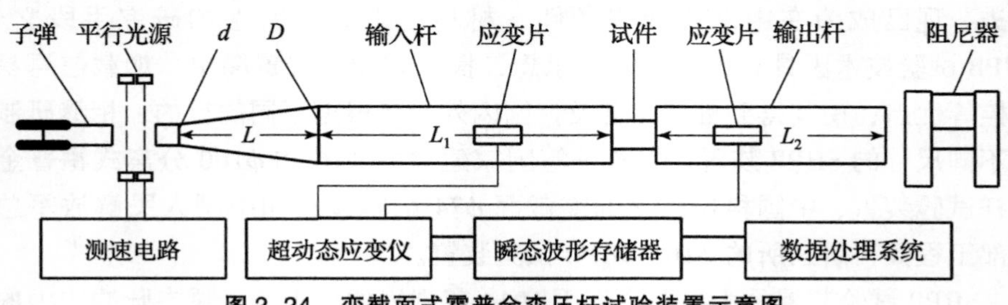

图 2.24　变截面式霍普金森压杆试验装置示意图

冲击加载条件下的高应变率超出了常规材料试验机的加载应变率范围，而利用 SHPB 试验设备测量材料尤其是金属材料的动态压缩力学性能是非常简便有效的试验手段；但是针对脆性材料，尤其是高强度的具有反应特性的材料，在小应变时即发生破坏，不会像延展性材料一般具有明显的局部屈服，容易受应力集中的影响，很难保证其应力平衡及均匀性，并且容易损坏压杆端面，不能获得精准的试验数据，因此进行试验时，应该注意满足试验假设。

场地实物装置布置以及试验示意图如图 2.25 和图 2.26 所示，试验主要的装置有气枪、撞击杆、透射杆、入射杆、合金垫块、亚克力箱以及吸收装置等。应变片放置在入射杆和透射杆上的中间位置且沿径向相对放置。电阻式应变片由于材料的应变效应而导致电阻丝的电阻变化，接入到惠斯通电桥，按照半桥进行连接，再连接到动态应变仪上，将获得的信号放大并进行滤波降噪转成电压信号，最后利用高带宽示波器进行数据显示记录。通过气压阀控制加载在撞击杆上的初始氮气气压，使撞击杆获得不同的速度，以达到不同应变率加载的试验要求。

图 2.25　SHPB 试验装置实物布局图

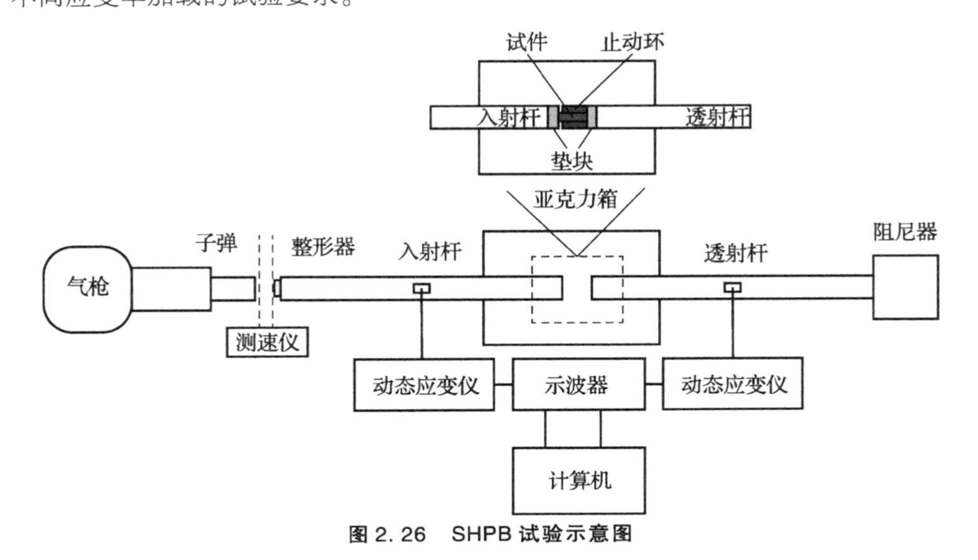

图 2.26　SHPB 试验示意图

试验结果显示，采用试件的长度与达到的应变率成反比，短试件有利于实现高应变率，加快试件的应力平衡。为了获得对脆性材料的动态失效破坏强度，减小应力集中是必不可少的。首先保证试件具有良好的平面度及平行度，试件经过线切割后，通过不同粒度砂纸打磨后进行抛光，保证其精度要求；使用的高强度合金钢压杆具有高同轴度、高平行度及高平面度，可消除压杆带来的应力集中，而且在进行试验之前，利用空杆进行调试；最后在试件与压杆中间使用一对高硬度合金垫块来减小试件的应力集中，脆性材料在加载过程中会失效碎裂，形成多个小碎片，若不使用垫块，锋利的碎片会损伤压杆端面。测试超高硬度试件时，为了保证垫块不被破坏，使用止动环对试件的变形进行限制。

为了保证试样能够应力均匀及恒应变率，应当选用合适的脉冲整形器来保证试样中尽快达到应力均匀。对于金属材料，常采用不同尺寸、不同厚度的圆柱形铜片脉冲整形器来减小波形弥散，实现试件中的动态应力平衡及保持试件恒应变率变形。而传统的梯形加载波不适用于脆性材料试验过程，因此，选用一定厚度的整形器来确保产生斜坡状加载脉冲。产生斜坡状加载波可以确保试样在加载脉冲的上升时间内不会迅速断裂，满足试件中的动态应力平衡以及保持试件恒应变率变形。

考虑到动态应力平衡，采用短试件，试件和压杆之间的界面摩擦力会导致试件处于一个三维应力状态，对脆性材料而言，会导致试件提前失效破坏，减小其测量强度，因此，使用凡士林润滑剂在试件和压杆之间进行适当的润滑。为了回收失效断裂的试件，利用透明的亚克力箱包围住压杆和试件接触的部分，而且便于高速摄像观察。

压杆中的应变信号利用应变片进行采集，而压杆中应变片的信号利用惠斯通电桥进行调节，将其转换为电压信号：

$$U_{\text{out}} = \frac{U \times 2n}{4} \times \frac{\Delta R}{R} \tag{2.12}$$

式中，U 为电桥电压；n 为电桥放大倍数。由于电桥输出的电压幅值很小，将其进行放大与滤波降噪处理，利用足够高频率响应的示波器进行记录，因此可以换算得到压杆中的实际应变为

$$\varepsilon = \frac{1}{k} \times \frac{4}{u \times 2n} \times U_{\text{out}} \tag{2.13}$$

式中，k 为应变片灵敏系数。在质量守恒和动量守恒的基础上，利用一维应力波理论以及应力均匀性假设，推导得到试件中工程应力、应变以及应变率公式如下：

$$\begin{cases} \dot{\varepsilon}(t) = \dfrac{-2C_{\text{B}}}{L_{\text{S}}}\varepsilon_{\text{R}}(t) \\ \sigma(t) = \dfrac{E_{\text{B}}A_{\text{B}}}{A_{\text{S}}}\varepsilon_{\text{T}}(t) \\ \varepsilon(t) = \dfrac{2C_{\text{B}}}{L_{\text{S}}}\displaystyle\int_0^t \varepsilon_{\text{R}}(t)\,\text{d}t \end{cases} \tag{2.14}$$

其中，C_B、E_B、A_B 为杆材料弹性波波速、弹性模量和横截面积；$\varepsilon_T(t)=\varepsilon_I(t)+\varepsilon_R(t)$，$\varepsilon_I(t)$、$\varepsilon_R(t)$、$\varepsilon_T(t)$ 分别为应变片所测得的入射、反射和透射信号；L_S、A_S 分别为试件长度和横截面积。上述公式中试件上的平均应力用透射信号表示，平均应变只用反射信号表示，因此该方法又被称为单波分析。

2.6　多功能含能结构材料反应特性及测试

目前，普遍采用准密闭反应容器装置对多功能含能结构材料的冲击反应行为进行研究。G. Ames 最早提出利用准密闭反应容器装置定量测试冲击条件下多功能含能结构材料能量释放情况，并对含能破片的冲击反应热力学过程进行了分析；此后，这种方法被广泛应用于多功能含能结构材料的冲击反应特性的研究，例如 X. F. Zhang、H. F. Wang、P. G. Luo、X. M. Cai 等均利用准密闭反应容器开展对不同类型多功能含能结构材料的冲击加载试验，主要研究了冲击速度对多功能含能结构材料反应效率、能量释放特性和容器内压力变化等的影响。

2.6.1　准密闭容器试验

1. 多功能含能结构材料试件

为了确保多功能含能结构材料试件在弹道枪膛内不受磨损，并且要保证试件在膛内的闭气性和稳定性，试验中把多功能含能结构材料装入尼龙弹托后与发射药筒组装。图 2.27 所示为多功能含能结构材料试件、尼龙弹托及发射药筒。

图 2.27　多功能含能结构材料试件、尼龙弹托及发射药筒

2. 准密闭反应容器的设计及原理

Ames设计的准密闭反应容器装置为圆筒形，靶板位于圆筒中部，前端为薄铁板。测试样品通过弹道枪、轻气炮等加载方式获得初速，穿透前方的薄铁片后进入容器内部，撞击容器中部的靶板，从而发生化学反应，释放的能量导致容器内部的气压升高。通过位于容器壁面不同位置处的传感器捕捉容器内气压变化，测试多功能含能结构材料试样的冲击释能水平。然而，这种试验装置仍存在一些不足：靶板位于准密闭反应容器中部，多功能含能结构材料试件冲击反应释能，使靶板附近气体压力发生变化，并向外膨胀传播，而容器整体为筒形，容器壁面不同位置处气体压力变化的大小和时间不同，导致不同位置的传感器测试结果存在差异。另外，材料冲击后，破碎产生的反溅碎片有一定概率造成传感器的测试失败或损坏。

何勇等在上述设计基础上进行了改进，将准密闭反应容器设计为半球形，靶板安装在球心处，保证容器壁面上的任意位置压力传感器到靶板中心的距离相同，排除容器形状对不同位置处的压力传感器测试结果造成干扰；采用防护风帽结构，能有效抵挡爆炸产生的试件飞向传感器，从而保证传感器的安全，并保证所测得数据的准确性。

利用设计改进后的半球形准密闭反应容器对多功能含能结构材料试件在冲击条件下的反应释能进行试验研究，其试验原理如图2.28所示。当多功能含能结构材料试件以一定速度撞击前端薄铁皮时，材料几乎无变化；随后撞击硬质靶板，材料内部产生较强的初始冲击波，冲击波导致材料发生破碎和化学反应，释放化学能，使整个腔体内温度升高，气体受热膨胀，使准密闭反应容器内部压力升高，并保持一段时间后缓慢下降，此压力最高点称为“准静态”压力；此时容器内的气体处于高温高压状态，致使气体和火焰从容器前端薄板上的穿孔喷射而出，形成特殊的喷射现象。随着气体和火焰的泄出，整个容器内压力从最高的“准静态”压力逐渐减小至周围环境气压。

试验中依据瞬态压力测试系统获取多功能含能结构材料试件撞击靶板后准密闭容器内部的瞬态压力变化，利用高速摄像机拍摄撞击后准密闭容器的喷射现象，最后根据容器内部的准静态压力峰值以及冲击释能的持续时间来定量地分析多功能含能结构材料的释能行为。

3. 瞬态压力测试系统

瞬态压力测试系统由如图2.29所示的压电式压力传感器、电荷放大器和动态信号采集仪等部分组成。将瞬态压力传感器通过螺纹连接到准密闭反应装置

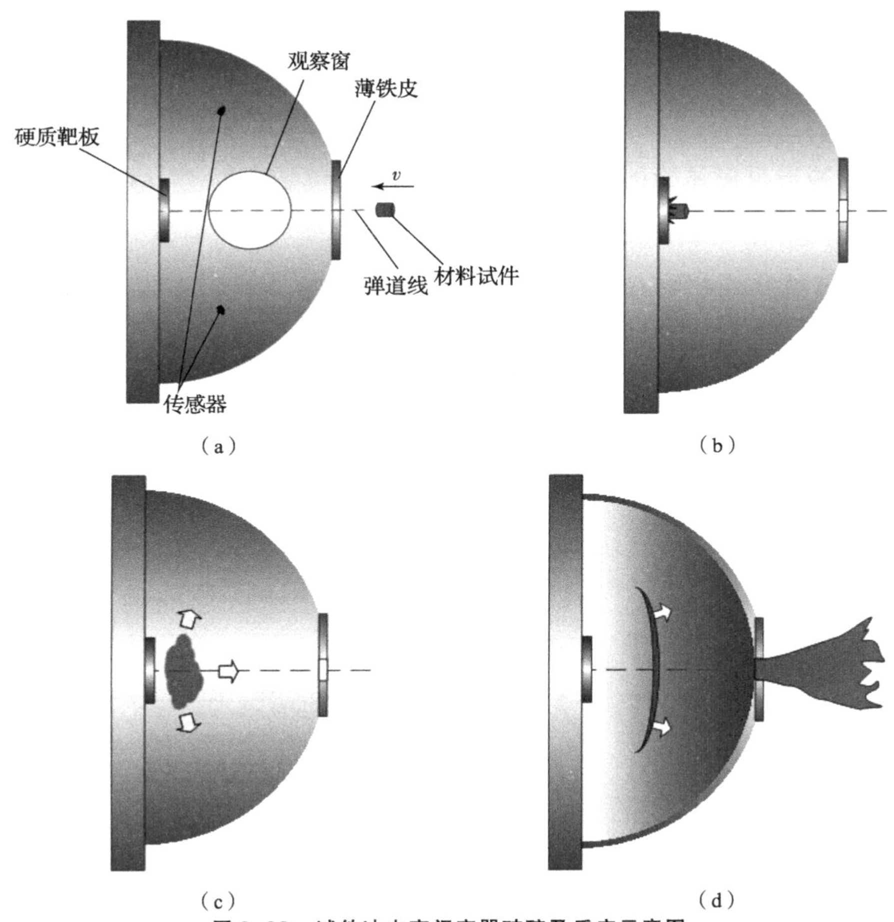

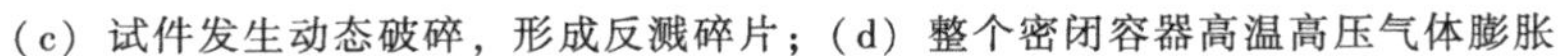

图 2.28　试件冲击密闭容器破碎及反应示意图

(a) 多功能含能结构材料试件以速度 v 撞击密闭容器；(b) 试件穿透前端薄板后撞击靶板；(c) 试件发生动态破碎，形成反溅碎片；(d) 整个密闭容器高温高压气体膨胀

(a)　　　　(b)

图 2.29　压力传感器及信号采集装置

(a) 压电式压力传感器；(b) 电荷放大仪与信号采集器

容器壁上，当多功能含能结构材料试件进入反应容器内部并撞击靶板时，多个传感器同时采集准密闭容器内部的气体压力。压力测量系统的数据采集器采集频率通常为 10 kHz 以上。

4. 冲击反应试验的整体布局

图 2. 30 所示为试验布局图，发射装置为 14. 5 mm 弹道枪，枪口到准密闭反应容器前端薄铁皮的距离约为 3 m，采用六通道测速仪和激光测速靶对试件的飞行速度进行测定。每次试验至少保证两个以上传感器同时进行压力数据的采集和测试，并通过高速摄像机监测准密闭反应容器内火光和喷射火焰等现象。

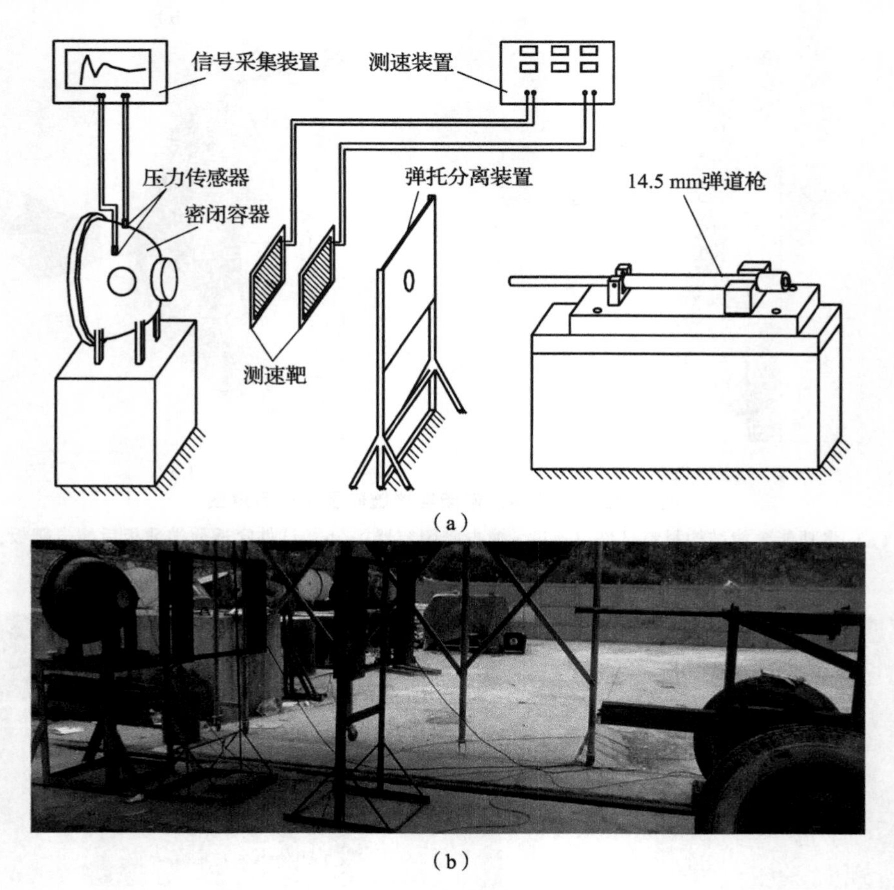

(a)

(b)

图 2. 30　冲击释能试验布局图

(a) 试验布局示意图；(b) 试验装置布局图

2.6.2　典型准密闭容器试验结果及数据处理

1. 准静态超压处理方法

根据多功能含能结构材料试件在准密闭反应容器内冲击反应时间尺度的不同，传感器测试得到的压力可以分为两部分：一部分是初始冲击波超压，另一部分是准静态超压。当试件撞击硬质钢板时，产生了初始冲击波，材料前端受高压导致温升，发生剧烈的反应，形成一种类爆轰现象，此时的压力即为初始冲击波超压，时间尺度为微秒级。随后试件破碎，与准密闭反应容器内的空气发生反应，整个容器内压力逐步达到平衡，此压力值称为准静态超压，时间尺度为毫秒级。通常，传感器测试得到的压力－时程原始曲线中的峰值即为初始冲击波超压；而对试验获取的压力－时程曲线进行滤波和数据平滑，利用Matlab软件对原始数据进行滤波，滤波截止频率为5 000 Hz。最终得到的曲线才是准静态压力曲线，其最大值为准静态超压。滤波处理前后的两条压力－时程曲线如图2.31所示，清楚地体现出准静态压力和初始冲击波超压之间的区别。

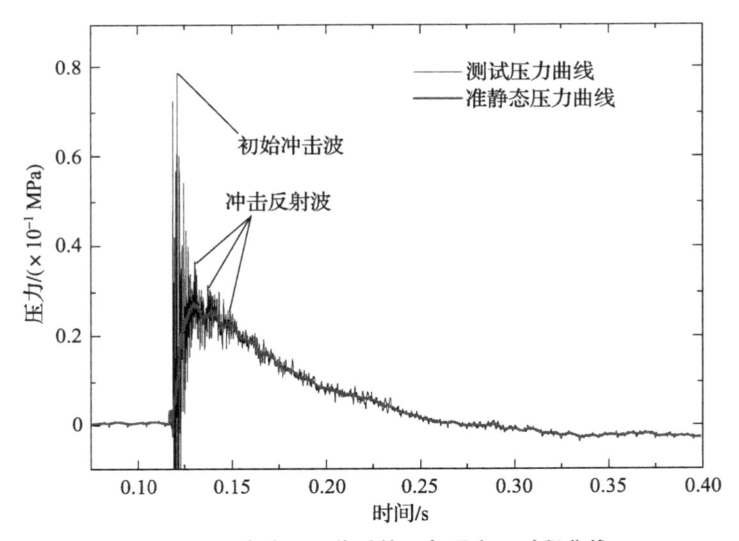

图2.31　滤波处理前后的两条压力－时程曲线

2. 准密闭容器超压试验结果

季铖等对块体非晶含能破片试件进行了多个速度下的冲击释能试验，冲击速度控制在750～1 500 m/s。多功能含能结构材料试件穿透密闭容器前端薄板后进入密闭容器内，撞击靶板后发生剧烈反应，释放出大量的能量。除了对多功能含能结构材料试件进行了不同速度下的冲击释能试验外，还选用了同质量的45钢试件进行对比分析。对比同质量的45钢试件，多功能含能结构材料冲击反应剧烈，密闭容器有剧烈火光和特殊的喷射现象，火光具有明亮的白光，这是锆、铝等可燃性金属剧烈燃烧的明显特征；而45钢试件以更高速度撞击靶板却只有微弱火光，二者试验对比图和不同位置传感器的采集结果如图2.32所示。

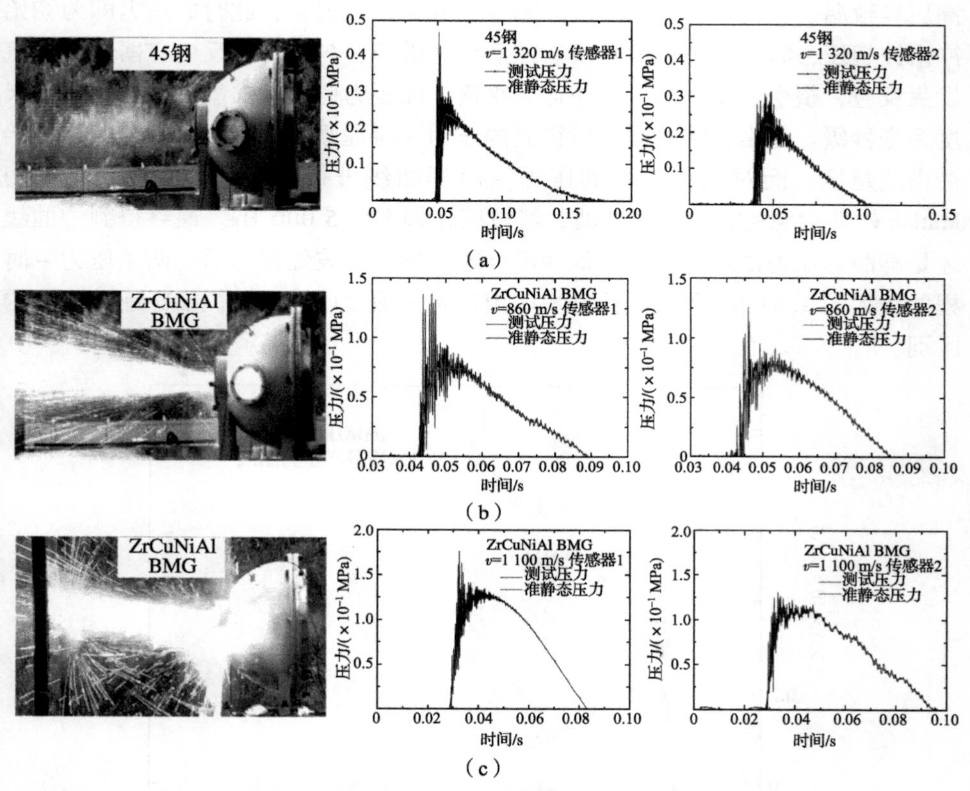

图2.32 冲击反应现象及传感器采集结果对比

(a) 45钢冲击反应现象及传感器测试结果；

(b) 多功能含能结构材料试件以860 m/s速度冲击反应现象及传感器测试结果；

(c) 多功能含能结构材料试件以1 100 m/s速度冲击反应现象及传感器测试结果

图2.32 (a)、(b)、(c) 分别为45钢试件以1 320 m/s速度、多功能含能结构材料试件以860 m/s和1 100 m/s的速度撞击准密闭反应容器靶板的试验结果，其中黑色曲线为传感器测得的实际波形，通过滤波处理可以得到红色曲线所示的“准静态”压力曲线；同时，根据每组试验中多个传感器测得曲

线，可以看出不同位置传感器测得的“准静态”超压具有较好的一致性。通常，每发试验后至少两个传感器测到数据才算作此处试验有效，多个传感器的测试结果经过滤波处理后，选取有效数据并取平均值。

图2.33为不同冲击速度下压力-时程曲线和准静态超压的试验结果。多功能含能结构材料试件在撞击速度为740～1 500 m/s区间内的压力-时程曲线如图2.33所示，可以看出，压力峰值（准静态超压）随着撞击速度的增加而增大。

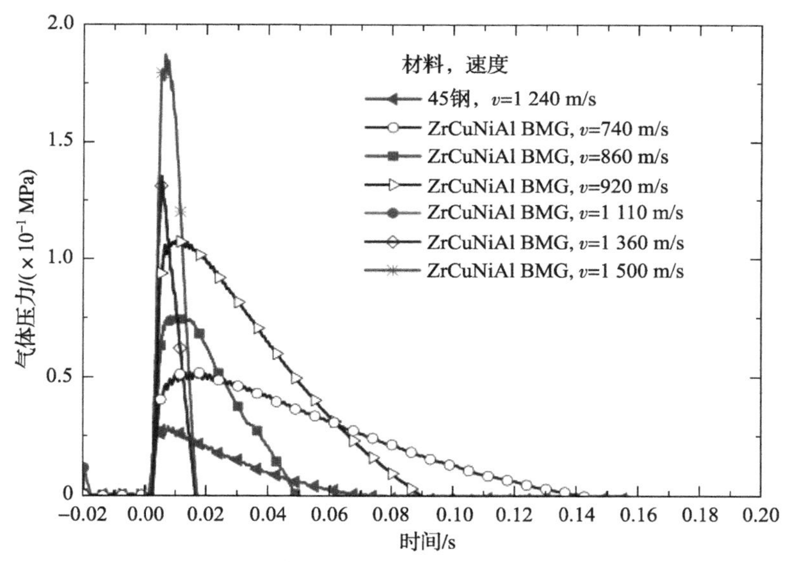

图2.33 密闭容器内气体压力变化试验结果

3. 密闭容器内反应超压与释能关系

由图2.33可以看出，容器内的压力在多功能含能结构材料试件撞击后10～20 ms达到峰值，持续一段时间后迅速下降。整个过程中，容器可以考虑为密闭状态，冲击反应前后容器内压力差（准静态超压值）可以用以下公式计算：

$$p_{gas2} - p_{gas1} = \Delta p = R(\rho_{gas2} T_{gas2} - \rho_{gas1} T_{gas1}) \tag{2.15}$$

式中，p_{gas1}和p_{gas2}分别为冲击反应前后气体压力；R为空气的气体常数（视为定值）；ρ_{gas1}和ρ_{gas2}分别为反应前后气体的密度；T_{gas1}和T_{gas2}分别为反应前后气体的温度。

1）无气体损失的冲击释能计算

对于无气体损失的冲击反应试验，例如Al/PTFE、Al/Ni、Al/Fe_2O_3等多功能含能结构材料，其反应原理为多种材料组分之间发生的化合反应，同时释放能量。该类材料冲击反应整个过程几乎不消耗空气中的氧气、氮气等，反应前后的气体密度视为不变。

$$\rho_{gas2}=\rho_{gas1}=\rho_{air} \tag{2.16}$$

因此，式（2.15）可以化成

$$\Delta p=R\rho_{air}(T_{gas2}-T_{gas1}) \tag{2.17}$$

由于冲击反应和容器内压力升高的过程发生在 10 ~ 20 ms，所以整个过程密闭容器视为绝热，溢出气体忽略不计。容器内部能量释放，导致气体温度升高，膨胀达到最大值，根据气体比热容公式

$$\Delta p=R\rho_{air}\frac{\Delta E}{m_{air}C_{gas}} \tag{2.18}$$

式中，ΔE 为密闭容器内气体增加的总能量，其中包括冲击反应能量和一部分试件的动能；m_{air}为准密闭容器内空气的质量；C_{gas}为空气的比热容：

$$C_{gas}=\frac{R}{\gamma-1} \tag{2.19}$$

式中，γ 为气体的比热容比，通常取 1.4。

将式（2.19）代入式（2.18），得到准静态压力峰值与容器内部能量增加值二者之间的关系：

$$\Delta p=\frac{\gamma-1}{V_C}\Delta E \tag{2.20}$$

式中，V_C 为气体体积，即密闭容器的容积。钢试件密闭容器准静态压力试验结果表明，只有约 25% 的试件动能（E_k）可以转化为气体内能，在忽略热量损失的情况下，有

$$\Delta E=\Delta Q+0.25E_k \tag{2.21}$$

其中，ΔQ 为反应释放的化学能。

式（2.20）只适用于准密闭容器试验中冲击反应无气体消耗（或释放）的多功能含能结构材料的能量计算。

2）考虑气体损失的冲击释能计算

对于某些多功能含能结构材料来说，其冲击反应过程有空气中的氧参与。冲击反应发生后，空气中的氧气被消耗，密闭容器内气体的密度发生变化。

$$\rho_{gas2}\neq\rho_{gas1} \tag{2.22}$$

反应后空气的密度 ρ_{gas2} 可以通过下式计算得到：

$$\rho_{gas2}=\frac{m_{air}-\dfrac{\Delta Q}{\Delta H}\times M_{oxygen}}{V_C} \tag{2.23}$$

式中，M_{oxygen}为氧气的摩尔质量，取 32 g/mol。假设气体比热容 C_{gas}不发生改变，取717 J/(kg·K)，反应后温度 T_{gas2}可以通过下式计算得到：

$$T_{gas2} = T_{gas1} + \frac{\Delta E}{\left(m_{air} - \frac{\Delta Q}{\Delta H} \times M_{oxygen}\right) \times C_{gas}} \tag{2.24}$$

将式（2.22）和式（2.23）代入式（2.15），得到气体密度改变情况下，准静态压力峰值与容器内部能量增加值二者之间的关系：

$$\Delta p = R/V_C(\Delta E/C_{gas} - \Delta Q M_{oxygen} T_{gas1}/\Delta H) \tag{2.25}$$

其中，V_C 为密闭容器的容积，20 L；R 为气体常数，287 J/(kg·K)。

根据试验获得的超压数据，联立式（2.25）和式（2.21），可以计算出不同速度加载下，多功能含能结构材料试件冲击反应释放的能量，也可以进一步计算出该撞击条件下的气体温升和多功能含能结构材料试件的撞击反应效率。

2.6.3　其他试验方法

在多功能含能结构材料释能行为的研究方面，其他试验方法如差热分析、落锤试验、氧弹仪测试等，都可以为多功能含能结构材料释能特性的研究提供可选手段，结合试验后对反应产物的形貌、成分的表征为分析多功能含能结构材料释能反应过程提供重要信息。

参 考 文 献

[1] 任会兰，宁建国，李尉，等．一种铝/钨/聚四氟乙烯含能材料的制备方法［P］．CN，105348704 A，2016-2-24．

[2] 乔良．多功能含能结构材料冲击反应与细观特性关联机制研究［D］．南京：南京理工大学，2013．

[3] 杜小刚，刘亚青．聚四氟乙烯的加工成型方法［J］．绝缘材料，2007，40（3）：67-69．

[4] 陈旭，回素彩．聚四氟乙烯烧结成型的制备工艺［J］．塑料工业，2005，33（10）：38-40．

[5] 杨益，郑颖，王坤．高密度活性材料及其毁伤效应进展研究［J］．兵器材料科学与工程，2013，36（4）：81-85．

[6] 黄培云．粉末冶金原理［M］．2版．北京：冶金工业出版社，1997．

[7] Martin，Morgana. Processing and Characterization of Energetic and Structural Behavior of Nickel Aluminum with Polymer Binders［M］. Georgia Institute of

Technology, 2005.
[8] 吴成义，张丽英．分体成形力学原理［M］．北京：冶金工业出版社，2003：151－155.
[9] 李晓杰，王金相，闫鸿浩．爆炸粉末烧结机理的研究现状及其发展 趋势［J］．稀有金属材料与工程，2004，33（6）：566－570.
[10] 李晓杰，王占磊，李瑞勇．爆炸粉末烧结法制取 WC/Cu 复合材料的研究［J］．材料开发与应用，2006，21（3）：16－17，33.
[11] Benson D J, Do I, Meyers M A. Computational Modeling of the Shock Compression of Powders [J]. Aip Conference Proceedings, 2002, 620 (1): 1087.
[12] 李金平，孟松鹤，韩杰才，等．爆炸压实中爆轰压力与粉末致密度的关系［J］．材料科学与工艺，2005，13（4）：341－343.
[13] Wei C T, Vitali E, Jiang F, et al. Quasi－static and dynamic response of explosively consolidated metal－aluminum powder mixtures [J]. Acta Materialia, 2012, 3 (60): 1418－1432.
[14] 张先锋，赵晓宁．多功能含能结构材料研究进展［J］．含能材料，2009，17（6）：731－739.
[15] Mozaffari A, Hosseini M, Manesh H D. Al/Ni metal intermetallic composite produced by accumulative roll bonding and reaction annealing [J]. Journal of Alloys & Compounds, 2011, 509 (41): 9938－9945.
[16] Kuk S W, Yu J, Ryu H J. Effects of interfacial Al oxide layers: Control of reaction behavior in micrometer－scale Al/Ni multilayers [J]. Materials & Design, 2015, 84 (5): 372－377.
[17] Kuk S W, Ryu H J, Yu J. Effects of the Al/Ni ratio on the reactions in the compression－bonded Ni－sputtered Al foil multilayer [J]. Journal of Alloys & Compounds, 2014 (589): 455－461.
[18] Wei C T, Nesterenko V F, Weihs T P, et al. Response of Ni/Al laminates to laser－driven compression [J]. Acta Materialia, 2012, 60 (9): 3929－3942.
[19] Saito Y, et al. Novel ultra－high straining process for bulk materials－development of the accumulative roll－bonding (ARB) process－ScienceDirect [J]. Acta Materialia, 1999, 47 (2): 579－583.
[20] Kevin C Walter, David R Pesiri, Dennis E W. Manufacturing and performance of nanometric Al－MoO_3 energetic Materials [J]. Journal of Propulsion and

Power, 2007, 23 (4): 645 - 650.

[21] 薛艳，张蕊，安琪，等．第五届中国（国际）纳米科技研讨会论文集［C］．西安，2006：264 - 267.

[22] Dutro G M, Yetter R A, Risha G A, et al. The effect of stoichiometry on the combustion behavior of a nanoscale Al/MoO_3 thermite [J]. Proceedings of the Combustion Institute, 2009, 32 (2): 1921 - 1928.

[23] Mirko Schoenitz, Trent S W, Edward L. 43rd AIAA aerospace sciences meeting and exhibit [C]. Reno, 2005: 717 - 722.

[24] Swati M Umbrajkar, Mirko Schoenitz, Edward L Dreizin. 45th AIAA aerospace sciences meeting and exhibit [C]. Reno, 2007: 295 - 300.

[25] Umbrajkar S M, Seshadri S, Schoenitz M, et al. Aluminum - Rich Al - MoO3 Nanocomposite Powders Prepared by Arrested Reactive Milling [J]. Journal of Propulsion and Power, 2012, 24 (2): 192 - 198.

[26] Demitrios Stamatis, Zhi Jiang, Vern K. Hoffmann, et al. 44th AIAA/ ASME/ SAE/ASEE joint propulsion conference& exhibit [C] . Reno, 2008: 1425 - 1434.

[27] 李凤生，杨毅，等．纳米/微米复合技术及应用［M］．北京：国防工业出版社，2002.

[28] Prakash A, McCormick A V. Thermal - kinetic study of core shell nano thermites [J]. Shock Compression of Condensed Matter, 2005: 1006 - 1009.

[29] 蒲利春，崔旭梅．自组装技术及其影响因素分析［J］．化工新型材料，2004, 32 (10): 18 - 20.

[30] Rajesh Shende, Senthil Subramanian, Shameem Hasan, et al. Nano energetic composites of CuO nanorods, nanowires, and Al - nanoparticles [J]. Propellants, Explosives, Pyrotechnics, 2008, 33 (2): 122 - 130.

[31] Hrubesh L W. A shared award in aerogel process technology [J]. LLNL Science and Technology Review, 1995 (Nov/Dec): 22 - 25.

[32] Ann Parker. Nanoscale chemistry yields better explosives [J]. LLNL Science and Technology Review, 2000 (10): 19 - 21.

[33] 王军，张文超，沈瑞琪，等．纳米铝热剂的研究进展［J］．火炸药学报，2014 (4): 1 - 8.

[34] Humphreys F J. Review Grain and subgrain characterisation by electron backscatter diffraction [J]. Journal of Materials Science, 2001, 36 (16): 3833 - 3854.

[35] 张凤国，李恩征．大应变、高应变率及高压条件下混凝土的计算模型［J］．爆炸与冲击，2003，23（2）：188－192．

[36] Cai J，Walley S M，Hunt R J A，et al. High－strain，high－strain－rate flow and failure in PTFE/Al/W granular composites［J］．Materials Science & Engineering A，2008，472（1－2）：308－315．

[37] 吕剑，何颖波，田常津，等．泰勒杆试验对材料动态本构参数的确认和优化确定［J］．爆炸与冲击，2006，26（4）：339－344．

[38] Kolsky H. An Investigation of the Mechanical Properties of Materials at Very High Rates of Loading［J］．Proceedings of the Physical Society of London，1949（62）：676－700．

[39] Hopkinson B. A Method of Measuring the Pressure Produced in the Detonation of High Explosives or by the Impact of Bullets［J］．Proceedings of the Royal Society of London，1914，89（612）：411－413．

[40] Tang T，Malvern L E，Jenkins D A. Rate Effects in Uniaxial Dynamic Compression of Concrete［J］．Journal of Engineering Mechanics，1992，118（1）：108－124．

[41] Ross C A，Tedesco J W，Kuennen S T. Effects of Strain Rate on Concrete Strength［J］．Aci Material Journal，1995，92（1）：37－47．

[42] 胡时胜，王道荣，刘剑飞．混凝土材料动态力学性能的试验研究［J］．工程力学，2001，18（5）：115－118．

[43] 陈德兴，胡时胜，张守保，等．大尺寸 Hopkinson 压杆及其应用［J］．实验力学，2003，18（1）：108－112．

[44] 冯明德，彭艳菊，刘永强，等．SHPB 试验技术研究［J］．地球物理学进展，2006，21（1）：273－278．

[45] 李玉龙，郭伟国，徐绯，等．SHPB 压杆技术的推广应用［J］．爆炸与冲击，2006，26（5）：385－394．

[46] Duffy J，Campbell J D，Hawley R H. On the Use of a Torsional Split Hopkinson Bar to Study Rate Effects in 1100－0 Aluminum［J］．Journal of Applied Mechanics，1971，38（1）：83－91．

[47] Baker W E，Yew C H. Strain－Rate Effects in the Propagation of Torsional Plastic Waves［J］．Journal of Applied Mechanics，1966，33（4）：917－923．

[48] Tabaka K. The effect of temperature and strain rate on the strength of aluminum［C］．Proc of 13th Japan Congress on Matesials Research，Kyoto，1970．

[49] Harding J, Welsh L M. A Testing Technique for Fiber - Reinforced Composites at Impact Rates of Strain [J]. Journal of Materials Science, 1983, 18 (6): 1810 - 1826.

[50] Zhao H, Gary G, Klepaczko J R. On the use of a viscoelastic split hopkinson pressure bar [J]. International Journal of Impact Engineering, 1997, 19 (4): 319 - 330.

[51] 卢芳云, Chen W, Frew D J. 软材料的 SHPB 实验设计 [J]. 爆炸与冲击, 2002, 22 (1): 15 - 19.

[52] 李玉龙, 索涛, 郭伟国, 等. 确定材料在高温高应变率下动态性能的 Hopkinson 杆系统 [J]. 爆炸与冲击, 2005, 25 (6): 487 - 492.

[53] Nemat - Nasser S, Isacs J B. Direct measurement of isothermal flow stress of metals at elevated temperatures and high strain rates with application to Ta and TaW alloys [J]. Acta Materialia, 1997, 45 (3): 907 - 919.

[54] Nemat - Nasser S, Isaacs J B, Starrett J E. Hopkinson Techniques for Dynamic Recovery Experiments [J]. Proceedings of the Royal Society A: Mathematical, Physical and Engineering Sciences, 1991 (45): 371 - 391.

[55] 刘晓敏, 胡时胜. 应力脉冲在变截面 SHPB 锥杆中的传播特性 [J]. 爆炸与冲击, 2000, 22 (2): 110 - 114.

[56] 胡时胜, 王道荣. 冲击载荷下混凝土材料的动态本构关系 [J]. 爆炸与冲击, 2002, 22 (3): 242 - 246.

[57] 薛青, 沈乐天, 陈淑霞, 等. 单脉冲加载的 Hopkinson 扭杆装置 [J]. 爆炸与冲击, 1996, 16 (4): 289 - 296.

[58] 于亚伦. 用三轴 SHPB 装置研究岩石的动载特性 [J]. 岩土工程学报, 1992, 14 (3): 76 - 79.

[59] 王永刚, 等. 低阻抗多孔材料动态弹性模量和剪切模量实验测定 [J]. 宁波大学学报, 2002, 15 (4): 22 - 25.

[60] 刘剑飞, 王正道, 胡时胜. 低阻抗多孔材料的 SHPB 实验技术 [J]. 实验力学, 1998, 13 (2): 218 - 223.

[61] 刘剑飞, 胡时胜, 王道荣. 用于脆性材料的 Hopkinson 压杆动态实验新方法 [J]. 实验力学, 2001, 6 (3): 283 - 290.

[62] Ames R. Energy Release Characteristics of Impact - Initiated Energetic Materials [J]. MRS Online Proceeding Library Archive, 2005, 896 (3): 321 - 333.

[63] Ames R G, Waggener S S. Reaction efficiencies for impact - initiated energetic

materials [C]. 32nd International Pyrotechnics Seminar, Karlsruhe, Germany, 2005: 180/1 - 180/9.

[64] Luo P, Wang Z, Jiang C, et al. Experimental study on impact - initiated characters of W/Zr energetic fragments [J]. Materials & Design, 2015 (84): 72 - 78.

[65] 肖艳文，徐峰悦，郑元枫，等. 活性材料弹丸碰撞油箱引燃效应实验研究 [J]. 北京理工大学学报，2017，37 (6): 557 - 561.

[66] 肖艳文，徐峰悦，余庆波，等. 高密度活性破片碰撞双层靶毁伤效应 [J]. 科技导报，2017，35 (10): 99 - 103.

[67] Zhang Z R, Zhang H, Tang Y, et al. Microstructure, mechanical properties and energetic characteristics of a novel high - entropy alloy HfZrTiTa0.53 [J]. Materials and Design, 2017 (133): 435 - 443.

[68] Huang C, Li S, Bai S. Quasi - static and impact - initiated response of Zr55Ni5Al10Cu30 alloy [J]. Journal of Non - Crystalline Solids, 2018 (481): 59 - 64.

[69] 陈曦，杜成鑫，程春，等. Zr基非晶合金材料的冲击释能特性 [J]. 兵器材料科学与工程，2018，41 (6): 44 - 49.

[70] 张云峰，刘国庆，李晨，等. 新型亚稳态合金材料冲击释能特性 [J]. 含能材料，2019，27 (8): 692 - 697.

[71] Zhang X F, Shi A S, Qiao L, et al. Experimental study on impact - initiated characters of multifunctional energetic structural materials [J]. Journal of Applied Physics, 2013 (113): 2129 - 1156.

[72] Wang H F, Zheng Y F, Yu Q B, et al. Impact - induced initiation and energy release behavior of reactive materials [J]. Journal of Applied Physics, 2011, 110 (7): 239 - H03.

[73] Cai X, Zhang W, Xie W, et al. Initiation and energy release characteristics studies on polymer bonded explosive materials under high speed impact [J]. Materials & Design, 2015, 68 (mar.): 18 - 23.

第3章 破片式战斗部结构与原理

3.1 破片式战斗部结构类型

图 3.1 为传统破片战斗部的典型结构。传统破片战斗部主要由四个部件组成：装药、壳体、端盖和中心孔。其中端盖用来防止爆炸能量在完成对战斗部的作用外壳之前泄漏。装药中可含中心孔，这个孔被当作无效体积，可用来放置保险机构和连接杆，或者放置电缆。图中，中心孔的直径记作 d_v，炸药直径和壳体内径记作 d_i，战斗部外部直径记作 d_o，炸药长度和壳体长度用 L 表示。战斗部的有效质量是炸药和壳体质量之和，其他战斗部组件，如前后端盖、电缆、隔舱、保险连杆等，统称为附加质量。附加质量应尽可能小。

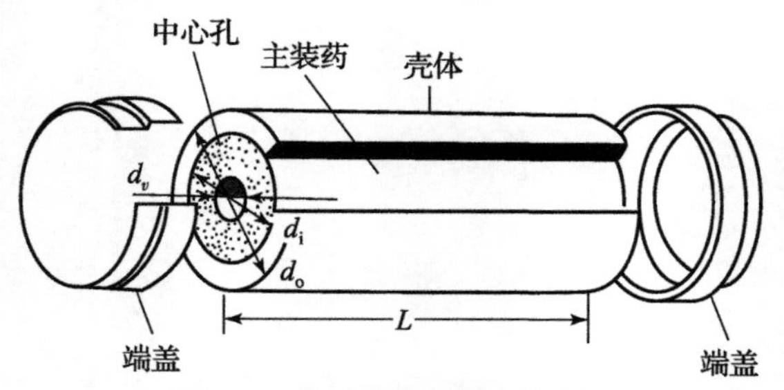

图 3.1　典型战斗部结构示意图

破片战斗部的结构形式决定了破片形成的机制。传统的破片战斗部可分为自然破片战斗部、预控破片战斗部和预制破片战斗部。其中自然破片为不可控

破片，预控破片和预制破片又称为可控破片。关于破片战斗部，新近又发展了多种新型定向战斗部结构。

3.1.1　自然破片战斗部

1. 结构特点

自然破片战斗部的壳体通常是等壁厚的圆柱形钢壳，在环向和轴向都没有预设的薄弱环节。战斗部爆炸后，所形成的破片数量和质量与装药性能、装药质量和壳体质量的比值（质量比）、壳体材料性能和热处理工艺、起爆方式等有关。提高自然破片战斗部威力性能的主要途径是选择优良的壳体材料并与适当的装药性能相匹配，以提高速度和质量都符合要求的破片比例。与半预制及预制破片战斗部相比，自然破片数量不够稳定，质量散布较大，特别是破片形状很不规则，速度衰减快，因此，这种战斗部的破片能量散布很大。

破片能量过小往往不能对目标造成杀伤效应，而能量过大则意味着破片总数的减少或破片密度的降低。因而，这种战斗部的破片特性是不理想的。但是有许多直接命中目标的便携式防空导弹采用了自然破片战斗部，如美国的“尾刺”、苏联的“萨姆”-7 等。

“萨姆”-7 战斗部质量为 1.15 kg，装药量只有 0.37 kg，直径为 70 mm，长度为 104 mm。战斗部前端有球缺形结构，装药爆炸后，此球缺形结构能够形成速度较高的破片流，用于破坏位于战斗部前方的导引头等弹上设备。从战斗部设计的一般原则来看，它主要被设计成破片杀伤式，但由于是直接命中目标，其爆炸冲击波和爆炸产物也能对目标造成相当的破坏。

2. 破片形成机理

自然破片战斗部的思想是把外壳分解为大量破片，破片的质量由壳体材料特性、壳体厚度、密封性和炸药性能等决定。假设战斗部在一端中心起爆，数十微秒后导弹壳体的膨胀情况将如图 3.2 所示。下面简单分析一下破片形成的过程和机理。

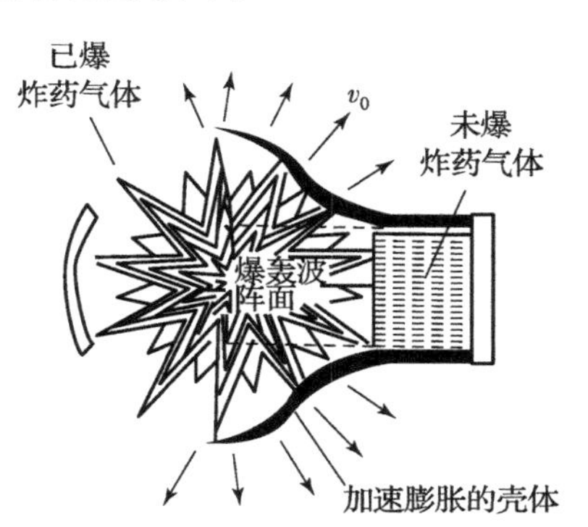

图 3.2　导弹壳体膨胀

自然破片形成过程可以分四步来理解，如图 3.3 所示。先是壳体环向膨胀（图 3.3 炸药气体中阶段 1）；当膨胀变形超过材料强度时，壳体开始裂口（图 3.3 中阶段 2）；接着壳体外表面的裂口开始向内表面发展成裂缝（图 3.3 中阶段

3)；爆炸气体产物从裂缝中流出，造成大量爆炸物飞出（图3.3中阶段4）。随后，爆炸气体冲出并伴随着破片飞出，同时气体产物开始消散，这时战斗部壳体已经膨胀达到其初始直径的150%~160%。

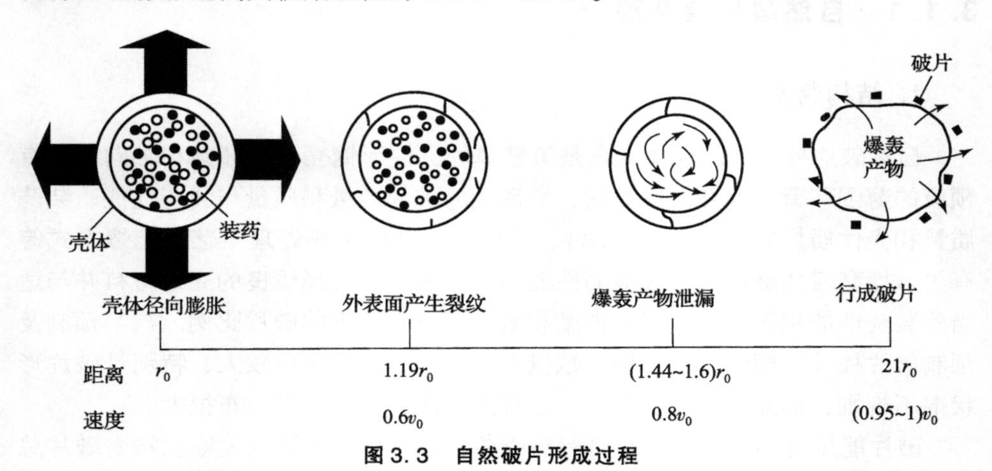

图3.3　自然破片形成过程

考虑一个内径为 r_i，外径为 r_o，壳体厚度为 t 的战斗部，受内部爆炸产生的压力 p_i 的作用，如图3.4（a）所示，假定沿轴向的应力和变形是均匀的，高压 p_i 的作用使壳体内部产生的非零动态应力分为径向压缩应力 σ_r 和环向拉伸应力 σ_θ。在壳体内部某半径（$r_i < \bar{r} < r_o$）处的应力分布如图3.4（b）所示。壳体受到的剪切应力 $\tau_{r\theta}$ 由主应力 σ_r 和 σ_θ 决定，最大剪切应力方向与主应力方向成45°，如图3.5所示。利用力学原理分析可得壳体内某处的三个应力表达式如下：

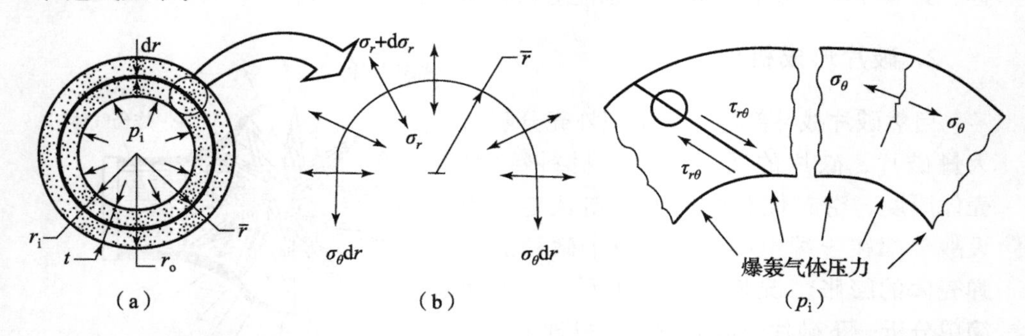

图3.4　内压力作用示意图　　　　图3.5　壳体受力示意图

环向应力

$$\sigma_\theta = \frac{r_i^2 p_i}{r_o^2 - r_i^2}\left(1 + \frac{r_o^2}{\bar{r}^2}\right) \tag{3.1}$$

径向应力

$$\sigma_r = \frac{r_i^2 p_i}{r_o^2 - r_i^2}\left(1 - \frac{r_o^2}{\bar{r}^2}\right) \tag{3.2}$$

剪切应力

$$\tau_{r\theta} = \frac{r_i^2 r_o^2 p_i}{\bar{r}^2 (r_o^2 - r_i^2)} \tag{3.3}$$

当 $\bar{r} = r_i$ 时，在壳体内表面处有最大环向应力为

$$\sigma_\theta = p_i \frac{r_o^2 + r_i^2}{r_o^2 - r_i^2} \tag{3.4}$$

这时对应的径向应力为

$$\sigma_r = -p_i \tag{3.5}$$

剪切破坏和径向破坏都是导致壳体破裂的主要模式，这两种模式哪个为主，由壳体厚度、温度、壳体材料属性（如延展性）决定。由于在壳体内表面处产生最大环向拉应力，当该应力超过材料的强度 σ_y 时，邻近内表面的壳体材料首先发生塑性变形。当战斗部内部压力增加时，壳体塑性区域向外延形成弹塑性分界面，并在主应力的作用下膨胀变形，最后发生断裂，形成裂纹。

在剪切破坏裂纹中，最大剪应力方向与主应力方向成 45°，这些裂纹具有方向性，形成裂纹网络。这种剪切破坏发生在弹性变形区和塑性变形区，破坏发生的位置是随机的，于是就形成了形状不一的破片。

3. 自然破片尺寸计算

进一步分析壳体破坏动力学，可以计算出战斗部爆炸时产生的破片数目，Mott 和 Linfoot 发展了相关理论来计算战斗部破片的质量分布，该理论假设壳体在破裂之前为塑性膨胀，在壳体破裂发生时，将产生分布裂缝。假定裂缝间距为 a_j，这时战斗部每单位长度的动能为

$$E_k = \frac{1}{24} t_j v_0^2 \rho_m \frac{a_i^3}{r_j^2} \tag{3.6}$$

式中，ρ_m 为壳体材料的密度；r_j 为战斗部壳体在破裂时的半径；t_j 为破裂时的壳体厚度；v_0 为破片速度。如果单位长度形成裂缝所需的能量为 G，认为当 $E_k = G$，即壳体膨胀的动能全部转化为壳体破裂的变形能时，壳体瞬时破裂成尺寸为 a_j 的破片，则可解出裂缝间距（即破片尺寸）为

$$a_j = \left(\frac{24 G r_j^2}{\rho_m v_0^2 t_j}\right)^{1/3} \tag{3.7}$$

从试验和分析可知，钢壳体形成裂缝所需的能量为 $G = 1.47 \times 10^5$ ~

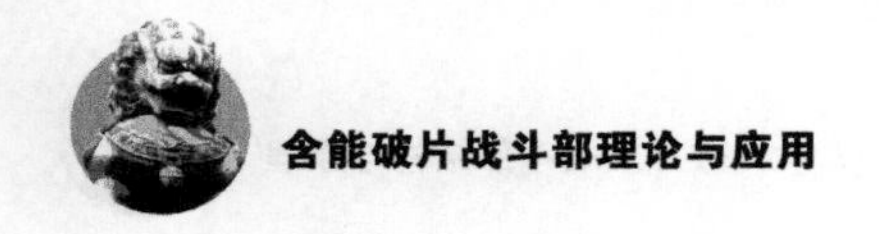

$1.68 \times 10^6\ \mathrm{J/m^2}$。

已知裂缝间距之后，当给定一个战斗部的结构尺寸时，通过计算战斗部表面积，可解出圆周上裂缝的总数。一个圆柱形战斗部在破裂时表面积为

$$A_{SA} = 2\pi r_j L \tag{3.8}$$

则圆柱形战斗部在破裂时其圆周上裂缝总数的估计值为

$$N_j = \frac{A_{SA}}{a_j} = 2\pi L \left(\frac{\rho_m r_j t_j}{24G}\right)^{1/3} v_0^{2/3} \tag{3.9}$$

沿圆柱环向裂缝的个数即反映了破片的个数，从式（3.9）可估算出战斗部爆炸时产生的破片总数。式中破片速度 v_0 可利用改进的 Gurney 公式计算：

$$v_0 = \sqrt{2E}\left\{\frac{C/M}{[1 + d/(2L)][1 + C/(2M)]}\right\}^{1/2} \tag{3.10}$$

3.1.2 预控破片战斗部

半预制破片战斗部是破片战斗部应用最广泛的形式之一，它采用各种较为有效的方法控制破片形状和尺寸，避免产生过大和过小的破片，因而减少了壳体质量的损失，显著地改善了战斗部的杀伤性能，根据不同的半预制技术途径，可以分为刻槽式、药柱刻槽式和叠环式等多种结构形式。

1. 刻槽式

刻槽式破片战斗部是在一定厚度的壳体上，按规定的方向和尺寸加工出相互交叉的沟槽，沟槽之间形成菱形、正方形、矩形或平行四边形的小块；刻槽也可以在钢板轧制时直接成型，然后将刻好槽的钢板卷焊成圆柱形或截锥形战斗部壳体，以提高生产效率并降低成本。战斗部装药爆炸后，壳体在爆轰产物的作用下膨胀，并按刻槽造成的薄弱环节破裂，形成较规则的破片。典型的刻槽式结构的刻槽形式可以有：

（1）内表面刻槽。

（2）外表面刻槽。

（3）内外表面刻尺寸和深度匹配的槽，并且内外一一相对。

（4）内外表面都刻槽，但分别控制壳体的轴向和环向破裂。

实践证明，在其他条件相同的情况下，内刻槽的破片成型性能优于外刻槽，后者容易形成连片。

根据破片数量的需要，刻槽式战斗部的壳体可以是单层的，也可以是双层的。如果是双层，外层可以采用与内层一样的结构，也可以在内层壳体上缠上刻槽的钢带。钢带很容易控制外层破片的质量，使之与内层破片的质量不同或相同。

刻槽方向对破片分布会产生影响。以圆柱形结构为例。圆柱形战斗部壳体在膨胀过程中，最大应变产生在环向，轴向应变很小，因此刻槽方向的设计应充分利用环向应变的作用。设计菱形破片时，最合理的形式是菱形的长对角线位于壳体轴向，短对角线位于环向，如图3.6所示。实践证明，菱形的锐角以60°为宜。图3.6（b）所示的刻槽方式不合理，如果沿战斗部母线或垂直于母线刻槽，则壳体环向膨胀形成的破片在轴线成条状分布，在环向形成空间，不利于控制破片，因而应避免图3.6（c）所示的刻槽方式。

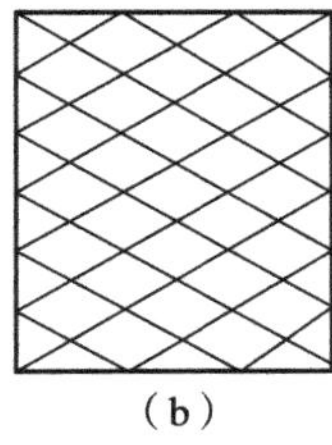
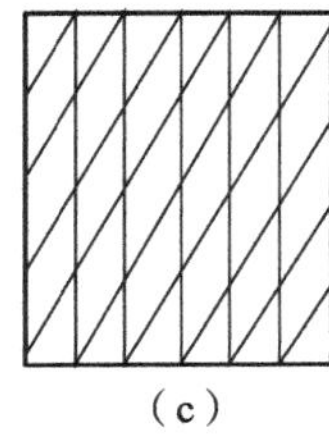

（a）　（b）　（c）

图3.6　不同刻槽方向的展开图

（a）合理；（b）不合理；（c）不合理

刻槽的深度和角度对破片的形成性能和质量损失有重大影响。刻槽过浅，破片容易形成连片，使破片总数减少；刻槽过深，壳体不能充分膨胀，爆炸产物对壳体的作用时间变短，使破片速度不够高。刻槽底部的形状有平底、圆弧形和锐角形，以锐角形底效果最好。比较适宜的刻槽深度为壳体壁厚的30%～40%，常用的刻底部锐角为45°和60°。

刻槽式战斗部应选用韧性钢材作壳体，而不宜用脆性钢材，因为后者不利于破片的正常剪切成型，而容易形成较多的碎片。刻槽式与其他结构相比，在相同的装填比下获得的破片速度最高。

苏联的“萨姆”-2防空导弹采用了壳体内刻槽式结构，相关参数：战斗部总质量为190 kg，破片数量为3 600块，破片质量为11.6 g，破片初速为2 900～3 200 m/s，破片飞散角为10°～12°；而K-5防空导弹采用了壳体内、外表面刻槽式结构，相关参数：战斗部总质量为13 kg，破片数量为620～640块，破片质量小于3 g，破片飞散角为15°。

2. 药柱刻槽式

药柱刻槽式战斗部也称聚能衬套式破片战斗部。药柱上的槽由特制的带聚能槽的衬套来保证，而不是真正在药柱上刻槽，其典型结构如图3.7所示。战斗部的外壳是无缝钢管，衬套由塑料或硅橡胶制成，其上带有特定尺寸的楔形槽衬套与外壳的内壁紧密相贴，用铸装法装药后，装药表面就形成楔形槽。装药爆炸时，楔形槽产生聚能效应，将壳体切割成所设计的破片。

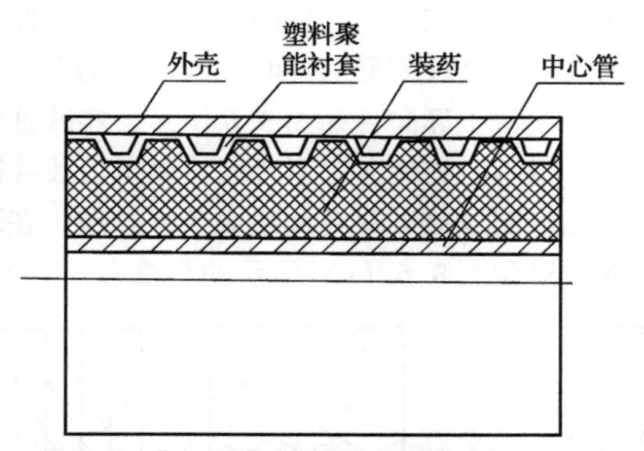

图 3.7　药柱刻槽式战斗部破片战斗部示意图

实际应用中，衬套通常采用厚度约为 0.25 mm 的醋酸纤维薄板模压制成，具有一定的耐热性，以保证在装药过程中不变形。楔形槽的尺寸由战斗部外壳的厚度和破片的理论质量确定，如果壳体的长度和直径已经给出，就可以确定破片总数。衬套和楔形槽占去了部分容积，使装药量减少；同时，聚能效应的切割作用使壳体基本未经膨胀就形成破片，所以与尺寸相同而无聚能衬套的战斗部相比，破片速度稍低。

另外，根据破片形成特性，这种结构的破片飞散角较小，对圆柱体结构而言，不大于 15°。

药柱刻槽式战斗部的最大优点是生产工艺非常简单，成本低廉，对大批量生产是非常有利的。但结构的限制使其较宜用于小型战斗部，大型战斗部还是以刻槽式为宜。

采用药柱刻槽式战斗部的导弹有美国的“响尾蛇”防空导弹，其战斗部的参数：总质量为 1.5 kg，直径为 127 mm，长度为 340 mm，装药量为 5.3 kg，壳体壁厚为 5 mm，90% 破片飞散角为 13°，破片初速为 1 800 ~ 2 200 m/s，破片总数约为 1 200 片，单枚破片质量为 3 g。另外，我国的“霹雳”2、苏联的 K-13 也采用了药柱刻槽式结构。

3. 叠环式

叠环式破片战斗部壳体由钢环叠加而成，环与环之间点焊，以形成整体，通常在圆周上均匀分布三个焊点，整个壳体的焊点形成三条等间隔的螺旋线。这种结构示意图如图 3.8 所示。装药爆炸后，钢环沿环向膨胀并断裂成长度不太一致的条状破片，对目标造成切割式破坏。

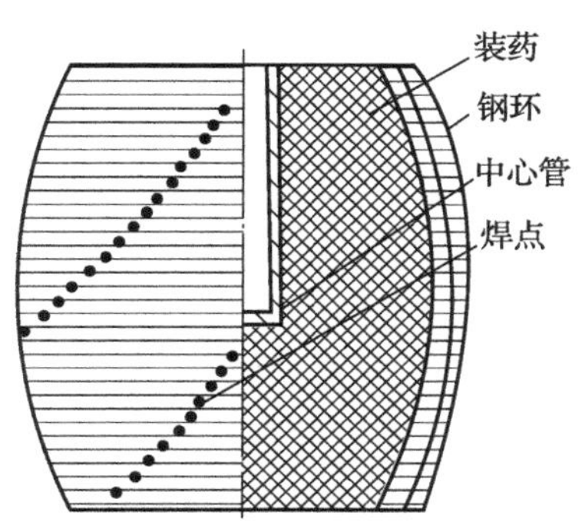

图 3.8　叠环式破片战斗部示意图

钢环可以是单层或双层的，视所需的破片数而定。钢环的截面形式和尺寸根据毁伤目标所需的破片形状和质量而定。叠环式结构的最大优点是可以根据破片飞散特性的需要，以不同直径的圆环任意组合成不同曲率的鼓形或反鼓形结构。因此，这种结构不仅可设计成大飞散角，也能设计成小飞散角，以获得所需的破片飞散特性。

叠环式结构与质量相当的刻槽式结构相比，其破片速度稍低。这是因为钢环之间有缝隙，装药爆炸后，在环的膨胀过程中，稀疏波的影响较大，使爆炸能量的利用率下降。采用叠环式破片战斗部的有法国的“马特拉” R530 空空导弹，其主要参数：总质量为 30 kg，装药量为 1.7 kg，破片飞散角为 50°，破片初速为 1 700 m/s，破片总数为 2 600 块，单枚破片质量为 6 g。

连续杆式战斗部也是一种点焊式半预制破片战斗部，如图 3.9 所示，其结构比较独特，外壳是由若干钢条在其端部交错焊接并经整形而成的圆柱体。受装药爆炸作用，处于折叠状态的连续杆逐渐展开，形成一个以 1 200 ~ 1 500 m/s 的速度不断扩张的连续杆杀伤环，它能切割与其相遇的空中目标的某些构件，如飞机的机翼油箱、电缆和其他不太强的结构，使目标失去平衡或遭到致命的杀伤。装备连续杆式战斗部的有美国的“波马克”“黄铜骑士”“小猎犬”和“麻雀” Ⅲ等导弹。其中，“麻雀” Ⅲ战斗部的相关参数：总质量为 30 kg，装药量为 6.58 kg，破片飞散角为 50°，连续杆扩展速度为 1 500 ~ 1 600 m/s，杀伤环连续性为 85%，有效作用半径为 12 ~ 15 m。

图 3.9　连续杆式破片战斗部结构及作用过程示意图

3.1.3 预制破片战斗部

预制破片战斗部的结构如图3.10所示。破片按需要的形状和尺寸，用规定的材料预先制造好，再用黏结剂黏结在装药外的内衬上。内衬可以是薄铝筒、薄钢筒或玻璃钢筒，破片层外面有一外套。球形破片则可直接装入外套和内衬之间，其间隙以环氧树脂或其他适当材料填满。装药爆炸后，预制破片被爆炸作用直接抛出，因此壳体几乎不存在膨胀过程，爆炸产物较早逸出。在各种破片战斗部中，在质量比相同的情况下，预制式的破片速度是最低的，与刻槽式相比，要低10%~15%。

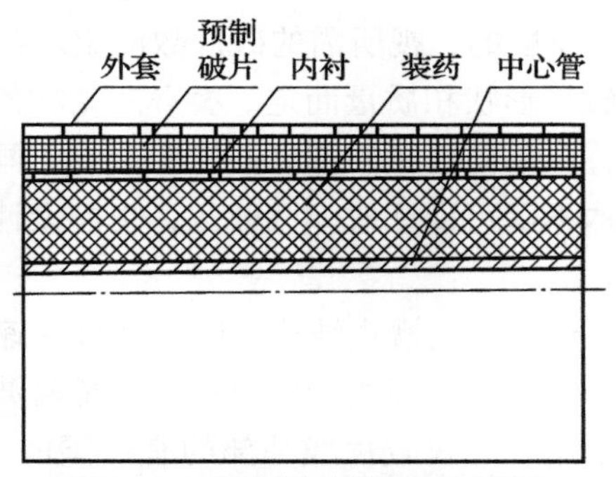

图3.10 预制破片战斗部示意图

预制破片通常制成立方体或球形，它们的速度衰减性能较好。立方体在排列时比球形或圆柱形破片更紧密，能较好地利用战斗部的表层空间。如果破片制成适当的扇形体，则排列最紧密，黏结剂用量最少。预制破片在装药爆炸后的质量损失较小，经过调质的钢质球形破片几乎没有什么质量损失，很大程度上弥补了预制式结构附加质量（如内衬、外套和胶结剂等）较大的固有缺陷。预制式结构具有几个重大的优点：

（1）具有比叠环式结构更优的成型特性，可以把壳体加工成几乎任何需要的形状，以满足各种飞散特性的要求。

（2）破片的速度衰减特性比其他破片战斗部都要好。在保持相同杀伤能量的情况下，预制式结构所需的破片速度或质量可以减小。

（3）预制破片可以加工成特殊的类型，如利用高密度材料作为破片以提高洞穿能力，还可以在破片内部装填不同的填料（发火剂、燃烧剂等），以增大破片的杀伤效能。

（4）在性能上有较为广泛的调整余地，如通过调整破片层数，可以满足破片数量多的要求，也容易实现大小破片的搭配，以满足特殊的设计需要。

预制破片更容易适应战斗部在结构上的改变，如采用离散杆形式的破片可

以达到球形和立方形破片不易达到的毁伤效果，采用反腰鼓形的外壳结构可以实现破片聚焦的效果。

图 3.11 给出了离散杆式战斗部结构及杆式破片飞散示意图。破片采用了长条杆形，杆的长度和战斗部长度差不多。战斗部爆炸后，杆条按预控姿态向外飞行，杆条的长轴始终垂直于飞行方向，同时绕长轴的中心慢慢旋转，最终在某一半径处实现杆杆的首尾相连，形成连续的杆环，通过切割作用提高对目标的杀伤能力。离散杆式战斗部的关键技术是控制杆条飞行的初始状态，使其按预定的姿态和轨迹飞行。通过以下两方面的技术措施可以实现对杆条运动的控制：一是使整个杆条在长度方向上获得相同的抛射初速，也就是说，使杆条获得速度的驱动力在长度方向处处相同，这样才能保证飞行过程中杆轴线垂直于飞行轨迹；二是杆条放置时，每根杆的轴线和战斗部的轴线保持一个相同的倾角，这个倾角可以使杆以相同的规律低速旋转，通过预置倾角可以控制杆条的旋转速度，从而实现在某飞行半径处杆杆首尾相连。

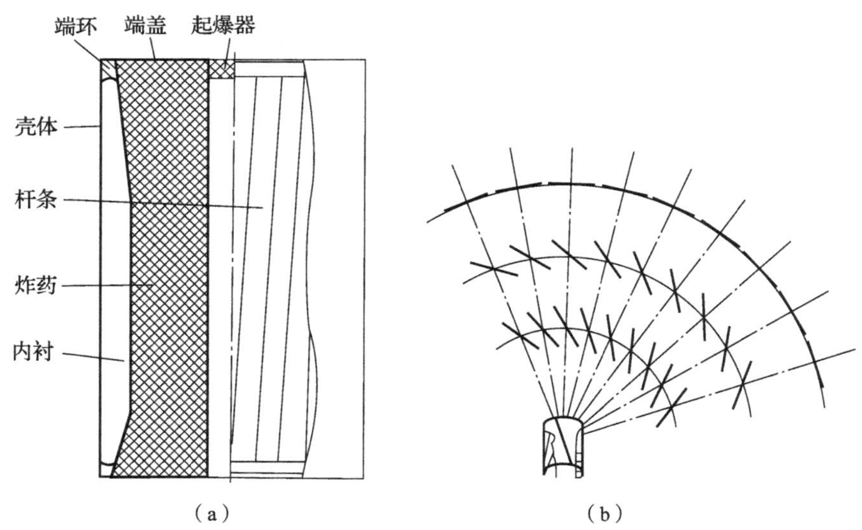

图 3.11　离散杆式战斗部结构及杆式破片飞散示意图

(a) 战斗部结构；(b) 飞散示意图

聚焦式战斗部是一种使轴向能量在某个位置上形成环带汇聚的预制破片战斗部。其结构特点主要是壳体母线外形按对数螺旋曲线加工、向内凹成类似反腰鼓形，如图 3.12 所示。利用爆轰波与壳体曲面间的相互作用，使爆轰波推动破片向曲面的聚焦带汇集，形成以弹轴为中心的破片聚焦带。聚焦带处的破片密度大幅增加，所以被称为破片聚焦式战斗部，它对目标可造成密集的穿孔，对目标结构有切割性杀伤作用。聚焦带的宽度、方向及破片密度由弹体母线的曲率、炸药的起爆方式、起爆位置等因素决定，可根据战斗部的设计要求来确定。聚焦带可以设计成一个或多个，图 3.12 中的战斗部结构有两个内陷弧面，因而形成两个聚焦带。聚焦式战斗部要求破片之间的速度差应尽可能小，否则，在动态情况下破片命中区将拉开，命中密度降低，影响切割作用。聚焦带处破片密度的增加导致了破片带宽度的减小，对目标的命中概率降低，因而该类战斗部适用于制导精度较高的导弹，并且通过引战配合的最佳设计使聚焦带命中目标的关键舱段。

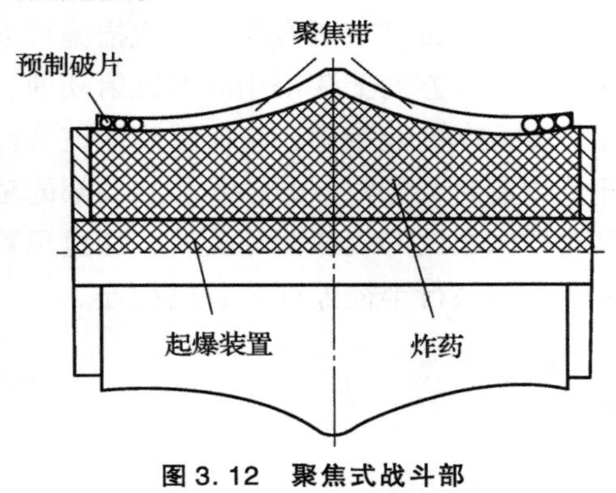

图 3.12　聚焦式战斗部

预制破片战斗部能容纳大量破片，还方便使破片以半球形飞散，形成适当的“破片幕”，有可能对战略弹道式导弹的再入弹头实施非核拦截。因为洞穿再入弹头结构主要是依靠弹头的再入速度，所以反导战斗部破片不必具有很高的速度，但考虑到必须有足够的爆炸冲量把黏结成一体的多层预制破片完全抛撒开而不形成破片团，反导破片战斗部也需保持一定的装药质量比。图 3.13 给出了一种中空半球形反导破片战斗部的示意图。装备此类战斗部的导弹有 RBS－70 及“阿斯派特”“霍克”等。

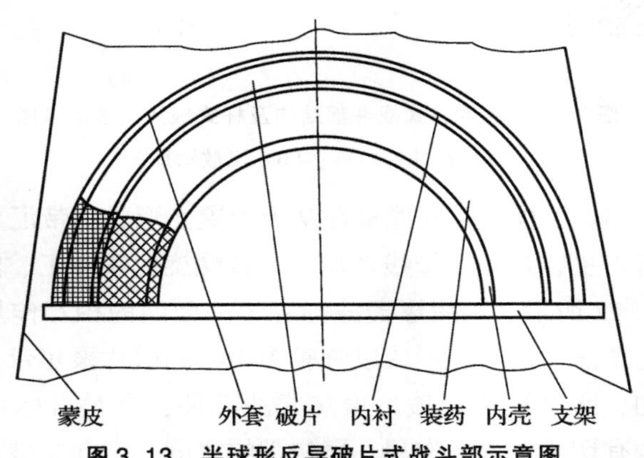

图 3.13　半球形反导破片式战斗部示意图

3.1.4 几种传统破片战斗部的性能比较

将主要的几种破片结构在大致相同的条件下进行比较，见表3.1。自然破片因较少使用，故未予列入。

表3.1 不同结构破片战斗部的性能比较

比较内容	预控破片			预制破片
	刻槽式	药柱刻槽式	叠环式	
破片速度	高	稍低	稍低	较低
破片速度散布	较低	较大	鼓形：较大 反鼓形：较小	鼓形：较大 反鼓形：较小
单枚破片质量损失	大	稍大	较小	小
破片排列层数	1～2层	1层	1～2层	1～多层
破片速度衰减特性	差	较差	较好	好
破片形成的一致性	较差	较好	较好	好
采用高密度破片的可能性	小	小	小	大
采用多效应破片的可能性	小	小	小	大
实现大飞散角的难易程度	较易	难	易	易
除连接件外的壳体附加质量	无	较少	较少	较多
长期储存性能	好	较好	稍差	较差
结构强度	好	好	较好	较差
工艺性	较好	好	稍差	稍差
制造成本	较低	低	较高	较高

从高效毁伤应用的角度，破片战斗部的结构设计主要从装药和壳体两方面考虑。在装药方面，装填较高密度的高性能炸药，可以在满足破片初速要求的前提下减小装药体积。在壳体材料方面，预控破片结构一般都要利用壳体的充分膨胀来获得较大的破片初速和适当大小的飞散角，并使破片质量损失率尽可能小。一般选用优质低碳钢作壳体材料，常用的有10、15、20钢。预制结构的破片通常要进行材料调质，因此常用35、45钢或合金钢。有时也用钨合金或贫铀等高密度合金制造破片，以提高破片的穿透能力。破片层与装药之间，

通常有一层由薄铝板或玻璃钢制造的内衬，破片层外面则通常有一层玻璃钢，这些措施都是为了提高战斗部的结构强度和降低破片的质量损失。在壳体外形方面，战斗部的外形主要取决于对飞散角和方向角的要求。对大飞散角战斗部，壳体一般设计成鼓形；对中等飞散角战斗部，壳体可设计成圆柱形；对小飞散角战斗部，壳体可设计成反鼓形，也可以设计成圆柱形，但需采用特殊的起爆方式。

3.2 破片式战斗部的基本原理与威力参数

3.2.1 破片战斗部的基本原理

破片战斗部是现役装备中最主要的战斗部形式之一。其特点是应用爆炸方法产生高速破片群，利用破片对目标的高速撞击、引燃和引爆作用来杀伤目标，其中击穿和引燃作用是主要的。当战斗部爆炸时，在几微秒内产生的高压气体对战斗部金属外壳施加数十万大气压以上的压力，这个压力远远大于战斗部壳体材料的。预先在金属外壳上设置削弱结构，使之成为壳体破裂的应力集中源，则可以得到可控制的破片形状和质量。根据破片产生的途径，可分为自然、半预制和预制破片战斗部三种结构类型。自然破片是在爆轰产物作用下，壳体膨胀、断裂、破碎而形成的，壳体既是容器又是毁伤元素，壳体材料利用率较高。而且，一般壳体较厚，爆轰产物泄漏之前，驱动加速时间较长，形成的破片初速较高；但破片大小不均匀，形状不规则，在空气中飞行时，速度衰减较快。半预制破片战斗部一般采用壳体刻槽、装药刻槽、壳体区域弱化和圆环叠加焊点等措施使壳体局部强度减弱，控制爆炸时的破裂位置，避免产生过大和过小的破片，减少了金属壳体的损失，改善了破片性能，从而提高了战斗部的杀伤效率。预制破片战斗部的破片为全预制结构，预制破片形状可采用球形、立方体、长方体、杆状等，并用黏结剂定型在两层壳体之间，以环氧树脂或其他适当材料填充。壳体材料可以是薄铝板、薄钢板或玻璃钢板等。

实践证明，破片战斗部用于对付空中、地面活动的低生存力目标及有生力量具有良好的杀伤效果，并且灵活性较好，是常规战斗部的主要类型。破片战斗部的作用原理是驱动数百甚至数千破片使其达到高速，并要求这些高速的破片具有足够的能量来穿透目标并损伤目标部件。因此，战斗部的作用效应包括破片侵彻效应，以及战斗部爆炸形成的爆炸冲击波效应。

在现有引战配合系统下，破片战斗部对几乎所有的目标都具有较强的适应能力，可用于拦截弹道式导弹，攻击地面防空导弹发射系统、雷达天线等，针对不同的目标，破坏机制是不相同的。例如，拦截中远程弹道导弹时，拦截高度较高，来袭弹头只要被破片击穿，甚至防热层被破坏，便会在再入大气层时烧毁；拦截战术弹道导弹时，拦截高度较低，战斗部需要直接引爆来袭弹头中的装药才能完成拦截任务。不同的目标，需要的破片质量和形状也不相同。拦截弹道导弹时，需要质量较大的破片，而攻击地面雷达、防空导弹发射系统等目标时，破片质量相对较小一些。

由于战斗部爆炸过程短暂，壳体材料在高速高压条件下的瞬变形态十分复杂，这使得对破片的产生、破片在空气中飞行姿态及破片撞击目标等物理过程难以描述。长期以来，对破片战斗部的分析方法多半沿袭炮弹设计中的经验方法，破片参数和毁伤效应的研究也主要借助于试验测试。近年来，以计算机为工具的数值模拟技术得到大力发展和推广应用，为战斗部爆炸过程威力参数的研究提供了更高效、细致的物理图像，已成为不可或缺的一种研究手段。图3.14给出了预制破片战斗部破片在主装药起爆400 μs时，破片飞散的空间分布的典型仿真图像。

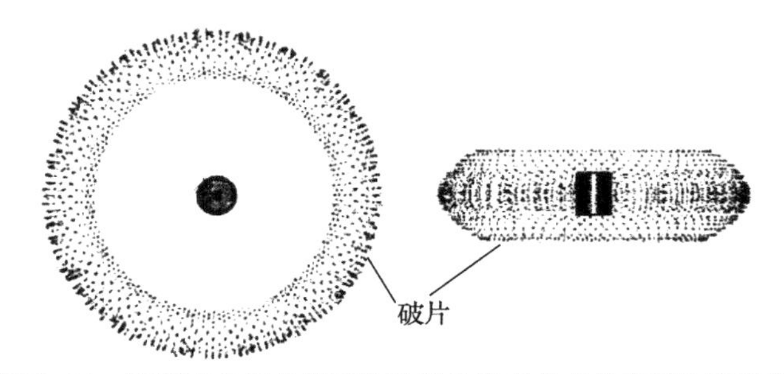

图3.14　预制破片战斗部破片飞散的空间分布的典型仿真图像

3.2.2　破片飞散特性

1. 破片初速

弹丸（战斗部）爆炸时，壳体开始膨胀、破裂和飞散。试验证明，对于铜壳体来说，当壳体的体积膨胀到初始体积的7倍时，内径比 $r_m/r_0=2.64$；钢壳体 $r_m/r_0=1.5\sim2.1$ 时，壳体即开始破裂，形成破片。破片形成后，当爆轰产物作用在破片上的压力与破片受到的空气阻力平衡时，破片的速度达到最大值，此时破片的速度称为破片初速。破片初速是衡量弹丸杀伤威力的重要参数，因此，要求尽可能准确地进行计算。下面介绍几种破片初速的计算方法。

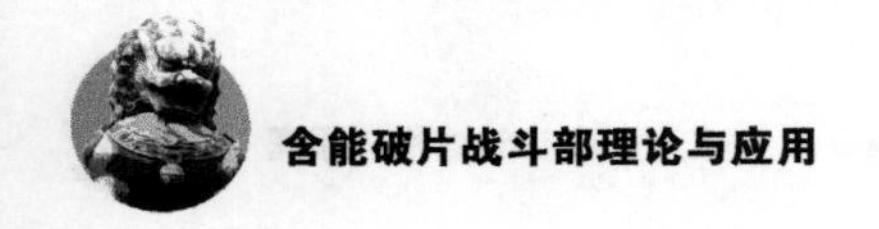

1）Gurney 方程

几十年来，国外一直沿用 Gurney 提出的破片初速公式。对于不同的装药结构，计算破片初速的 Gurney 公式有下面几种形式。

（1）关于圆柱形装药的计算。假设炸药装药为瞬时爆轰，忽略弹体破碎所消耗的能量，即炸药的能量全部消耗在破片和爆轰产物的动能上；破片和爆轰产物只沿径向飞散，不考虑轴向运动；所有破片的初速相等；爆轰产物的速度在爆炸中心处为零，并呈线性分布，如图 3.15 所示。若圆柱形装药内径为 a，对于任一半径处，其速度 v 为

$$v = v_0\left(\frac{r}{a}\right) \tag{3.11}$$

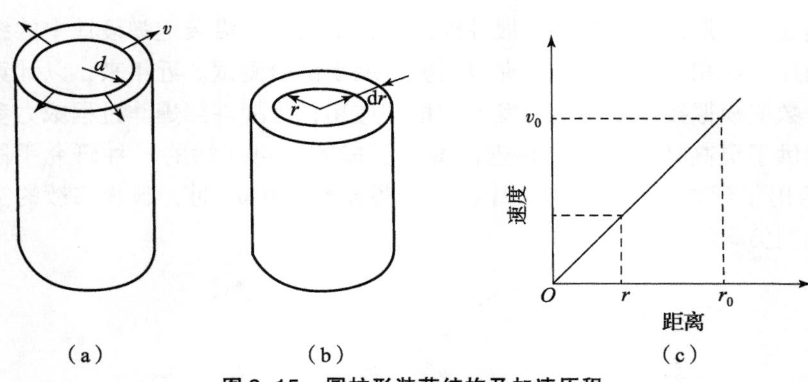

图 3.15　圆柱形装药结构及加速历程

（a）圆柱形装药结构；（b）爆轰产物单元；（c）爆轰产物加速历程

总动能 CE 等于破片动能和爆轰产物动能之和。假设破片质量为 m_i，对于气体，可以取一管状单元，如图 3.15（b）所示，该单元质量为 $\mathrm{d}m_g$，则总动能表示为

$$CE = \frac{1}{2}\sum m_i v_0^2 + \int v^2 \mathrm{d}m_g \tag{3.12}$$

式中，$\mathrm{d}m_g = 2\pi r\rho(r)\mathrm{d}r$；$\rho(r)$ 为气体的密度，可以用平均密度来代替；$\rho(r\pi) = C/(\pi a^2)$，C 为装药质量。则式（3.12）可改写为

$$CE = \frac{1}{2}Mv_0^2 + \frac{1}{2}\int_0^a \frac{C}{\pi a^2}\left(\frac{r}{a}v_0\right)^2 2\pi r \mathrm{d}r \tag{3.13}$$

$$CE = \frac{1}{2}Mv_0^2 + \frac{Cv_0^2}{a^4}\int_0^a r^3 \mathrm{d}r \tag{3.14}$$

$$CE = \frac{1}{2}Mv_0^2 + \frac{1}{4}Cv_0^2 \tag{3.15}$$

得到

$$v_0 = \sqrt{2E}\sqrt{\frac{C/M}{1 + C/(2M)}} = \sqrt{2E}\left(\frac{M}{C} + \frac{1}{2}\right)^{-1/2} \tag{3.16}$$

该公式为最大破片速度公式，称为 Gurney 公式，用于圆柱形战斗部，其中 $\sqrt{2E}$为炸药的 Gurney 常数（m/s），可通过试验的方法获得。

（2）关于球形装药结构的计算。图 3.16 所示为一球形装药结构，内径为 a。当装药爆轰时，爆轰产物膨胀的状态是点对称图形，其他假设条件同圆柱形装药。这样，在壳体破裂前爆轰产物膨胀到任意 r 处的速度表达式仍然为式（3.11）的形式。采用与前面相同的方法可以得到总动能为

$$\begin{gathered} CE = \frac{1}{2}Mv_0^2 + \frac{1}{2}\int v^2 \mathrm{d}m_g \\ \mathrm{d}m_g = 4\pi r^2 \rho \mathrm{d}r \end{gathered} \tag{3.17}$$

$$CE = \frac{1}{2}Mv_0^2 + \frac{1}{2}\int v_0^2 \frac{r^2}{a^2} 4\pi r^2 \rho \mathrm{d}r = \frac{1}{2}Mv_0^2 + \frac{4\pi\rho a^3}{2 \times 5}v_0^2 \tag{3.18}$$

又

$$\begin{gathered} v' = \frac{4}{3}\pi a^3,\ 4\pi a^3 = 3v'\rho = 3C \\ v_0 = \sqrt{2E}\left(\frac{M}{C} + \frac{3}{5}\right)^{-1/2} \end{gathered} \tag{3.19}$$

（3）关于对称夹心结构的计算。对称夹心结构由上层飞板和下层飞板，中间夹一层炸药组成，上层飞板和下层飞板质量相同，该结构也称为“三明治”结构，如图 3.17 所示。同样，可以根据上面的方法得到

$$v_0 = \sqrt{2E}\left(\frac{M}{C} + \frac{1}{3}\right)^{-1/2} \tag{3.20}$$

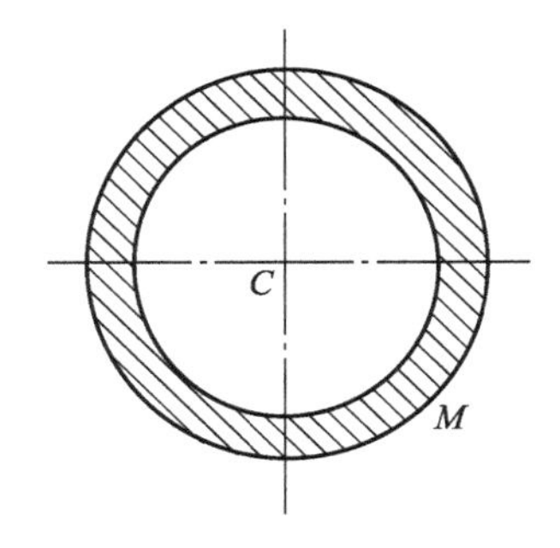

图 3.16　球形装药结构

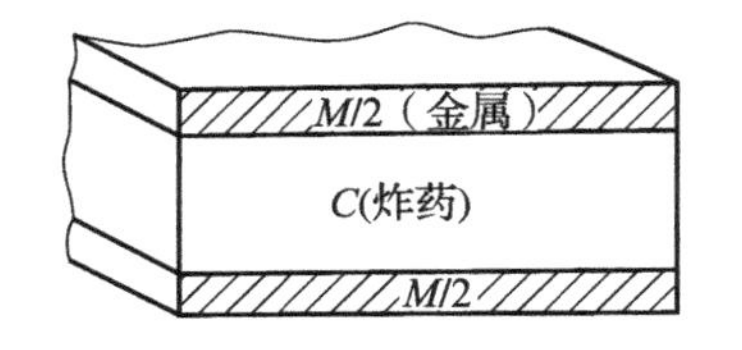

图 3.17　对称夹心结构

因为该公式中只涉及 M/C 的值，所以，在计算时不需要知道飞板和炸药的总质量，只需知道单位面积上的飞板质量和炸药质量。飞板和炸药单位面积的质量等于其密度与飞板厚度的乘积，即 $M/C = 2\rho_m t_m/(\rho_e t_e)$，则

$$v_0 = \sqrt{2E}\left(\frac{2\rho_m t_m}{\rho_e t_e} + \frac{1}{3}\right)^{-1/2} \tag{3.21}$$

对称结构的所有 Gurney 公式可以用一个统一的形式来表示，即

$$v_0 = \sqrt{\frac{2E}{\mu' + n/(n+2)}} = \sqrt{2E}[\mu' + n/(n+2)]^{-1/2} \tag{3.22}$$

式中，$\mu' = M/C$，M 为壳体质量，C 为炸药质量；$\sqrt{2E}$为 Gurney 常数（m/s）；三明治结构 $n=1$，圆柱体装药结构 $n=2$，球形装药结构 $n=3$。

不对称平板层状结构在飞板冲击试验（冲击硬化、冲击压实和爆炸焊接）中经常使用。装药放在平板上部，并在顶部引爆或一端引爆。不对称平板层状结构主要有两种形式：一种是表面开放型平板层状结构，由炸药金属组成；另一种为表面闭合型不对称夹心结构，由金属炸药金属组成。

（4）关于表面开放型平板层状结构的计算。表面开放型平板层状结构示意图如图 3.18 所示。假定装药瞬时爆轰。炸药爆炸释放的能量除转换成壳体的动能和爆轰产物的动能外，在加速终了时，产物中还有剩余内能。任一时刻爆轰产物的膨胀呈线性分布。这样，由图 3.19 可知，不同位置 y 处的爆轰产物速度为

$$v_{gas}(y) = (v_0 + v)\frac{y}{y_0} - v_0 \tag{3.23}$$

式中，$v_{gas}(y)$ 为 y 点处的气体速度。

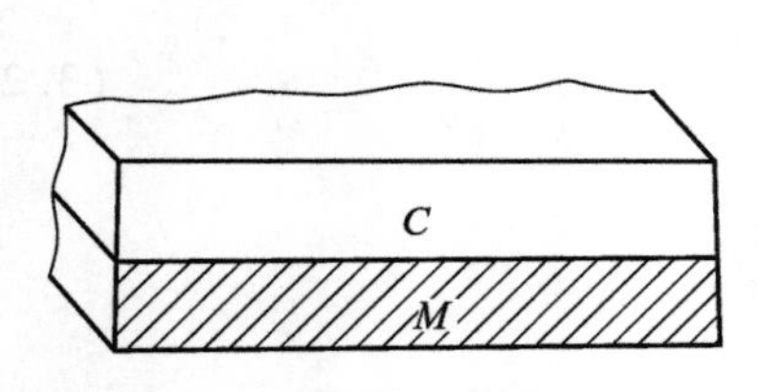

图 3.18　表面开放型平板层状结构示意图

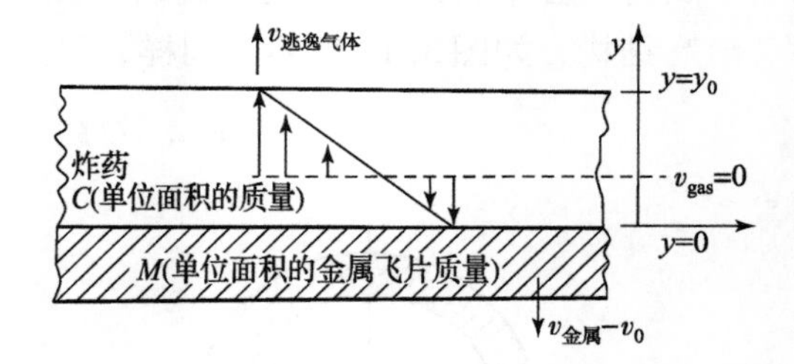

图 3.19　表面开放型平板层状结构速度分布图

根据能量守恒定律得到

$$E = \frac{1}{2}Mv_0^2 + \frac{1}{2}\int_0^{y_0}\rho v_{gas}^2 dy = \frac{1}{2}Mv_0^2 + \frac{1}{2}\rho\int_0^{y_0}\left[(v_0+v)\cdot\frac{y}{y_0} - v_0\right]dy \tag{3.24}$$

根据动量守恒定律得到

$$0 = -Mv + \rho\int_0^{y_0}\left[(v_0+v)\cdot\frac{y}{y_0} - v_0\right]dy \tag{3.25}$$

炸药总质量为 $C=\rho y_0$，积分得

$$v_0=\sqrt{2E}\left[\frac{(1+2M/C)^3+1}{6(1+M/C)}+\frac{M}{C}\right]^{-1/2}=\sqrt{2E}\left[\frac{(1+2\mu')^3+1}{6(1+\mu')}+\mu'\right]^{-1/2} \tag{3.26}$$

（5）关于表面闭合型不对称夹心结构的计算。当平板层状结构中炸药层的另一面有一层金属板 N 覆盖时，由于限制了爆轰产物的自由逸出，使得装药爆炸对金属板 M 的加速作用增强，如图 3.20 所示。

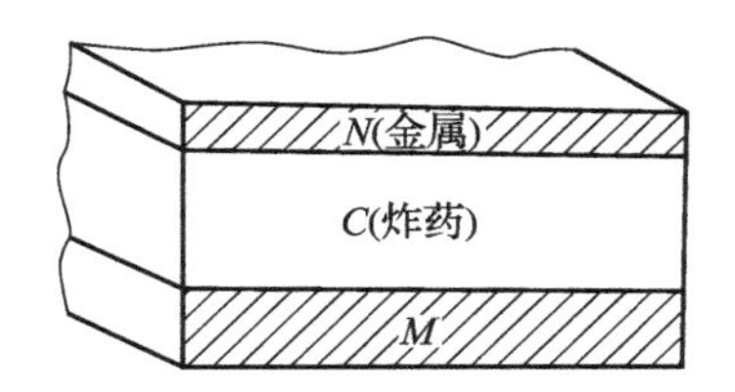

图 3.20　表面闭合型不对称夹心结构

假设条件同前，那么动量平衡方程为

$$Mv_M+\rho\int_0^{y_0}v_{\text{gas}}(y)\,\mathrm{d}y+Nv_N=0 \tag{3.27}$$

将式（3.23）代入式（3.27），经化简整理得

$$v_N=-\frac{v_0\left(2\dfrac{M}{C}+1\right)}{2\dfrac{N}{C}+1}=-Bv_M \tag{3.28}$$

式中，负号表示 v_N 与被抛掷金属板的方向相反；B 定义为 $B=(1+2M/C)/(1+2N/C)$。

根据能量守恒定律得到

$$\begin{aligned}E&=\frac{1}{2}Mv_M^2+\frac{1}{2}\int_0^{y_0}\rho v_{\text{gas}}^2\mathrm{d}y+\frac{1}{2}Nv_N^2\\&=\frac{1}{2}Mv_M^2+\frac{1}{2}\rho\int_0^{y_0}\left[(v_M+v)\frac{y}{y_0}-v_M\right]^2\mathrm{d}y+\frac{1}{2}Nv_N^2\end{aligned} \tag{3.29}$$

经整理化简得到

$$v_M=\sqrt{2E}\cdot\left[\frac{1+B^3}{3(1+B)}+\frac{N}{C}B^2+\frac{M}{C}\right]^{-1/3} \tag{3.30}$$

如果这种平板层状结构两侧均覆盖有 $M/2$ 的金属，那么 $B=1$，这时装药对金属板抛掷速度的计算式（3.30）变为式（3.20）。

Held 根据动量守恒定律，认为较小质量的飞板将使用较大质量的炸药，飞行速度应更快些。基于这一思想，根据式（3.20）得到表面闭合型不对称夹心结构的飞板速度经验计算公式为

$$v_{01}=\sqrt{2E}\left(\frac{m_1}{m_2}\cdot\frac{m_1+m_2}{C}+\frac{1}{3}\right)^{-1/2} \tag{3.31a}$$

$$v_{02}=\sqrt{2E}\left(\frac{m_2}{m_1}\cdot\frac{m_1+m_2}{C}+\frac{1}{3}\right)^{-1/2} \tag{3.31b}$$

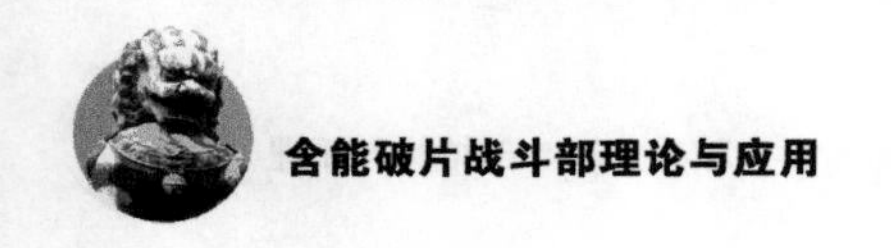

式中，v_{01} 为质量较小的飞板速度；v_{02} 为质量较大的飞板速度；m_1 为质量较小的飞板质量；m_2 为质量较大的飞板质量。

（6）关于 Gurney 公式的使用范围和 Gurney 常数。在推导 Gurney 公式的过程中，假定爆轰产物的速度近似呈线性分布，并没有考虑金属被加速的过程，认为装药在爆轰后的极短时间内，爆轰产物的流动就达到稳定状态，金属板迅速被加速到最终速度。忽略冲击波的反射及与金属内部应力波的相互作用，试验证明，这种忽略造成的误差很小。另外，利用 Gurney 公式进行计算时，没有考虑爆轰波在加速金属靶板上的入射方向。当爆轰波切向入射，$M/C > 0.15$ 时，Gurney 公式与试验结果一致性较好。当装药量很大时，即当 $M/C < 0.1$ 时，由于与实际结果误差较大，建议不要使用 Gurney 公式来计算。

由于过去对 $\sqrt{2E}$ 值的计算没有一个很好的表达式，所以，长期以来，在工程上限制了 Gurney 公式的使用。但是，对于从事常规弹药和战斗部设计的人员来说，很希望在知道了装填的 C－H－N－O 炸药的具体组成和炸药的装填密度之后，就能够很方便地计算出破片的初速，这样就需要一个适用于工程计算 $\sqrt{2E}$ 的表达式。

康姆莱特等得到了炸药装药的爆轰压力为炸药示性数及装填密度的函数，即

$$p_{CJ} = \kappa\phi\rho_e^2 \tag{3.32}$$

式中，κ 为比例系数；ϕ 为炸药组成和能量储备的示性数，$\phi = N_1\sqrt{M_1 Q_v}$，N_1 为 1 g 炸药爆炸后形成气体产物的摩尔数（mol/g），M_1 为 1 mol 爆轰产物组分的平均摩尔量（g/mol），Q_v 为炸药的爆热（J/g），则有

$$\frac{p_{CJ}}{\rho_e} = \kappa\phi\rho_e \tag{3.33}$$

式中，p_{CJ}/ρ_e 是速度平方的量纲，令

$$u^* = \sqrt{\frac{P_{CJ}}{\rho_e}} = \sqrt{\phi\rho_e} \tag{3.34}$$

Gurney 系数是炸药化学能转换成动能的部分，其量纲也是速度的量纲，所以可以写成

$$\sqrt{2E} = A + Bu^* = A + B\sqrt{\phi\rho_e} \tag{3.35}$$

根据圆管试验，对 60 种单质炸药和混合炸药进行数学处理，得到

$$\sqrt{2E} = 0.739 + 0.435\sqrt{\phi\rho_e} \tag{3.36}$$

计算表明，由式（3.36）计算得到的 $\sqrt{2E}$ 值与由圆管试验所得到的 $\sqrt{2E}$ 值相差很小，大部分偏差在 3% 以内，仅有少数几种超过 5%。库利等通过试

验证明了 $\sqrt{2E}$ 值与装药结构的形状无关，只取决于炸药装药的组成及装填密度。$\sqrt{2E}$ 也可以近似用一个简单表达式来表示：

$$\sqrt{2E}=0.338D_e \tag{3.37}$$

式中，D_e 为爆轰波速度（km/s）。另一个简单表达式为

$$\sqrt{2E}=233\rho_e^{-0.6}p_{CJ}^{1/2} \tag{3.38}$$

式中，$\sqrt{2E}$ 的单位为 m/s；p_{CJ} 的单位为 kbar（100 MPa）。

2）计算破片初速的其他经验公式

国内外从事弹药设计和研究的科学工作者在长期的实践中总结了很多计算破片初速的经验公式。由于这些公式是在一定条件下得到的，所以对某一种产品在某一类条件下准确性较高，条件不同，偏差可能会很大。因此，经验公式具有局限性，应用时要搞清楚条件。表 3.2 列出了部分计算破片初速的经验公式。

表 3.2　部分计算破片初速的经验公式

序号	初速经验公式	使用说明
1	$v_0=0.353D\sqrt{\dfrac{3\mu'}{3+\mu'}}$，$\mu'=\dfrac{M}{C}$	适用于半预制薄壁导弹战斗部
2	$v_0=1\,830\sqrt{\mu'}$，$0<\mu'<2$ $v_0=2\,540+335(\mu'-2)$，$2<\mu'<6$	适用于较厚壁导弹战斗部
3	$v_0=\dfrac{D}{2}\sqrt{\dfrac{K_n}{2-4K_n/3}}K_n=\dfrac{C}{M+C}$	适用于大型薄壁半预制导弹战斗部
4	$v_0=\dfrac{\sqrt{6}}{4}D\sqrt{\dfrac{4}{15}\dfrac{M}{C}}=\dfrac{\sqrt{6}}{4}D\sqrt{\dfrac{4}{15}\mu'}$	适用于火箭弹
5	$v_0=0.6D\sqrt{\dfrac{4}{5+3\mu'}}$	适用于火箭弹

3）影响破片初速的因素

影响破片初速的因素很多，归纳起来主要有以下几方面。

（1）炸药装药的组成。炸药装药是壳体获得速度的能源。对杀伤战斗部来说，一般采用做功能力及猛度都较大的炸药来装填。也就是说，单位质量的炸药所产生的气体体积和对介质破坏能力的综合效果越大，对金属的加速能力就越强。表示炸药组成和能量示性数的 ϕ 值在一定程度上反映了这种效果，所以炸药的主要特征数，如爆压 p_{CJ}、爆速 D_e 及 Gurney 常数 $\sqrt{2E}$ 都与 ϕ 值有关。因此，炸药的 ϕ 值及装填密度 ρ 越大，p_{CJ}、D_e、$\sqrt{2E}$ 值就越大，对金属的加速

能力就越强。过去常常利用炸药的爆热 Q_v 来衡量炸药对金属的加速能力，对于单质炸药比较符合，但有很大的局限性。不同种炸药，Q_v 大的炸药对金属加速能力也不一定强，因为向炸药中加入可燃剂或发热剂（Al、Li 和铝热剂）可以提高 Q_v 值，但由于二次反应，增热剂放出的热量还未来得及贡献给金属，壳体就已破裂，炸药对金属的加速过程就结束，有一部分能量并没有用于加速金属。所以，对混合药物来说，如果弹体是薄壁结构，单独用 Q_v 的大小作为衡量炸药对金属加速能力的强弱，就会出现 Q_v 大而 v_0 小的矛盾现象。大量试验证明，凡向炸药中加入高密度金属粉、非活性物质、氧化剂、发热剂等制成的混合炸药，在相同密度下，对金属的加速能力都不如炸药本身对金属的加速能力强。这是因为加入这些物质后，炸药的 Q_v 值降低，因而能量输出下降。

（2）壳体材料的影响主要反映在塑性变形方面。塑性好的壳体，在爆轰产物的作用下，壳体内半径膨胀到最大临界破碎半径时仍不破裂。此时，壳体可获得更大的速度。塑性较差的壳体，在爆轰产物作用下，壳体破裂发生在壳体获得最大速度之前，即壳体半径膨胀到 r_m 前就已破裂。

（3）壳体材料的屈服极限对破片初速也有一定的影响。考虑到材料屈服极限的影响，经推导可得破片初速表达式为

$$v_0 = \sqrt{\frac{2}{2+\beta}\left[\frac{D_e\beta}{8}\left(1-\frac{r_0^4}{r^4}\right)-\frac{S_0AY_s}{Mr_0}\cdot\ln\frac{r}{r_0}\right]} \tag{3.39}$$

式中，A 为常数；S_0 为壳体内表面积；r_0 为装药壳体初始内半径；Y_s 为壳体材料的动态屈服应力。考虑塑性强度后，壳体初速要下降，当 $r_m=2.64r_0$，$Y_s=3\sigma_s$（σ_s 为壳体材料的静态屈服极限）时，v_0 下降 1%。

（4）战斗部结构对破片初速的影响主要表现在结构类型、质量比 $\alpha=C/M$、长径比（$L/(2r_0)$）和底（盖）质量等方面。

战斗部如果采用预制破片结构，那么破片初速要比整体结构低 10%～20%。

α 值越大，即炸药的相对质量大，破片初速越高。图 3.21 给出了不同 α 值时的圆柱形壳体速度与壳体膨胀半径的关系曲线，此曲线由一维微分方程组的数值积分求出，虚线表示瞬时爆轰计算结果。由曲线可知，无论壳体膨胀到什么程度，壳体速度的增加随 α 值的变化近似相等。

上面在推导破片初速公式时，假定战斗部无限长，这显然是不真实的。实际上破片速度与战斗部长径比 $L/(2r_0)$（r_0 为装药半径）的关系也十分密切。如果 $L/(2r_0)$ 小，则在爆轰波到达壳体之前，大部分爆炸气体会从两端逸出。下面在考虑战斗部长径比的基础上推导出破片初速的计算公式。假定战斗部内炸药总能量为 E_e，单位炸药质量能量为 E，则

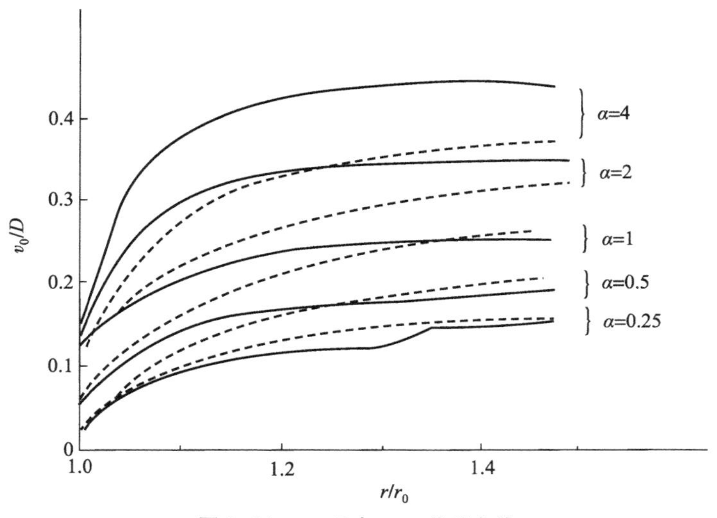

图 3.21　v_0/D 与 r/r_0 关系曲线

$$E_e = E\pi r_0^2 L\rho_e \tag{3.40}$$

炸药总面积为

$$A_s = 2\pi r_0 L + 2\pi r_0^2 \tag{3.41}$$

如果炸药爆炸时的能量分布是均匀的，单位面积上炸药的能量为 E_e/A_s，炸药与金属壳体接触的面积为 $A_I = 2\pi r_0 L$，则炸药作用在金属壳体上的有效能量为

$$\left(\frac{E_e}{A_s}\right)A_I = \frac{E\pi r_0^2 L\rho_e}{2\pi r_0 L + 2\pi r_0^2}(2\pi r_0 L) \tag{3.42}$$

得到

$$\left(\frac{E_e}{A_s}\right)A_I = \frac{EC}{1 + (r_0/L)} \tag{3.43}$$

该有效能量等于壳体动能与爆炸气体动能之和，即

$$\frac{1}{2}Mv_0^2 + \frac{1}{2}\int_0^{r_0}\frac{Cv_0^2}{r_0^4}r^3\,\mathrm{d}r = \frac{EC}{1+\dfrac{r_0}{L}} \tag{3.44}$$

则

$$v_0 = \left[\left(\frac{M}{C}+\frac{1}{2}\right)\left(1+\frac{r_0}{L}\right)\right]^{-1/2} \tag{3.45}$$

理论计算及试验测试的结果表明，当 $L/(2r_0) = 2$ 时，轴向稀疏波的影响已经很小。

如果战斗部在两端都有底或盖，则战斗部是受约束的；如果没有底或盖，就认为是无约束的。战斗部两端的约束可分为轻、中、重型。底或盖的材料如果是塑料或纸板，就认为是轻型约束；底或盖材料如果是低密度材料（如铝制品），则认为是中等约束；底或盖材料如果为高密度材料（如钢、黄铜或铜），则认为是重型约束。重型约束能较长时间地保持战斗部内部的压力，减缓爆炸气体从两端逸出的速率。但底或盖的质量是战斗部的消极质量，从全局观点出发，底或盖的质量不能太大。

当战斗部无约束时，由于端部有气体泄漏，造成端部压力下降而使位于战斗部两端的破片速度减小，此现象可看成相当于 C/M 减小。Charran 提出了一种考虑端部效应的破片初速计算方法，即在圆柱形装药两端分别挖去一个锥体，其中起爆端锥体高度等于装药直径，非起爆端锥体高度等于装药半径，如图 3.22 所示。这样，把整个装药分成三部分。显然，B 区没有变化，C/M 值的修正系数为 1，A 区和 C 区需要进行修正。

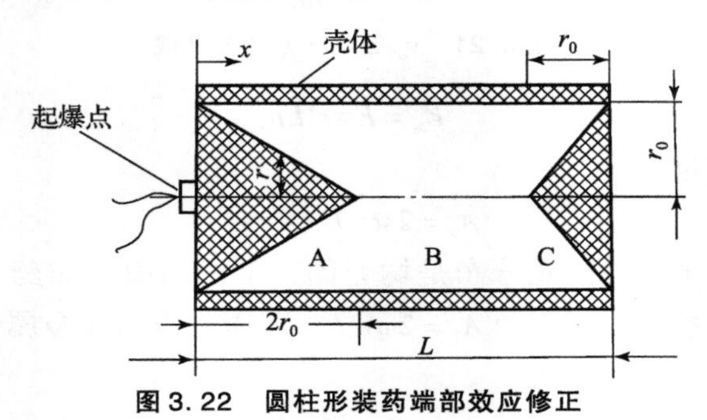

图 3.22　圆柱形装药端部效应修正

在 A 区，离开起爆端 x 处，有

$$\frac{r}{r_0}=\frac{2r_0-x}{2r_0}=1-\frac{x}{2r_0} \tag{3.46}$$

式中，r_0 为装药半径。由于爆炸效应与装药量成正比，所以

$$F(x)=\frac{\pi r_0^2-\pi r^2}{\pi r_0^2}=1-\left(\frac{r}{r_0}\right)^2=1-\left(1-\frac{x}{2r_0}\right)^2 \tag{3.47}$$

类似地，在 C 区任一点的炸药量比

$$F(x)=1-\left(1-\frac{L-x}{r_0}\right)^2 \tag{3.48}$$

所以整个圆柱形装药的修正系数可写成

$$F(x)=1-\left[1-\left(\frac{x}{2r_0},1,\frac{L-x}{r_0}\right)\right]^2 \tag{3.49}$$

将 $F(x)$ 系数应用于 Gurney 公式中，则有

$$v_0(x)=\sqrt{2E}\left(\frac{M}{C\cdot F(x)}+\frac{1}{2}\right)^{-1/2} \tag{3.50}$$

如果战斗部两端都有较厚的底或盖，计算圆柱形战斗部两端破片速度的经验公式为

$$v_{\text{end}} = \sqrt{D_0 M v_0 / (4Lm)} \tag{3.51}$$

式中，D 为战斗部直径；v_0 为圆柱部分破片的初速；M 为战斗部圆柱部分质量；L 为战斗部圆柱体长度；m 为战斗部壳体端面部分的质量。

战斗部起爆方式是多种多样的，有一端起爆、两端起爆和中间起爆等。Zulkowski 研究发现，起爆方式对破片初速的影响比较明显，他通过对试验数据进行拟合，得到总长为 L，炸药半径为 r_0 的圆柱形战斗部在各种起爆方式下的速度修正模型公式

$$v_{\text{actual}} = \xi \cdot v_{\text{Gurney}} \tag{3.52}$$

式中，ξ 为修正系数；v_{Gurney} 为通过 Gurney 公式计算得到的初速。

一端中心单点起爆时

$$\xi = (1 - \mathrm{e}^{-2.361\,720}) \times [1 - 0.288\,06\mathrm{e}^{-4.603(L-1)/(2r_0)}] \tag{3.53}$$

战斗部中心起爆时

$$\xi = [1 - 0.288\,06\mathrm{e}^{-4.603/(2r_0)}] \times [1 - 0.288\,06\mathrm{e}^{-4.63(L-1)/(2r_0)}] \tag{3.54}$$

两端中心同时起爆时

$$\xi = [1 - \mathrm{e}^{-2.361\,7/(2r_0)}] \times [1 - \mathrm{e}^{-2.361\,7(L-1)/(2r_0)}] \tag{3.55}$$

需要注意的是，这些公式不适用于端面约束比较好的战斗部。

弹丸（战斗部）爆炸时，壳体开始膨胀、破裂和飞散。试验证明，对于铜壳体来说，当壳体的体积膨胀到初始体积的 7 倍时，内径比 $r_m/r_0 = 2.64$；钢壳体 $r_m/r_0 = 1.5 \sim 2.1$ 时，壳体即开始破裂，形成破片。破片形成后，当爆轰产物作用在破片上的压力与破片受到的空气阻力平衡时，破片的速度达到最大值，此时破片的速度称为破片初速。破片初速是衡量弹丸杀伤威力的重要参数，因此，要求尽可能准确地进行计算。下面介绍几种破片初速的计算方法。

2. 破片飞散角及空间分布

1）破片飞散角

壳体破碎后形成的破片分别沿一定的方向飞散，破片的飞散方向与弹丸轴线的夹角称为飞散角（或抛射角）。破片的飞散角与壳体的形状、炸药的爆速及起爆位置等因素有关，目前还不能精确计算破片的飞散角，通常先近似计算出 Taylor 角，然后再计算飞散角。

如图 3.23 所示，设起爆位置为原始位置，起爆后，爆轰波以球面波形式向前传播。在弹体上取一微元，考察其变形情况，并忽略材料强度的影响。当爆轰波阵面到达 P 处时，壳体开始变形并向外运动，经过时间 Δt，爆轰波阵

面到达 O 处，壳体 P 运动到 P'，破片的飞散方向 PP' 与弹体法线之间的夹角为 $\theta/2$，称该角为 Taylor 角，窄条上破片段 OP' 的倾角记为 θ。

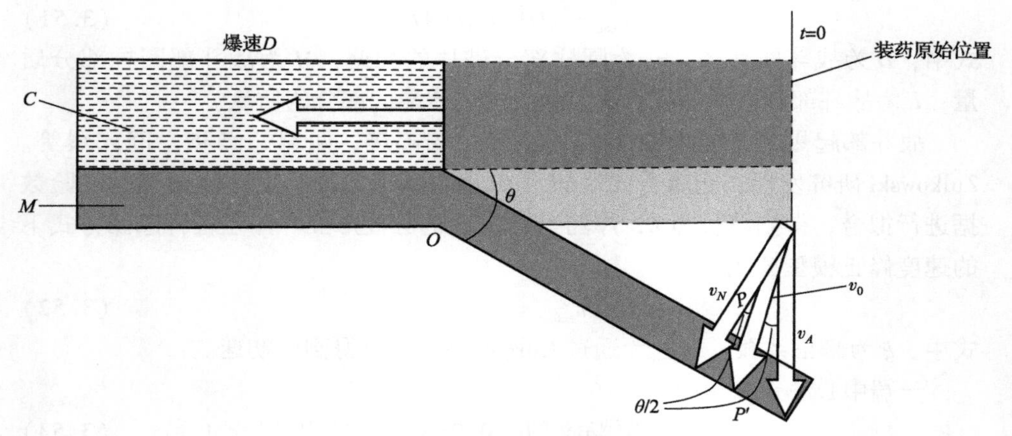

图 3.23　Taylor 角计算示意图

如果爆轰波通过 P 点的时间为 $t=0$，假设金属板瞬时加速到最终速度，并且金属板加速时只旋转，在长度方向上的厚度不变，则

$$\overline{OP}=Dt \tag{3.56}$$

$$\overline{PP'}=v_0 t \tag{3.57}$$

根据几何参数得到 Taylor 角计算公式为

$$\sin\frac{\theta}{2}=\frac{\overline{PP'}}{2\overline{OP}}=\frac{v_0 t}{2Dt}=\frac{v_0}{2D} \tag{3.58}$$

一般来说，v_0、v_A 和 v_N 相互之间只相差百分之几，它们之间可以互换。另外，大多数炸药的 $v_0/(2D)$ 为常数。

由于 θ 值很小，故可取 $\sin(\theta/2)\approx\theta/2$，如果爆轰波的传播方向与壳体法线之间有夹角 α，则

$$\theta=\frac{v_0}{2D}\sin\alpha \tag{3.59}$$

根据飞散角的定义，破片的飞散角 φ 为

$$\varphi=\frac{\pi}{2}\pm\theta=\frac{\pi}{2}\pm\frac{v_0}{2D}\sin\alpha \tag{3.60}$$

当 $\alpha\leqslant 90°$ 时，式（3.60）取正号；当 $\alpha>90°$ 时，式（3.60）取负号。随着起爆位置和弹丸壳体形状不同，各处的 α 角不同，相应的飞散角度也不相同。对于一个典型战斗部，如果给出了其几何形状，假设炸药爆速为 D，就可以合理估计出破片飞散图。其方法是先把壳体分成几部分，对每一部分计算出

Gurney 速度和 Taylor 角，然后给出破片飞散图。

2）破片空间分布规律

弹丸具有对称性，通常用函数 $f(\varphi)$ 来表征破片的空间分布，$f(\varphi)$ 定义为

$$f(\varphi)=\frac{\mathrm{d}N_{\varphi}}{N_{0}\mathrm{d}\varphi} \tag{3.61}$$

式中，φ 为破片飞散角；N_{φ} 为由飞散角旋成的圆锥范围内的破片数目；$\mathrm{d}N_{\varphi}$ 为圆锥角范围变化 $\mathrm{d}\varphi$ 时的破片变化数。$f(\varphi)$ 又称为破片飞散密度分布函数。

弹丸爆炸时，破片通过球面向四周飞散，如图 3.24 所示。根据弹丸静止爆炸破片飞散试验得到，沿各球瓣飞散出的破片数基本相同，表明破片的飞散规律与经角 θ 无关，沿各球带飞散出的破片数随纬角不同而变化，具有明显的正态分布特性，则

$$f(\varphi)=\frac{1}{\sqrt{2\pi}\sigma}\mathrm{e}^{-\frac{(\varphi-\bar{\varphi})^{2}}{2\sigma^{2}}} \tag{3.62}$$

式中，σ 为 φ 的均方差；$\bar{\varphi}$ 为 φ 的数学期望。$f(\varphi)$ 的曲线形状如图 3.25 所示，图中 Ω 为包含有效破片数 90% 的飞散角。

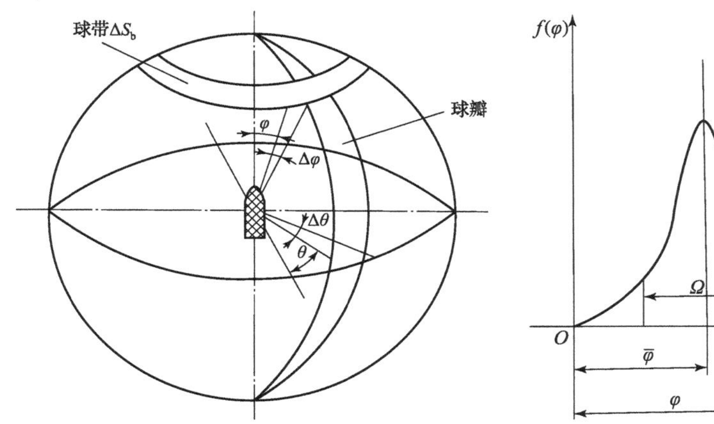

图 3.24　破片的飞散球面示意图

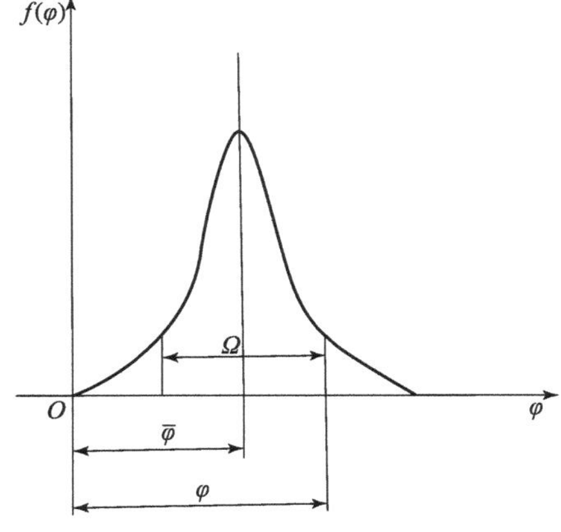

图 3.25　破片分布的正态密度函数曲线

对式（3.62）积分得

$$F(\varphi)=\int_{-\infty}^{\varphi}f(\varphi)\mathrm{d}\varphi=\int_{-\infty}^{\varphi}\frac{1}{\sqrt{2\pi}\sigma}\mathrm{e}^{-\frac{(\varphi-\bar{\varphi})^{2}}{2\sigma^{2}}}\mathrm{d}\varphi \tag{3.63}$$

令 $x=(\varphi-\bar{\varphi})/\sigma$，则

$$F(\varphi)=\int_{-\infty}^{\frac{\varphi-\bar{\varphi}}{\sigma}}\frac{1}{\sqrt{2\pi}\sigma}\mathrm{e}^{-\frac{x^{2}}{2}}\mathrm{d}x=\Phi\left(\frac{\varphi-\bar{\varphi}}{\sigma}\right)$$

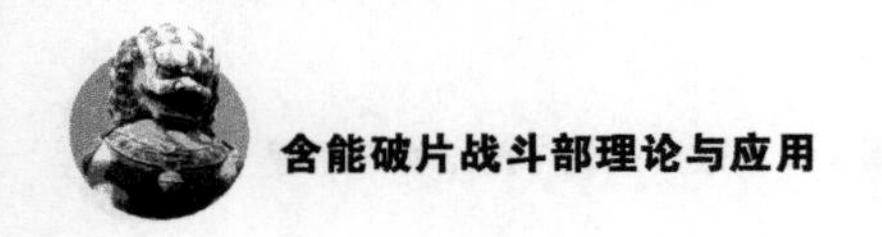

$$\sigma = (\varphi - \bar{\varphi})/x = \left(\bar{\varphi} + \frac{\Omega}{2} - \bar{\varphi}\right)\Big/x = \Omega/(2x) \tag{3.64}$$

当飞散角包含的破片数为90%时，

$$F(\varphi) = 0.9 + (1-0.9)/2 = 0.95$$

查表得到x为1.65，把此值代入式（3.64），得到

$$\sigma = \Omega/(2\times1.65) = \Omega/3.3$$

Ω的大小可以根据上面飞散角的计算公式得到，也可以采用下面的经验方法来近似计算。

当弹丸或战斗部起爆后，弹体膨胀到破裂瞬间时的图形如图3.26所示。假设壳体侧面与炸药接触部分为有效壳体，由有效壳体两端分别切取5%的截面积，再从留下壳体外表面的两个端点a_1、b_1作与弹丸重心c_1的连线，两线之间的夹角即为壳体破裂瞬间的Ω值，Ω的平分线与弹轴的正向夹角即为φ的数学期望$\bar{\varphi}$。

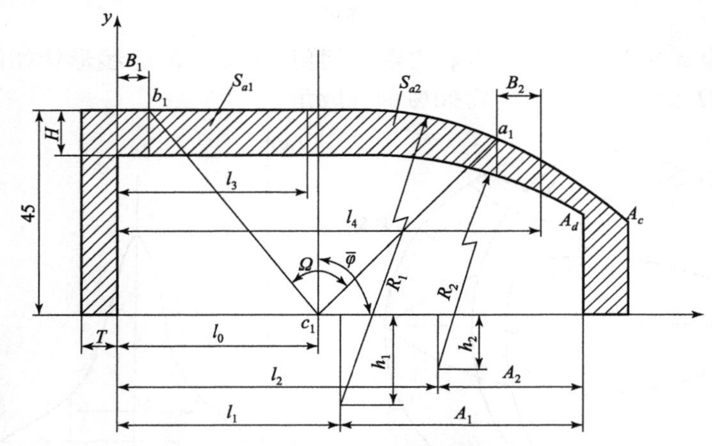

图3.26 膨胀到破裂瞬间的弹丸壳体

图3.26中，H与l_3分别表示壳体圆柱部的厚度和长度，l_4表示有效壳体长度，S_{a1}、S_{a2}分别表示有效壳体圆柱部与弧形部的纵向截面积。在弹头部的外、内圆弧上各任取一点(x_1, y_1)、(x_2, y_2)，则外、内圆弧的圆方程为

$$\begin{cases}(x_1-l_1)^2+(y_1+h_1)=R_1^2\\(x_2-l_2)^2+(y_2+h_2)=R_2^2\end{cases} \tag{3.65}$$

或

$$\begin{cases}y_1=\sqrt{R_1^2-(x_1-l_1)^2}-h_1\\y_2=\sqrt{R_2^2-(x_2-l_2)^2}-h_2\end{cases} \tag{3.66}$$

对于 A_c 与 A_d，有

$$\begin{cases} y_1 = \sqrt{R_1^2 - A_1^2} - h_1 \\ y_2 = \sqrt{R_2^2 - A_2^2} - h_2 \end{cases} \tag{3.67}$$

令 S_z 为有效壳体的总纵向截面积，则

$$\begin{cases} S_z = S_{a1} + S_{a2} & (3.68\text{c}) \\ S_{a1} = l_3 H & (3.68\text{a}) \\ S_{a2} = \int_{l_3}^{l_4} (y_1 - y_2)\,\mathrm{d}x & (3.68\text{b}) \end{cases}$$

代入式（3.67）并积分，得到

$$S_{a2} = h_1(A-B) - h_2(A-B) - \frac{A}{2}\sqrt{R_1^2 - A^2} - \frac{R_1^2}{2}\arcsin\frac{A}{R_1} + \frac{B}{2}\sqrt{R_1^2 - B^2} + \frac{R_1^2}{2}\arcsin\frac{B}{R_1} + \frac{E}{2}\sqrt{R_2^2 - E^2} + \frac{R_2^2}{2}\arcsin\frac{E}{R_2} - \frac{F}{2}\sqrt{R_2^2 - F^2} - \frac{R_2^2}{2}\arcsin\frac{F}{R_2}$$

式中，$A = l_3 - l_1$；$B = l_4 - l_1$；$E = l_3 - l_2$；$F = l_4 - l_2$。

将 S_{a1}、S_{a2} 代入式（3.68），即可求出 S_z，而

$$B_1 = 0.05 S_z / H \tag{3.69}$$

将 B_2 部分的环形面积近似地也用矩形代替，矩形长为 B_2，宽为 $y_1 - y_2$，故

$$B_2 = 0.05 S_z / (y_1 - y_2) \tag{3.70}$$

由式（3.69）、式（3.70）求出 B_1 和 B_2 后，连接 a_1c_1 和 b_1c_1，$\angle a_1c_1b_1$ 即为所求的飞散角，其角平分线与 x 轴正向的夹角就是数学期望 $\bar{\varphi}$，由此可得

$$\Omega = 180° - \arctan\frac{ky_1}{l_0 - B_1} - \arctan\frac{ky_1}{l_4 - l_0 - B_2} \tag{3.71}$$

$$\bar{\varphi} = \frac{\Omega}{2} + \arctan\frac{ky_1}{l_4 - l_0 - B_2} \tag{3.72}$$

式中，膨胀系数 k 可在表 3.3 给出的范围内选取。

表 3.3　膨胀系数 k

壳体材料	膨胀系数 k
低碳钢	1.6～2.1
中碳钢	1.84
铜	>2.26

3. 破片在空气中运动规律

破片的飞行可分三个阶段：①加速阶段，破片在爆轰产物的作用下加速到初速 v_0；②飞行阶段，破片以初速 v_0 在空气中飞行，因受到空气的阻力，速度逐渐减小，工程上把此阶段称为破片的外弹道阶段；③侵彻阶段，破片对目标的破坏作用，又称为破片的终点弹道阶段。

如果弹丸在运动中爆炸，则破片从炸点处以动态初速 $v_k = v_0 + v_c$（v_0、v_c 分别为破片的静态初速和弹丸爆炸时的速度）飞出。飞行过程中，由于破片速度高，本身质量很小，故计算时可忽略重力对破片速度的影响。

1）破片运动方程

如果忽略作用在破片上的升力、侧力和重力，则破片的飞行弹道为直线，破片只受空气阻力的作用。根据气体动力学，破片的运动方程为

$$m_f \frac{\mathrm{d}v}{\mathrm{d}t} = -\frac{1}{2} C_x \rho_{\text{air}} A v^2 \tag{3.73}$$

式中，m_f 为破片的实际质量（kg）；C_x 为破片飞行中的空气阻力系数；A 为破片飞行中的迎风面积（m^2）；ρ_{air} 为破片飞行处的空气密度（$\mathrm{kg/m^3}$）：v 为破片瞬时飞行速度（m/s）。下面分别对上述各个参数进行分析。

(1) 阻力系数 C_x。由气体动力学可知，阻力系数 C_x 与破片速度及形状有关。根据风洞试验结果可知，破片的形状不同，在同一马赫数 Ma 下，C_x 值不同。同一种形状的破片，C_x 又是马赫数的函数，如图 3.27 所示。

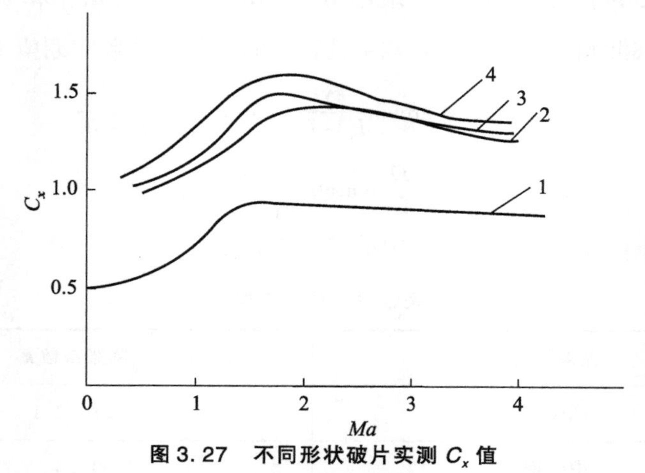

图 3.27　不同形状破片实测 C_x 值

1—球形片；2—方形片；3—圆柱形破片；4—菱形破片

从图 3.27 可以看出，不同形状破片阻力系数最大值均出现在 $Ma = 1.5$ 附近，以后随 Ma 增大有减小的趋势。对于一个实际战斗部，破片速度为 900 ~

3 000 m/s，即 $Ma \approx 3 \sim 5$，所以，为了处理问题方便，工程上将 C_x 进行线性化处理，由此得到各种形状破片的阻力系数计算经验公式。

球形破片

$$C_x = 0.97 \tag{3.74a}$$

方形破片

$$C_x = 1.72 + \frac{0.3}{Ma^2} \tag{3.74b}$$

圆柱形破片

$$C_x = 1.285\,2 + \frac{1.053\,6}{Ma} - \frac{0.925\,8}{Ma^2} \tag{3.74c}$$

菱形破片

$$C_x = 0.805\,8 + \frac{1.322\,6}{Ma} - \frac{1.120\,2}{Ma^2} \tag{3.74d}$$

当 $Ma > 3$ 时，C_x 一般取常数，其值见表 3.4。

表 3.4　$Ma > 3$ 时各种类型破片的阻力系数

破片形状	球形	方形	圆柱形	菱形	长条形	不规则形
C_x	0.97	1.56	1.16	1.29	1.3	1.5

但是实际战斗部形成的破片尺寸一般较小，并且破片不规则，表面上有很多尖锐的棱边，因而马赫数对空气阻力系数的影响通常可以忽略不计。但对这些不均匀形状破片的空气阻力系数进行估算非常重要。Moga 和 Kisielewski 回收了 155 mm 弹丸瞬时起爆形成的 58 个破片，并将这些破片分成 5 种特征形状，见表 3.5，同时对这些破片进行风洞试验，得到一组与破片形状有关的在亚声速条件下的阻力系数。

表 3.5　5 种典型破片形状

铜弹带破片	盒状形	平行六面体	山岭形	楔形
光滑，表面圆形，平底 $C_x = 1.11 \sim 1.44$	两侧大部分较平，且光滑 $C_x = 1.211 \sim 1.59$	两侧大部分较平，且光滑，通常为矩形 $C_x = 1.34 \sim 2.07$	平底，构成岭脊 $C_x = 0.65 \sim 1.39$	三角形，2 ~ 3 面通常光滑 $C_x = 0.68 \sim 1.01$

McDonald 也对近 100 个破片进行了风洞试验，马赫数变化范围为 0.67 ~ 3.66，破片被分成 9 个不同形状，其中 11 个破片是在亚声速条件下进行的。

试验得到了阻力系数与破片形状之间的关系。亚声速条件下 C_x 的变化范围为 0.8~1.61，超声速条件下 C_x 的变化范围为 0.76~2.98。结合这些试验，假设至少有95%的破片，它们的阻力系数在最小和最大阻力系数之间，得到最小、最大和平均阻力系数与马赫数的关系，如图3.28所示。

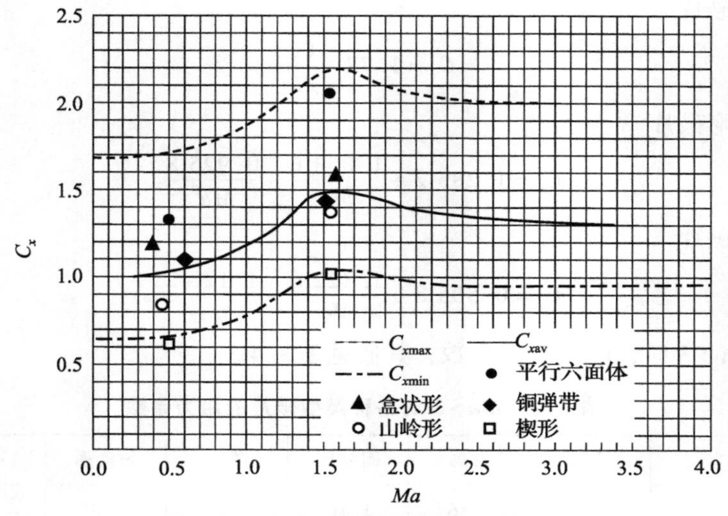

图3.28 阻力系数与马赫数之间的关系

（2）当地空气密度。当地空气密度是指破片在空中飞行高度处的空气密度，一般表示为

$$\rho_{\text{air}} = \rho_0 H(y) \tag{3.75}$$

式中，ρ_0 为海平面处的空气密度，$\rho_0 = 1.226\ \text{kg/m}^3$；$H(y)$ 为离海平面高度 y 处空气密度的修正系数，见表3.6。

表3.6 $H(y)$ 气体动力学高度函数表

H/km	5	10	15	18	20	22	25	28	30
H(y)/km	0.601	0.337	0.157	0.098	0.071	0.052	0.032	0.020	0.014

$H(y)$ 也可根据下面的公式来计算：

$$H(y) = \begin{cases} \left(1 - \dfrac{H}{44.308}\right)^{4.2553}, & H > 11 \\ 0.297\text{e}^{-\frac{H-11}{6.318}}, & H \leqslant 11 \end{cases} \tag{3.76}$$

（3）破片的平均迎风面积。破片的飞行性能及侵彻能力与破片的迎风面积有关。所谓迎风面积，是指破片在其速度矢量方向上的投影面积。对于球形

破片，该面积是定值；对于形状不规则的自然破片，由于破片在飞行过程中是不稳定的，各瞬时迎风面积都是变化的，很难给出破片飞行过程中迎风面积随时间的变化规律。在计算破片飞行过程中所受的阻力时，一般将破片在飞行过程中的平均迎风面积近似认为是破片飞行中的实际迎风面积。破片平均迎风面积的获取方法有两种：一种是理论估算，另一种是测量。

破片高速飞行时，破片形状对阻力的影响较小，通常情况下可将不规则破片近似表示成一个六面体（美国则是把破片近似看作椭球体），根据六面体（或椭球体）表面积来计算破片的平均迎风面积 $\bar{A}$。

设六面体破片的三边棱长按长短排列分别为 a、b、c，按图 3.29 所示方式置于一个单位球的中心，其长轴与球的极轴重合。设破片的飞行方向为 $\boldsymbol{n}$，用球坐标（φ，θ）来表示（φ 为纬角，θ 为径角），也可用微元立体角 $\mathrm{d}\Omega$ 的中心线来表示。此时破片在 $\boldsymbol{n}$ 方向的投影面积（瞬时面积）可写为

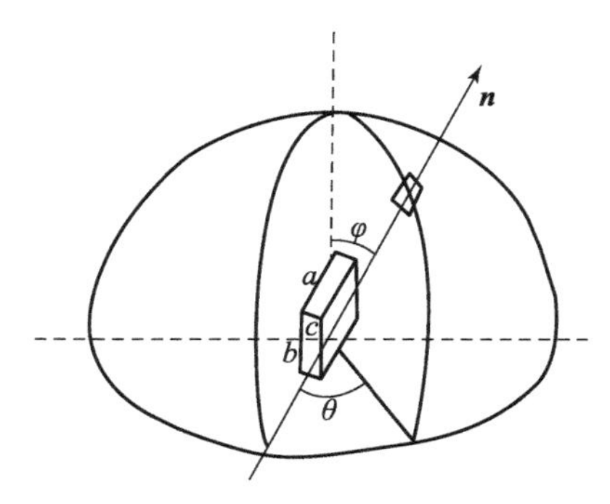

图 3.29　破片飞行速度的空间方位

$$A(\varphi,\theta)=A_1\cos\varphi+A_2\sin\varphi\cos\theta+A_3\sin\varphi\sin\theta \tag{3.77}$$

式中，A_1、A_2、A_3 分别为六面体三个面的面积。

破片的平均迎风面积为

$$\bar{A}=\int_0^{\pi}\int_0^{2\pi}A(\varphi,\theta)\rho(\varphi,\theta)\,\mathrm{d}\theta\mathrm{d}\varphi \tag{3.78}$$

式中，$\rho(\varphi,\theta)$ 为破片沿方位（φ，θ）飞行的概率密度，其含义为

$$\rho(\varphi,\theta)=\frac{P(\varphi<\xi<\varphi+\mathrm{d}\varphi,\theta<\eta<\theta+\mathrm{d}\theta)}{\mathrm{d}\varphi\mathrm{d}\theta}=\frac{\mathrm{d}[P(\varphi,\theta)]}{\mathrm{d}\varphi\mathrm{d}\theta} \tag{3.79}$$

式中，$\mathrm{d}P(\varphi,\theta)$ 为破片沿方位（φ，θ）飞行的概率。

由式（3.79）可知，破片的平均迎风面积不仅与破片的几何形状 $A(\varphi,\theta)$ 有关，还与破片飞行取向的趋势 $\rho(\varphi,\theta)$ 有关。例如，稳定飞行的破片与随机翻滚的破片对应不同的 $\rho(\varphi,\theta)$ 函数。

自然破片的飞行是不稳定的，这里假设破片能沿任何方位翻滚飞行，并且不存在任何优先取向的趋势，即飞行取向呈现的是等概率分布的。因为在 4π 立体角内呈均匀分布，其概率密度函数为

$$\rho(\Omega)=\frac{\mathrm{d}[P(\Omega)]}{\mathrm{d}\Omega}=\frac{1}{4\pi} \tag{3.80}$$

$P(\varphi,\theta)$ 与 $P(\Omega)$ 的关系可根据立体角公式导出，即

$$d\Omega = \sin\varphi d\varphi d\theta \tag{3.81}$$

$$dP(\Omega) = \rho(\Omega) d\Omega = d[P(\varphi,\theta)] = \rho(\varphi,\theta) d\varphi d\theta \tag{3.82}$$

得到

$$\rho(\Omega) = \frac{\rho(\varphi,\theta)}{\sin\varphi} \tag{3.83a}$$

或

$$\rho(\varphi,\theta) = \rho(\Omega)\sin\varphi = \frac{\sin\varphi}{4\pi} \tag{3.83b}$$

将式（3.77）及式（3.83b）代入式（3.77），得

$$\bar{A} = \frac{1}{4\pi}\int_0^{\pi}\int_0^{2\pi}(A_1\cos\varphi + A_2\sin\varphi\cos\theta + A_3\sin\varphi\sin\theta)\sin\varphi d\theta d\varphi \tag{3.84}$$

由于六面体破片具有对称性，且面积 $\bar{A}$ 不能为负值，可将式（3.84）的积分限分别变为 $\theta \in \left(0, \frac{\pi}{2}\right)$ 及 $\varphi \in \left(0, \frac{\pi}{2}\right)$，则

$$\bar{A} = \frac{8}{4\pi}\int_0^{\frac{\pi}{2}}\int_0^{\frac{\pi}{2}}(A_1\cos\varphi + A_2\sin\varphi\cos\theta + A_3\sin\varphi\sin\theta)\sin\varphi d\theta d\varphi \tag{3.85}$$

积分后得

$$\bar{A} = \frac{1}{2}(A_1 + A_2 + A_3) \tag{3.86}$$

也就是说，破片的平均迎风面积等于破片表面积的1/4。式（3.86）虽然是在六面体破片基础上推出的，但该公式具有一定的通用性。

在工程计算时，破片迎风面积 A 也可以采用下面的经验公式来计算：

$$A = Km_f^{2/3} \tag{3.87}$$

式中，A 的单位为 m^2；K 为破片形状系数；m_f 为破片质量（kg）。钢破片的形状系数见表3.7。

表3.7 各类钢破片的形状系数 K

破片形状	球形	方形	圆柱形	棱形	长条形	不规则
$K/(\times 10^{-3}\ m^2 \cdot kg^{-2/3})$	3.079	3.099	3.35	3.2~3.6	3.3~3.8	4.5~5

在工程计算时，取球形破片 $K = 3.079 \times 10^{-3}\ m^2/kg^{2/3}$，长方形破片 $K = 3.099 \times 10^{-3}\ m^2/kg^{2/3}$，随机形状破片（用来代替大多数破片形状）$K = 5.199 \times 10^{-3}\ m^2/kg^{2/3}$。

不规则破片的平均迎风面积也可以通过测量的方法获得，目前国内外都已

设计了专门用来测量破片迎风面积的仪器，其主要原理如图 3.30 所示。该电子光学装置测量系统可以测量破片任意方向的投影面积，取其算术平均值即为破片平均迎风面积 $\bar{A}$。

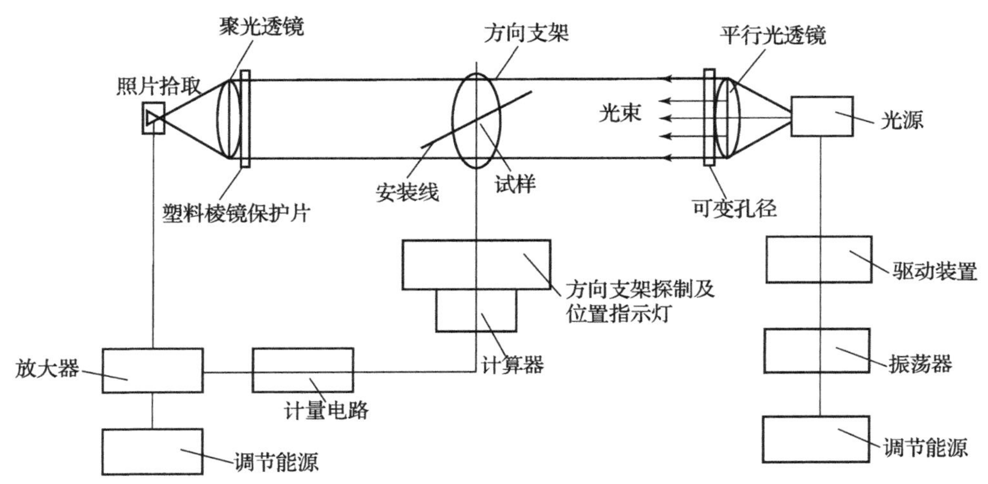

图 3.30　二十面体测量系统方框图

2）破片速度衰减特性

对破片速度衰减特性进行研究，实际上是要知道破片的速度衰减规律。破片的运动方程式（3.73）可以改写为

$$m_f v \frac{\mathrm{d}v}{\mathrm{d}x} = -\frac{1}{2} C_x \rho_{\mathrm{air}} \bar{A} v^2 \tag{3.88}$$

$$\frac{\mathrm{d}v}{v} = -\frac{1}{2m_f} C_x \rho_{\mathrm{air}} \bar{A}\, \mathrm{d}x \tag{3.89}$$

假设破片运动过程中，C_x 为常数，破片初速为 v_0，积分得

$$\ln \frac{v}{v_0} = -\frac{C_x \rho_{\mathrm{air}} \bar{A}}{2m_f} R \tag{3.90}$$

$$v = v_0 \exp\left(-\frac{C_x \rho_{\mathrm{air}} \bar{A}}{2m_f} R\right) \tag{3.91}$$

将式（3.87）代入式（3.91），得

$$v = v_0 \exp\left(-\frac{C_x \rho_{\mathrm{air}} K}{2m_f^{1/3}} R\right) \tag{3.92}$$

该式即为破片速度衰减公式。

3）破片运动规律

破片在实际运动过程中会受到空气阻力和地球引力作用，根据质点运动方

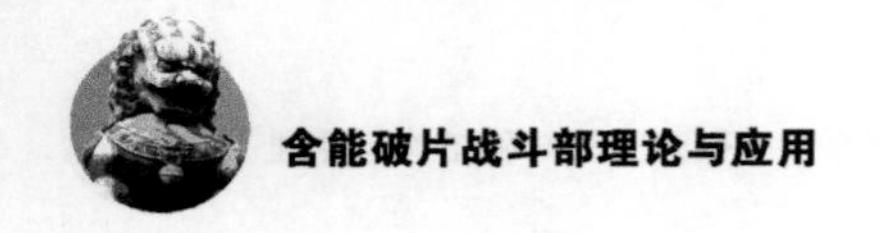

程得到破片的运动方程为

$$m_f \frac{d^2 x}{dt} = -\frac{\bar{A}\rho C_x}{2} v \frac{dx}{dt} \tag{3.93}$$

$$m_f \frac{d^2 y}{dt} = -\frac{\bar{A}\rho C_x}{2} v \frac{dy}{dt} - m_f g \tag{3.94}$$

$$m_f \frac{d^2 z}{dt} = -\frac{\bar{A}\rho C_x}{2} v \frac{dz}{dt} \tag{3.95}$$

假设 $C_x = C_x(Ma)$，根据上述3个方程，再加上初始条件，应用四阶 Runge - Kutta 方法就可以计算出破片运动轨迹。图3.31所示为计算得到的破片运动距离与破片速度之间的关系。图中曲线为3种质量（0.5 g、2.5 g和10 g）的破片运动曲线。在计算0.5 g和10 g破片的运动规律时，它们的阻力系数分别取图3.31中的最小阻力系数、最大阻力系数 $C_{x\max}$ 和平均阻力系数 C_{xav}；在计算2.5 g破片的运动规律时，其阻力系数是取图3.31中的阻力系数变化规律 $C_{xav} = f(Ma)$。

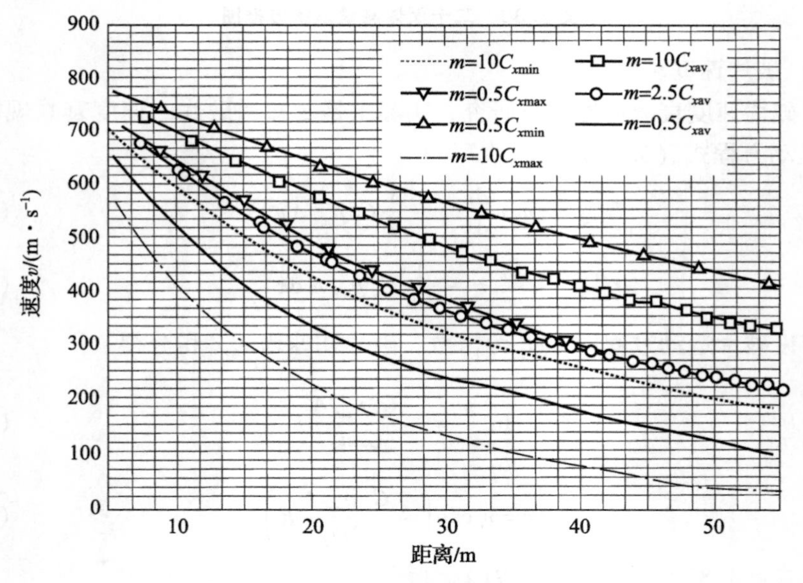

图3.31 破片运动距离与破片速度之间的关系

3.2.3 破片杀伤特性

破片杀伤特性包括杀伤区内破片的分布密度和破片对目标或等效靶板的穿透率，也可以通过效应靶的测试来获得。破片穿透率是指在规定的距离（如

威力半径）上，破片对特定靶板的穿孔数占命中靶板的有效破片数的百分率。通过统计效应靶上破片穿透靶板的孔数 n 与破片碰击靶板未穿透时形成的凹坑数 m 的百分比，得到破片穿透率为

$$P = \frac{n}{n+m} \times 100\% \tag{3.96}$$

此处“特定靶板”主要以具体目标为特征，根据战术指标确定效应靶的厚度和材质。为了便于比较，可把特定靶板统一等效成硬铝板，等效关系为

$$b_{\mathrm{Al}} = \frac{b\sigma}{\sigma_{\mathrm{Al}}} \tag{3.97}$$

式中，b_{Al}为等效硬铝板厚度；b 为特定靶板厚度；σ_{Al}为硬铝板的强度极限；σ 为特定靶板的强度极限。

破片对靶板形成穿孔的动能 E_v 应大于或等于靶板的动态变形功，即

$$E_v \geqslant K_v A b\sigma \tag{3.98}$$

式中，K_v 为与打击速度 v_i 有关的系数，打击速度不超过 2 500 m/s 时，可取 $K_v = 0.92 + 1.023 v_i^2 \times 10^{-6}$；$A$ 为破片撞击靶板时的接触面积；$b\sigma$ 实际上对应了特定靶板穿透破坏的变形能。

通过效应靶上的破片统计还可以测定破片总数和分布密度。对于自然破片战斗部，破片回收试验是研究破片质量分布和破片平均质量的有效手段。

3.2.4　破片式战斗部爆炸效应

弹丸或战斗部爆炸时会产生爆轰产物、冲击波和破片等毁伤元，这些毁伤元都会对目标产生破坏作用，包括爆轰产物的直接作用、冲击波的破坏作用、破片的杀伤作用等。把弹丸或战斗部爆炸对目标产生的破坏作用称为爆炸效应。本节主要介绍杀爆战斗部在空气中爆炸产生的爆轰产物对目标的直接作用和冲击波对目标的破坏作用。

1. 爆轰产物的直接作用

弹丸与目标直接接触爆炸时不仅破片、冲击波能破坏目标，而且爆轰产物也能破坏目标。由于爆轰产物在膨胀过程中压力下降很快，所以这个破坏作用的区域很小，该区域的大小与炸药性质及炸药量有关。爆炸的直接作用也称为炸药的猛炸作用。可以根据爆轰理论来计算炸药爆轰完毕瞬间爆轰产物的压力、密度、温度及质点运动速度等参量。例如，密度为 16 g/cm^3 的 TNT 炸药爆轰完毕瞬间爆轰压力可达 2×10^4 MPa；而密度为 16.8 g/cm^3 的 B 炸药可达 2.6×10^4 MPa，可见压力是很大的。在很短的时间里，物体受到这么大的压力

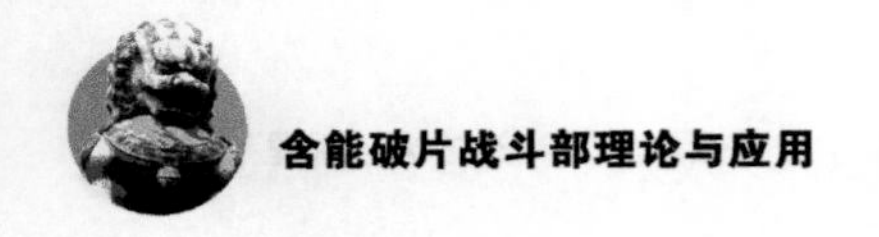

必然会受到严重破坏。根据爆轰理论，爆轰产物在膨胀开始阶段的压力与容积可近似表示为

$$pV^{\gamma}=\text{常数} \tag{3.99}$$

式中，γ 为多方指数，与爆轰产物的组成和密度有关，密度越大，则 γ 值越大。对于 $\gamma\approx 3$ 的球形装药，容积、压力膨胀半径的关系为

$$V\propto r^{3},\ p\propto r^{-9}$$

当爆轰产物膨胀到装药半径的 2 倍时，压力将下降到初始压力的 1/500 以下。这时，对金属等高强度介质的破坏作用就很小了。所以只有弹丸与目标直接接触爆炸或者在极近距离处爆炸，爆轰产物才具有强烈的破坏作用。

当爆轰产物的压力下降到环境压力时，爆轰产物的体积称为极限体积，极限体积的相当半径计算式为

$$r_{u}=r_{0}\sqrt{\frac{\bar{V}_{u}}{\bar{V}_{0}}} \tag{3.100}$$

式中，$\bar{V}_0$ 为装药的体积；r_0 为换算成球形装药的半径；$\bar{V}_u$ 为爆轰产物的极限体积；r_u 为爆轰产物极限体积的相当半径。

例如，对于 1 kg TNT 炸药，装药密度为 $\rho_0=1\ 600\ \text{kg/m}^3$，炸药的比体积为 $0.7\sim1.0\ \text{m}^3/\text{kg}$，则有 $r_u=(10.4\sim11.7)r_0$。一般来说，极限体积的半径，对于球形装药，约为原体积半径的 10 倍，对于柱形装药，约为原体积半径的 30 倍。由此可见，爆轰产物飞散的距离并不大。因此，爆轰产物的直接作用距离是很近的。

2. 冲击波的破坏作用

这里只讨论空气中冲击波传播规律，主要介绍爆炸空气冲击波实际作用与毁伤相关的基本参数：超压、压力作用时间和比冲量随传播距离的变化及其经验算法。

1）爆炸相似律

空中爆炸冲击波除初始参数外，其随距离的变化是无法通过简单的理论解析的方法进行求解和计算的，工程上普遍采用爆炸相似规律的方法进行近似计算，其有效性和实用性已得到普遍共识。目前，关于爆炸空气冲击波的三个基本参数：超压 Δp、压力作用时间 τ 和比冲量 i，均根据相似理论、通过量纲分析和试验标定参数的方法得到相应的经验计算式。

通过量纲分析可以得到 Δp、τ 和 i 均是 $\sqrt[3]{\omega}/r$ 或其倒数 $\bar{r}=r/\sqrt[3]{\omega}$（称为对

比距离）的函数，其中，ω 是装药质量、r 为爆距，进而可展开成多项式（级数）形式，即

$$\Delta p = f(\sqrt[3]{\omega}/r) = A_0 + \frac{A_1}{\bar{r}} + \frac{A_2}{\bar{r}^2} + \cdots \tag{3.101a}$$

$$\tau/\sqrt[3]{\omega} = \varphi(\sqrt[3]{\omega}/r) = B_0 + \frac{B_1}{\bar{r}} + \frac{B_2}{\bar{r}^2} + \cdots \tag{3.101b}$$

$$i/\sqrt[3]{\omega} = \psi(\sqrt[3]{\omega}/r) = C_0 + \frac{C_1}{\bar{r}} + \frac{C_2}{\bar{r}^2} + \cdots \tag{3.101c}$$

式中，ω、r 的单位通常以 kg 和 m 计；各系数 A_i、B_i 和 C_i（$i=0,1,2,3,\cdots$）由试验来确定。

2）空气冲击波峰值超压的经验计算公式

Sadowski 根据球状 TNT 装药在无限空气介质中爆炸的试验结果得到冲击波超压计算公式为

$$\Delta p = \left(\frac{0.76}{\bar{R}} + \frac{2.55}{\bar{R}^2} + \frac{6.5}{\bar{R}^3}\right) \times 10^5,\quad 1 \leqslant \bar{R} \leqslant 10 \sim 15 \tag{3.102}$$

式中，超压 Δp 的单位是 Pa。在计算装药附近的超压时，式（3.102）不适用。根据试验得到装药附近的超压公式为

$$\Delta p = \left(\frac{14.0717}{\bar{R}} + \frac{5.5397}{\bar{R}^2} - \frac{0.3572}{\bar{R}^3} + \frac{0.00625}{\bar{R}^4}\right) \times 10^5,\quad 0.05 \leqslant \bar{R} \leqslant 0.5 \tag{3.103}$$

其他距离建议采用下面的公式计算：

$$\Delta p = \left(\frac{0.67}{\bar{R}} + \frac{3.01}{\bar{R}^2} + \frac{4.31}{\bar{R}^3}\right) \times 10^5,\quad 15 \leqslant \bar{R} \leqslant 70.9 \tag{3.104}$$

式中，$\bar{R} = R/\sqrt[3]{\omega}$，称为相对距离。对于其他炸药，用 ω_e 来广义地表示 TNT 当量，根据下式换算成 TNT 当量：

$$\omega_e = \frac{Q_{vi}}{Q_{v\text{TNT}}}\omega_i \tag{3.105}$$

式中，Q_{vi} 为炸药爆热；ω_i 为药量；$Q_{v\text{TNT}}$ 为 TNT 爆热（4 186 kJ/kg）。需要指出的是，上述换算会引起较大的误差，因为空气初始冲击波参数与炸药的爆轰压力、多方指数等有关。

装药在地面爆炸时，由于地面的阻挡，空气冲击波不是向整个空间传播，而是向半无限空间传播，所以被冲击波卷入运动的空气量减少一半。当装药在混凝土和岩石类的刚性地面爆炸时，可看作 2 倍的装药在无限空间爆炸。将 $\omega_e = 2\omega$ 代入式（3.102），得到

$$\Delta p=\left(\frac{0.96}{\bar{R}}+\frac{4.05}{\bar{R}^2}+\frac{13}{\bar{R}^3}\right)\times 10^5,\quad 1\leqslant \bar{R}\leqslant 10\sim 15 \tag{3.106}$$

装药在普通土壤地面爆炸时，土壤在高温高压的爆轰产物作用下发生变形、破坏，甚至部分被抛掷到空中形成一个炸坑。例如，100 kg TNT 装药爆炸后留下的炸坑面积达 38 m²，在这种情况下就不能按刚性地面全反射来考虑。试验表明，此时 $\omega_e=(1.7\sim1.8)\omega$，若取 $\omega_e=1.8\omega$ 并代入式（3.102），得到

$$\Delta p=\left(\frac{0.92}{\bar{R}}+\frac{3.77}{\bar{R}^2}+\frac{11.7}{\bar{R}^3}\right)\times 10^5 \tag{3.107}$$

几种情况的计算结果如图 3.32 所示。

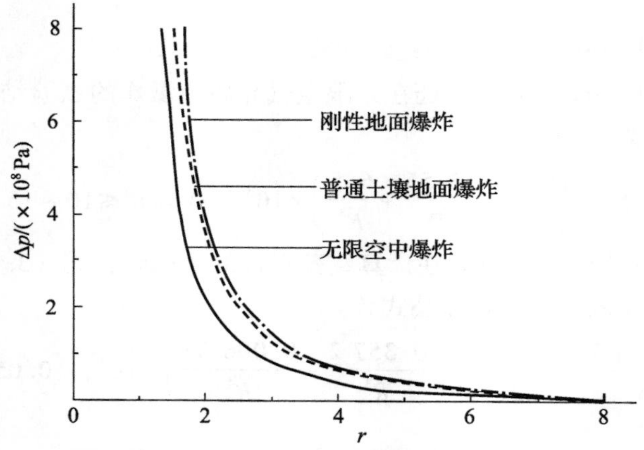

图 3.32　TNT 装药爆炸时超压与距离的关系

例 3.1　5 kg TNT50/RDX50 的球形装药在空中爆炸，求距离炸点 3.6 m 处空气冲击波峰值超压。已知 TNT50/RDX50 炸药的爆热为 4 814.8 kJ/kg。

解：由式（3.105），得

$$\omega_e=\frac{Q_{vi}}{Q_{v\mathrm{TNT}}}\omega=5\times\frac{4\ 814.8}{4\ 186}=5.76(\mathrm{kg})$$

$$\bar{R}=R/\sqrt[3]{\omega}=3.6/\sqrt[3]{5.76}\approx 2$$

由式（3.102）计算得到

$$\Delta p=1.8\times10^5\ \mathrm{Pa}$$

如果装药在堑壕、坑道、矿井内爆炸，则空气冲击波沿着坑道两个方向传播，这时卷入运动的空气比在无限介质中爆炸时少得多。TNT 当量炸药可按面积比方法计算，即

$$\omega_e=\omega\frac{4\pi R^2}{2S}=2\pi\frac{R^2\omega}{S} \tag{3.108}$$

式中，S 为一个方向传播的空气冲击波面积，等于坑道面积（m^2）；R 为冲击波传播距离。

如果装药是长圆柱形，则空气冲击波为柱形波，其面积为 $2\pi RL$（L 为装药长度），得到

$$\omega_e = \omega \frac{4\pi R^2}{2\pi RL} = 2\frac{R\omega}{L} \tag{3.109}$$

如果装药在高空爆炸，则应该考虑空气介质初始压力 p_0 的影响。设高空中的压力为 p_{0H}，海平面的压力为 p_0，则在压力 p_{0H} 的高空中爆炸的 TNT 当量为

$$\omega_e = \frac{p_{0H}}{p_0}\omega \tag{3.110}$$

根据估算，海拔 3 000 m 处的冲击波超压比海平面的小 9%，海拔 6 000 m 处的比海平面的小 10%。

3）空气冲击波正压作用时间 t_+ 的计算

空气冲击波正压作用时间也是衡量爆炸对目标破坏程度的重要参数之一，如同确定 Δp 一样，也可以根据爆炸相似律通过试验来建立经验公式。

根据爆炸相似律，由于

$$\frac{t_+}{\sqrt[3]{\omega}} = f\left(\frac{R}{\sqrt[3]{\omega}}\right)$$

所以空爆（$R/\sqrt[3]{\omega} \geqslant 0.35$）时，有

$$\frac{t_+}{\sqrt[3]{\omega}} = 1.35 \times 10^{-3}\left(\frac{R}{\sqrt[3]{\omega}}\right)^{1/2} \tag{3.111}$$

式中，t_+ 为正压作用时间（s）。如果装药在地面爆炸，式（3.11）两边药量 ω 应该替换为 TNT 当量 ω_e 进行计算。对于刚性地面，$\omega_e = 2\omega$；对于土壤地面，$\omega_e = 1.8\omega$：

$$\frac{t_+}{\sqrt[3]{\omega}} = 1.5 \times 10^{-3}\left(\frac{R}{\sqrt[3]{\omega}}\right)^{\frac{1}{2}} \tag{3.112}$$

式中，t_+ 的单位为 s。一般化学爆炸的正压作用时间是几毫秒到几十毫秒。

4）空气冲击波比冲量 i 的计算

空气冲击波的比冲量 i 也是冲击波对目标破坏作用的重要参数之一，比冲量的大小直接决定了冲击波破坏作用的程度。理论上讲，比冲量是由空气冲击波阵面超压对时间的积分直接确定的，即

$$i = \int_0^{t_+} \Delta p(t)\,\mathrm{d}t \tag{3.113}$$

也可以利用式（3.101c），通过试验数据拟合得到：

$$\frac{i}{\sqrt[3]{\omega}}=A\,\frac{\sqrt[3]{\omega}}{R}=\frac{A}{\bar{R}},\quad R>12r_0 \tag{3.114}$$

式中，R 为装药半径；i 的单位为 N·s/m²。TNT 在无限空间中爆炸时，$A\approx 200\sim250$。采用其他炸药时需要换算。由于比冲量与爆轰产物速度成正比，而爆轰产物速度又与炸药爆热的平方根成正比，所以，

$$i=A\,\frac{\omega^{2/3}}{R}\sqrt{\frac{Q_{vi}}{Q_{v\mathrm{TNT}}}} \tag{3.115}$$

如果装药在普通土壤地面上爆炸，将 $\omega_e=1.8\omega$ 代入得到

$$i=(300\sim370)\frac{\omega^{2/3}}{R},\quad R>12r_0 \tag{3.116}$$

例 3.2 设 200 kg TNT 装药在普通土壤地面爆炸，求离炸点 50 m 处的空气冲击波参数。已知 $p_0=1.013\times10^5$ Pa，$u_0=0$，$K=1.4$，$\rho_0=1.25\times10^{-3}$ g/cm³。

解：

$$\bar{R}=\frac{R}{\sqrt[3]{\omega}}=\frac{50}{\sqrt[3]{200}}=8.55(\mathrm{m/kg^{1/3}}) \tag{3.117}$$

满足式（3.107）的使用范围，则

$$\Delta p=\left(\frac{0.92}{\bar{R}}+\frac{3.77}{\bar{R}^2}+\frac{11.7}{\bar{R}^3}\right)\times10^5=1.779\times10^4(\mathrm{Pa})$$

$$p_1=p_0+\Delta p=1.779+10.13=11.909\times10^4(\mathrm{Pa})$$

$$\frac{\rho_1}{\rho_0}=\frac{(K+1)p_1+(K-1)p_0}{(K+1)p_0+(K-1)p_1}=1.122$$

$$\rho_1=1.122\times1.25\times10^{-3}=1.4\times10^{-3}(\mathrm{g/cm^3})$$

$$D=\frac{1}{\rho_0}\sqrt{\frac{p_1-p_0}{\rho_1-\rho_0}\rho_0\rho_1}=\sqrt{\frac{p_1-p_0\rho_1}{\rho_1-\rho_0\rho_0}}=364.5(\mathrm{m/s})$$

或者

$$D=c_0\sqrt{1+0.844\Delta p\times10^{-5}}=365(\mathrm{m/s})$$

$$u_1=\sqrt{\frac{(p_1-p_0)(\rho_1-\rho_0)}{\rho_1\rho_0}}=39(\mathrm{m/s})$$

或者

$$u_1=\frac{\Delta p}{\rho_0c_0\sqrt{1+0.844\Delta p}}=39.5(\mathrm{m/s})$$

$$i=350\,\frac{\omega^{2/3}}{R}=240(\mathrm{N\cdot s/m^2})$$

$$\lambda=c_0t_+=340t_+=8.84\ \mathrm{m}$$

3. 战斗部壳体对爆炸的影响

前面讨论的都是无壳装药的爆炸，实际上弹丸（战斗部）都带有外壳。弹丸爆炸后装药释放的能量一部分消耗于破片飞散，另一部分消耗于爆轰产物的膨胀和空气冲击波的形成。因此，与无壳装药相比，弹丸爆炸后形成的空气冲击波超压和比冲量都会减小。由于壳体变形与破碎消耗的能量占装药爆炸总能量的 1% ~ 3%，近似估算时可以忽略不计。因此，装药释放的能量消耗于爆轰产物的内能、动能和破片飞散的动能，即

$$E_B = \omega Q_v = E_k + E_1 + E_2 \tag{3.118}$$

式中，E_k 为破片动能；E_1 为爆轰产物的内能；E_2 为爆轰产物的动能。已知爆轰产物的内能为

$$E_1 = \omega \frac{pV}{\gamma - 1} \tag{3.119}$$

当爆轰产物按 pV^γ = 常数膨胀时，有

$$p = p_H \left(\frac{V_0}{V}\right)^\gamma$$

式中，p_H 为爆炸时的瞬时爆轰压力（CJ 压力）；V_0 为装药的初始容积。将上式代入式（3.119），得

$$E_1 = \omega Q_v \left(\frac{r_0}{r}\right)^{b(\gamma-1)} \tag{3.120}$$

假设壳体内爆轰产物的压力均匀分布，仅随时间变化，并且质点速度由中心至周边线性分布，则可导出爆轰产物动能：

$$E_k = \frac{\omega}{2(a+1)} v_k^2 \tag{3.121}$$

式中，v_k 为破片速度；a 为与战斗部类型有关的系数，对于平面爆轰，$a=2$，柱对称爆轰，$a=1$，球对称爆轰，$a=2/3$。假设破片飞散动能在壳体破碎瞬间接近最大，并且破片所获得的速度都相同，则

$$E_k = \frac{1}{2} M v_k^2 \tag{3.122}$$

式中，M 为壳体质量。将 E_1、E_2 和 E_k 代入式（3.118），得到

$$\omega Q_v = \omega Q_v \left(\frac{r_0}{r}\right)^{N(\gamma-1)} + \frac{\omega}{2(a+1)} v_k^2 + \frac{1}{2} M v_k^2 = \frac{2Q_v[1-(r_0/r)^{N(\gamma-1)}]}{M/\omega + 1/(1+a)} \tag{3.123}$$

对于平面、柱对称和球对称的战斗部，N 分别取 1、2 和 3。

令装填系数 $\alpha=\omega/(\omega+M)$，则 $M/\omega=(1-\alpha)/\alpha$，代入式（3.123），得

$$v_k=\sqrt{\frac{2Q_v[1-(r_0/r)^{N(\gamma-1)}]}{(1-\alpha)/\alpha-1/(1+a)}} \tag{3.124}$$

将式（3.124）代入式（3.118），得到对于爆炸后留给爆轰产物的能量：

$$E_1+E_2=\omega Q_v-\frac{1}{2}Mv_k^2=\omega Q_v\left[\frac{\alpha}{1+a-a\alpha}+\frac{(1+a)(1-\alpha)}{1+a-a\alpha}\left(\frac{r_0}{r}\right)^{N(\gamma-1)}\right] \tag{3.125}$$

通常认为，壳体破碎瞬间破片速度接近最大值，即取 $r=r_m$（r_m 为壳体破碎时的半径）。令 $\omega_e Q_v$ 为留给爆轰产物的当量炸药，则式（3.125）可改写为

$$\omega_e=\frac{\omega}{1+a-a\alpha}\left[\alpha+(1+a)(1-\alpha)\left(\frac{r_0}{r_m}\right)^{N(\gamma-1)}\right] \tag{3.126}$$

对于柱对称弹丸，$a=1$，$N=2$，有

$$\omega_e=\frac{\omega}{2-\alpha}\left[\alpha+2(1-\alpha)\left(\frac{r_0}{r_m}\right)^{2(\gamma-1)}\right] \tag{3.127}$$

对于球对称弹丸，$a=23$，$N=3$，有

$$\omega_e=\frac{\omega}{5-2\alpha}\left[3\alpha+5(1-\alpha)\left(\frac{r_0}{r_m}\right)^{2(\gamma-1)}\right] \tag{3.128}$$

式中，ω 为装药质量（kg）；ω_e 为留给爆轰产物的当量炸药（kg）；α 为装填系数；r_0 为装药半径（m）；r_m 为破片达到最大速度时的半径（m）。由试验数据知，铜壳 $r_m=2.24r_0$，钢壳 $r_m\approx(1.5\sim2.1)r_0$，脆性材料和预制破片的 r_m 则更小一些。

上述讨论中没有考虑引爆面和装药结构等方面的影响。实际上，弹丸往往是一端引爆，而且两端有约束。这时由于爆轰产物轴向流动的变化，使得圆柱部分各微元的侧壁冲量分布不均匀，从而使得各微元速度不同。因此，精确计算时，应先求出各微元的侧壁冲量和速度值，然后确定各微元的爆轰产物当量炸药 ω_e，其和为

$$\omega_e=\sum_{i=1}^{N}\omega_{ei} \tag{3.129}$$

求得 ω_e 后，代入空气冲击波超压和冲量计算式，得到空气冲击波参数。

装填系数 α 对空气冲击波比冲量的影响可用相对冲量 $\bar{i}$ 描述。先根据式（3.116）确定无壳装药的空气冲击波比冲量，然后将式（3.126）的有效装药代入式（3.129），就可得到带壳弹药空气冲击波的比冲量：

$$i_e=A\frac{\omega^{2/3}}{R}\left[\frac{\alpha}{1+a-a\alpha}+\frac{(1+a)(1-\alpha)}{1+a-a\alpha}\left(\frac{r_0}{r_m}\right)^{N(\gamma-1)}\right]^{2/3} \tag{3.130}$$

于是，战斗部爆炸后空气冲击波的相对冲量为

$$\bar{i}=\frac{i}{i_e}=\left[\frac{\alpha}{1+a-a\alpha}+\frac{(1+a)(1-\alpha)}{1+a-a\alpha}\left(\frac{r_0}{r_m}\right)^{N(\gamma-1)}\right]^{2/3} \tag{3.131}$$

对于柱对称战斗部，$a=1$，$N=2$，有

$$\bar{i}=\left[\frac{\alpha}{2-\alpha}+\frac{2-2\alpha}{2-\alpha}\left(\frac{r_0}{r_m}\right)^{N(\gamma-1)}\right]^{2/3} \tag{3.132}$$

此式表明，空气冲击波的相对冲量只与战斗部的装填系数及材料性质有关，而与距离无关。表 3.8 为不同装填系数的战斗部在各个距离处的相对冲量试验结果。战斗部壳体为钢制，内装 TNT60/RDX40。用式（3.132）计算时，取 $\gamma\approx3$，$r_m=1.5r_0$。比较数据可知，计算值和试验值接近，从而证实了战斗部爆炸后空气冲击波相对冲量与距离无关。

表 3.8　带壳战斗部的冲击波相对冲量比较

装填系数 α/%	冲击波相对冲量实测值						计算值
	3.05 m	4.58 m	6.1 m	9.15 m	15.3 m	平均值	
84.4	0.870	0.863	0.865	0.848	0.831	0.855	0.850
62	0.700	0.692	0.698	0.677	0.636	0.681	0.677
25	0.465	0.479	0.478	0.476	0.424	0.465	0.461
5.4	0.380	0.399	0.400	0.395	0.391	0.385	0.365

3.3　定向战斗部结构原理

3.3.1　定向战斗部特点及其意义

在现代战争中，导弹的毁伤效能在很大程度上是由战斗部的性能决定的。常规导弹作战范围越来越大，目标机动性和防护性也随之越来越好，目标种类日益繁多，并且目标各具特点，这就对常规导弹的发展提出了更高要求，其既要具备近程防御反导能力，又要能够用于对付地面轻装甲群、导弹发射阵地及舰船等重要军事目标。

破片杀伤战斗部已成为对付空中目标及地面轻型装置等目标的重要手段。

由于破片杀伤技术在拦截飞机类远程空中目标方面具有一定的优势，空空导弹选择以破片为主要毁伤元的战斗部，削弱导弹命中精度不足对战斗部的杀伤范围的不利影响。目前防空导弹战斗部大多选用杀伤爆破类战斗部，主要杀伤元素为高速破片，爆轰波在近距离内才能杀伤目标，单枚破片的质量通常为2~4 g。由于受到导弹制导精度、引信技术及战斗部技术等的限制，早期的战斗部破片飞散角通常比较大，战斗部爆炸后，在威力半径处破片密度较小，在目标上形成的穿孔相对独立且间隙较大，对目标的杀伤能力有限。传统杀伤战斗部通常是轴对称结构，毁伤元素沿周向均匀分布，采用轴心起爆方式，并且其破片速度和密度沿周向均匀分布，而目标仅处于很小的一个锥角范围内，命中目标的毁伤元素数目较少，因此炸药装药能量及破片利用率较低、毁伤效能较弱。

提高对飞机、导弹等空中目标的毁伤效能成为防空反导导弹武器系统的主要研究方向，要求与目标遭遇的破片速度高、质量大、数量多。为了满足以上要求，提高战斗部对目标的毁伤能力，可将以下两种技术手段应用到战斗部的设计和研究中：一种方法是直接增加战斗部杀伤元素的质量，即破片数量、质量和装药量，这种方法不利于战斗部的设计；另一种途径是在不改变战斗部自身质量的前提下，改进战斗部的结构，从而实现破片的高利用率及战斗部对目标的高效杀伤。这两个方面的研究已成为各军事大国发展定向战斗部技术的工作重点。

定向战斗部可以通过对目标及自身的方位信息的识别和处理，采用机械变形、物理变形以及控制战斗部炸药装药定向起爆的方法，使战斗部毁伤元素的抛散方向朝着目标集中，形成毁伤元素增益区，使其对目标的作用最大化，提高战斗部对目标的杀伤概率和杀伤能力，有效地提高了能量利用率，毁伤效能达到甚至超过径向均强型战斗部的同时，可以减小战斗部的质量和体积，实现增效减重的效果。

定向杀伤战斗部的关键技术主要有杀伤元素的定向飞散控制、定向起爆网络研究和主装药的隔爆保护技术。其中，旋转战斗部技术和装药多点起爆技术是实现破片定向飞散的关键。

3.3.2 定向战斗部的结构分类

以定向方式为分类标准，定向战斗部可分为偏心起爆式定向战斗部、破片芯式定向战斗部、可变形定向战斗部、展开式定向战斗部、聚焦式定向战斗部及可瞄准式定向战斗部等。下面简要阐述上述几种定向战斗部的工作原理、基本结构和功能特点。

1. 偏心起爆式定向战斗部

偏心起爆式定向战斗部采用偏心多点起爆的方式，起爆点分位数、起爆点方位及起爆时序等偏心起爆参数会对战斗部在定向方向的能量增益和破片分布产生影响。壳体与一般中心起爆战斗部区别不大，但内部结构有明显差异。主要结构包括破片层、安全执行机构、主装药和起爆装置；相互间隔的 4 个象限共同构成炸药装药结构，4 个起爆装置 1、2、3、4 分别偏置于相邻两象限装药之间，并远离战斗部轴线处，安全执行机构安装在弹轴部位。其基本结构如图 3.33 所示。

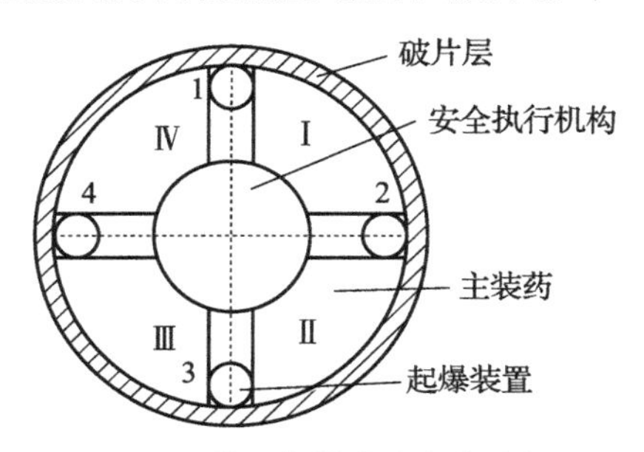

图 3.33 偏心起爆式定向战斗部

当探测设备探测到目标的方位信息时，向安全执行机构发送命令，与目标相对的那部分主装药两侧的起爆装置工作，如果在相邻两个象限之间探测到目标，则目标相对方向的起爆装置执行起爆命令，装药的偏心起爆使得杀伤元素不再沿战斗部的圆周方向均匀分布，而是在目标方向形成破片集中区域。随着起爆装置的偏置位置的变化，战斗部的径向能量分布明显不同，起爆装置与战斗部中心的距离越大，战斗部能量越向目标方向集中。在定向方向上，偏心起爆战斗部可以实现较大的破片速度增益，但破片密度改变不大，在定向方向 90°范围内，两线和三线起爆可实现 42% 以上的能量增益。除起爆系统外，这种战斗部具有与径向均强型战斗部非常相似的结构，其构造简单，易于实现。但由于破片层位于战斗部结构的最外层，定向效果不是很好。

2. 破片芯式定向战斗部

破片芯式定向战斗部的主要结构特点是在战斗部中心放置杀伤元素，辅助装药首先起爆，产生的能量切开正对目标的战斗部壳体，并推动邻近装药向外翻转，然后引爆主装药，推动破片飞向目标。

战斗部主装药被分成 6 个扇形部分，通过隔离炸药片将两个相邻扇形装药隔开，隔离炸药片与战斗部等长，其端部开有聚能槽，聚能槽的作用是汇聚能量，切开装药外面的金属壳体。预制破片芯分布在战斗部的中心部位，如图 3.34 (a) 所示。当确定目标方位后，距目标最近的隔离炸药片起爆系统执行导弹发出的信号，引爆隔离炸药片，金属外壳被切开并向两侧翻卷，相对应的扇形主装药被抛出且爆炸，解除对破片的约束作用，如图 3.34 (b) 和图 3.34 (c) 所示。指定方位的壳体破裂后，正对目标方位的主装药起爆系统启动，引爆其余的扇形体主装药，爆轰气体驱动破片芯中的破片向目标方向飞散，如图3.34（d）所示。

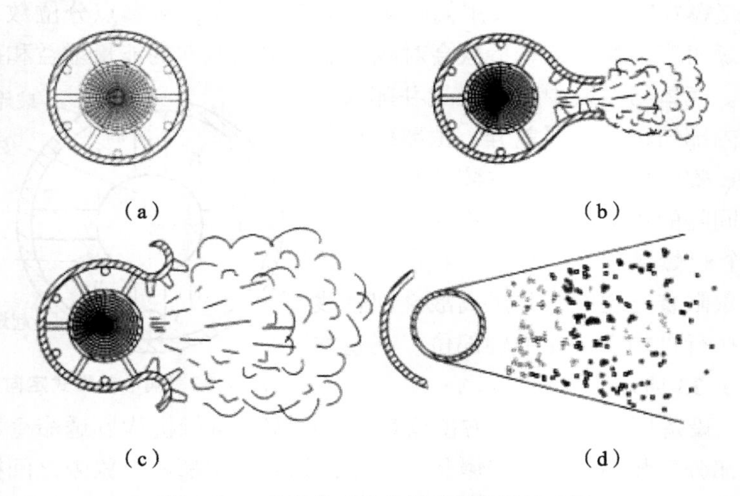

图3.34 破片芯式定向战斗部作用原理图

此类战斗部是靠爆炸来解除壳体对破片飞散的阻挡作用，延迟时间短，可靠性比较高，对提高目标方向上的破片数目和破片速度具有较好的效果。主装药起爆后，来自多个方向的爆轰冲击波作用于破片上，将导致部分预制破片发生破碎。所以，设计中必须对破片和破片芯进行特殊处理或适当的保护。相对于一般预制式战斗部，由于增加了隔离层、辅助装药和金属外壳等组件，破片芯式定向战斗部附加质量较大。应对其外形、尺寸及材料等进行精心的设计和选择，最大限度地减小所增加组件的质量。

3. 可变形式定向战斗部

可变形定向战斗部也叫作柔性战斗部，首先通过起爆弹体外层的柔性炸药装药使金属壳体向目标方位变形，从而改变战斗部的几何形状；壳体变形完成后，起爆器引爆主炸药装药，朝向目标方向爆炸并驱动形成的高密度破片云向目标抛撒，实现在目标方向破片的高质量增益。

此种定向战斗部的结构类似于普通爆破杀伤战斗部，但在战斗部壳体外面依次有一圈缓冲材料和柔性炸药薄层环绕，一般选择爆速低、燃烧快、具有炸药特性的推进剂或烟火剂作为柔性炸药，实现对战斗部壳体及主装药的二次成型。起爆辅助装药后，战斗部及其主装药迅速成型，然后起爆主装药，驱动破片飞散并使其聚集在与目标相交的狭窄锥带面内，实现对目标的有效杀伤。

这类战斗部的结构主要包括内、外两层金属圆柱筒，主装药，辅助装药及起爆装置等，如图 3.35 所示。破片由加工预制槽的外层圆柱筒破碎获得。内、外两层圆柱筒之间装填液态或改制过的低密度的塑性主装药，辅助装药为块状，均匀放置于外层圆筒周围，在战斗部内部主装药中放置主装药起爆管，必要时可以采用同时引爆两端起爆管的方法。辅助装药起爆器与主装药起爆器相匹配。

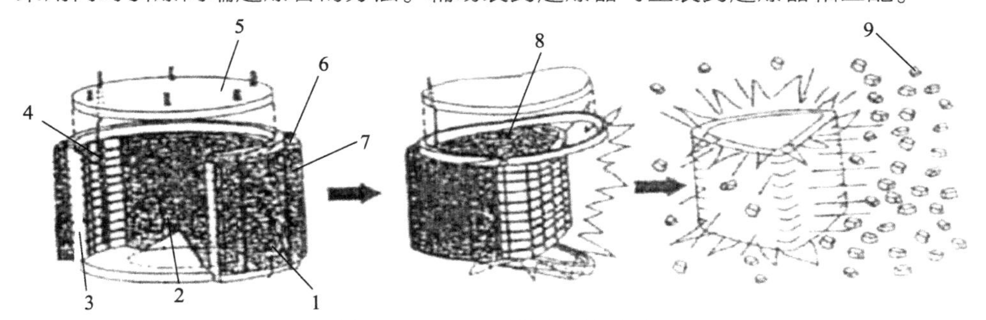

图 3.35　可变形战斗部原理图

1—雷管；2—主装药；3—钢壳；4—主装药起爆线；5—端盖；6—缝隙；7—变形装药；8—压垮的锥穴；9—破片

安装在导弹上的探测装置探测到目标方位，辅助装药起爆器接收起爆信号，引爆战斗部外侧某部分的辅助装药，壳体完成 D 形结构转变后，主装药起爆器发火，主装药爆炸，形成高密度破片云抛向目标。图 3.36 所示为其末段遭遇过程。

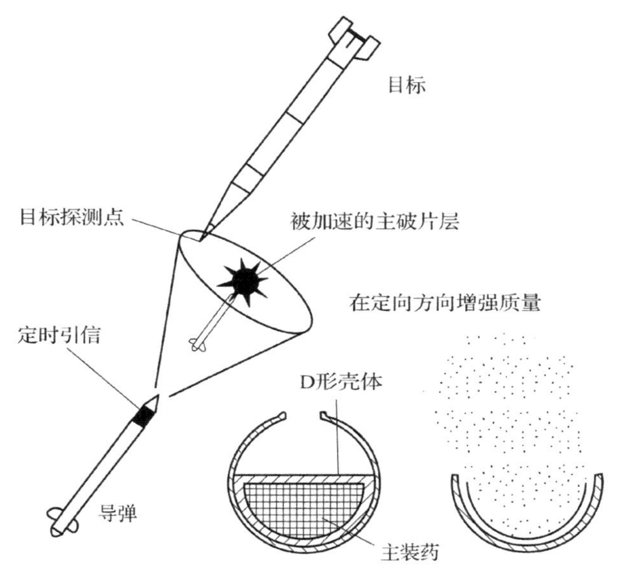

图 3.36　可变形定向战斗部的末端遭遇过程

相对于径向均强型战斗部，此类战斗部在目标方向上的破片数目和初速均有很大的提高，在目标方向上抛撒的金属质量多出30%～50%，同时又减小了战斗部的质量和体积；但主装药必须具备足够的纯感性，能够承受柔性装药爆轰压缩壳体变形的冲击而不发火。研究表明，可变形战斗部在周向15°飞散角范围内，破片数量增益可以达到5～6倍。另外，可变形战斗部应采用外凸结构，并且控制变形段弦长与变形前圆柱形壳体半径的比值。但此类战斗部必须对战斗部装药和起爆系统进行隔爆保护，实际应用难度大。

4. 展开式定向战斗部

在弹目交会阶段，剪开展开式定向战斗部一侧壳体，展开战斗部，主装药驱动全部破片面向目标飞散，从而实现定向方向的高效杀伤。

这类战斗部由4个扇形体组成，通过铰链将相邻壳体连接起来，在扇形体的圆弧面内侧排列着预制破片，扇形主装药之间设置隔离层，隔离层中靠近两个铰链处和战斗部中心处分别放置小型聚能装药和片状装药；两个铰链之间有一压电晶体，起爆主装药的传爆管在对应扇形体两侧平面中心处。当探测到目标方位后，距目标较远侧的小型聚能装药起爆，相对应的铰链被切断，起爆对应位置处的片状装药，使4个扇形体全部面向目标展开，即破片全部面向目标，压电晶体将其受压产生的电流及高压脉冲传递给传爆管，引爆主装药，驱动破片飞向目标，其结构如图3.37所示。

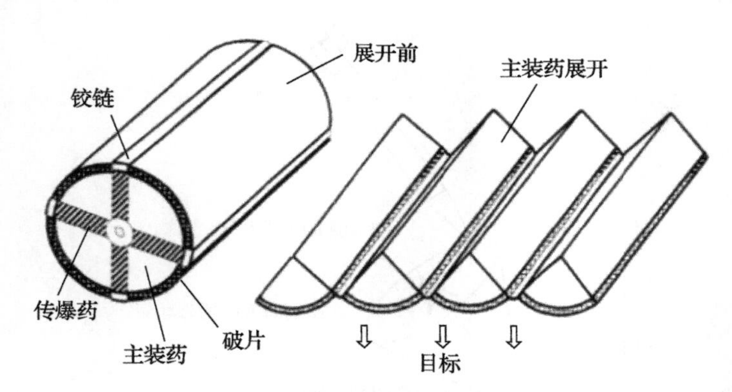

图3.37　展开型定向战斗部结构示意图

由于此类战斗部在弹道末段能使破片全部面向目标，所以定向方向的增益较高，虽然结构的附加质量较大，装药质量降低却较少；其缺点为方位分辨率低，而且扇形展开的响应时间较长，达10 ms量级。所以，在目标具有较高机动性的情况下，战斗部定向精度低、可靠性低、时效性差。

5. 聚焦式定向杀伤战斗部

前面所述的定向战斗部是通过特定的结构或起爆方式，使战斗部的能量在周向方向汇聚并指向目标，而聚焦式战斗部通过特殊的战斗部结构使能量在轴向方向汇聚，其结构如图 3.38 所示。

这类战斗部结构的主要特点是采用内凹式壳体母线，调整爆炸冲击的作用方向，从而控制破片在轴向汇聚成破片聚焦带，增加聚焦带内的破片密度，提高破片聚焦带命中目标后的毁伤能力。

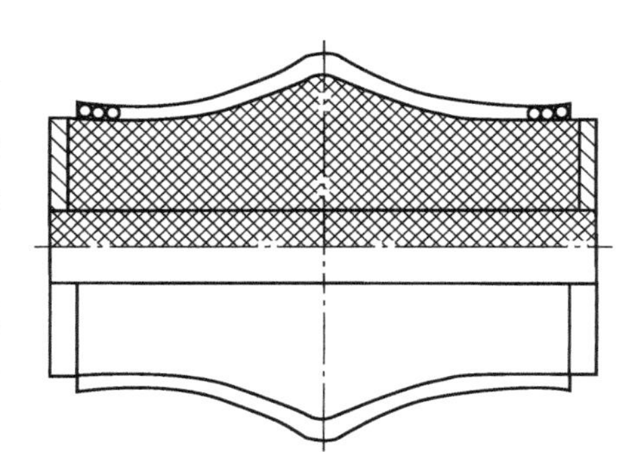

图 3.38　聚焦式定向战斗部结构示意图

聚焦式战斗部提高了聚焦带处的破片密度，打击能量集中，在相同装药条件下，战斗部的威力半径可增大 50% 以上；同时，聚焦效应推动破片聚焦提高其初速，并且聚焦带内破片间的速度差很小，一般不超过 50 m/s。但破片聚焦带宽度相对较小，降低了破片对目标的命中概率，所以，该型战斗部需要通过引战配合设计使聚焦带命中目标的关键舱段，对导弹制导精度要求较高。

6. 可瞄准式定向战斗部

可瞄准式定向战斗部与普通战斗部的不同之处在于，其毁伤元布置在预先制成固定破片飞散角的战斗部端面上。战斗部自身带有随动定向系统。当探测装置探测到目标后，通过定向系统转动调整战斗部端部预制破片的朝向，并在最佳时刻最佳位置快速起爆，使战斗部破片向着弹目遭遇点或弹目相对速度方向运动，从而达到提高威力半径和破片密度增益的效果。可瞄准式战斗部主要由主装药、壳体、端盖及双层破片构成，其基本结构和示意图分别如图 3.39 和图 3.40 所示。

可瞄准战斗部破片的初始速度较高，飞散角固定，飞散密度较大，能针对不同的目标、不同的相对速度和不同的脱靶量参数实现对目标的高效毁伤，因而杀伤威力强，在拦截高速空中目标时，有很好的打击效果；但爆轰能量很难集中于战斗部轴线方向，炸药能量利用率低。由于存在机械惯性，破片难以准确锁定高速飞行的目标，对导弹的制导精度要求很高，功能实现难度大。

通过前面对几种典型结构的介绍，将各类战斗部的特点总结于表 3.9。

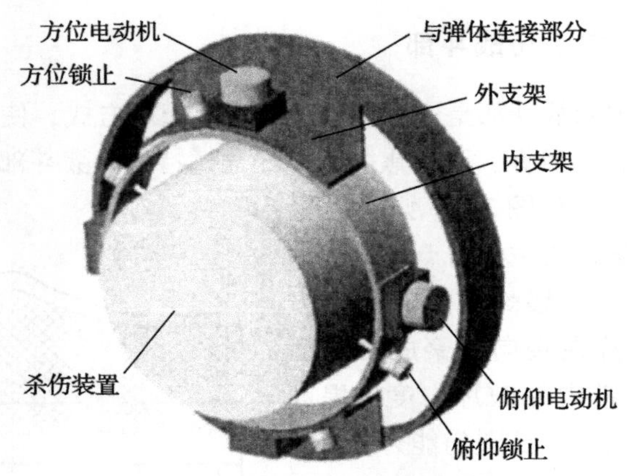

图 3.39　可瞄准式战斗部结构图

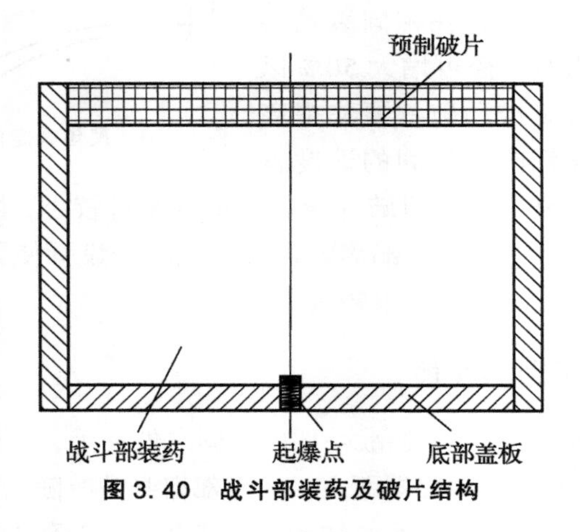

图 3.40　战斗部装药及破片结构

表 3.9　典型定向战斗部的特点

定向战斗部类型	优点	缺点
偏心式	战斗部结构较为简单，易实现；两线和三线起爆时，在定向方向 90°范围内，能量增益可达到 42% 以上	破片置于战斗部外层，定向效果相对较差，密度增益不明显
破片芯式	定向方向战斗部壳体打开迅速，延迟时间短，可靠性比较高，对提高目标方向上的破片数目和破片速度具有较好的效果	主装药起爆后，形成多方向的爆轰冲击，易引起破片破碎；附加质量大

续表

定向战斗部类型	优点	缺点
可变形式	目标方向上的破片数目和初始速度均有较大提高，在目标方向上抛撒的金属质量多出 30%～50%	对主装药钝感性要求很高，对战斗部装药和起爆系统进行隔爆保护，实际应用难度大
展开式	在弹道末段能使破片全部面向目标，定向方向的增益较高，装药质量降低少	结构的附加质量大，结构展开时间较长，战斗部定向精度低、可靠性低、时效性差
聚焦式	聚焦带处破片密度增加，破片速度分布范围小，可提高命中目标的毁伤能力	破片带宽度减小，对目标的命中概率降低，对导弹制导精度要求高
可瞄准式	破片的初始速度较高，飞散角固定，飞散密度较大，可叠加弹目交会速度，杀伤威力强，在拦截高速空中目标时，有很好的打击效果	爆轰能量很难集中于战斗部轴线方向，炸药能量利用率低；难以准确锁定高速目标，功能实现难度大

3.3.3　定向战斗部的技术问题

1. 破片最大初速度计算

R. W. Gurney 在 1943 年提出炸药加速金属壳体的半经验流体力学理论，该理论导出的相应公式到目前为止仍在工程设计计算中被广泛应用。用于计算炸药加速二维轴对称金属壳体最大初速度的 Gurney 方程做出了如下假设：在炸药与金属壳体系统中，炸药的化学能完全转化成爆轰产物气体的动能和金属壳体的动能，赋予它们以速度；爆轰产物气体的速度沿径向分布是线性的，并且在与壳体接触面上与壳体运动速度相同；炸药爆轰后，爆轰产物气体均匀膨胀，并且密度处处相等；忽略反应区后产生的稀疏波的影响。

图 3.41 为 Gurney 公式计算示意图，该图为战斗部轴向剖视图，其中战斗部装药质量为 C，战斗部壳体质量为 M，战斗部装药半径为 R_m，战斗部壳体半径为 R，壳体壁厚为 t_m。

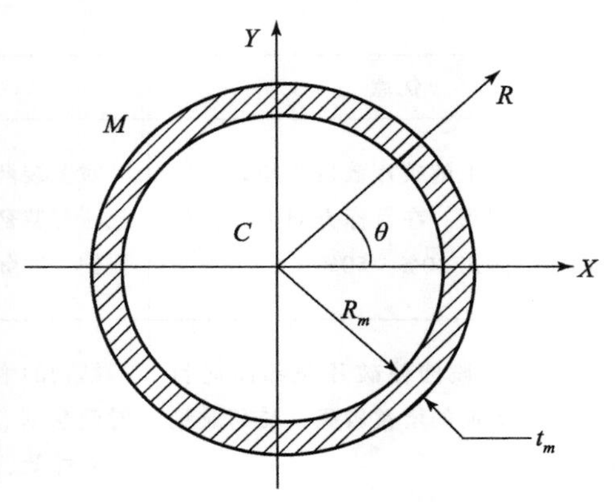

图 3.41　Gurney 公式计算示意图

根据以上假设，对于二维轴对称情况，有

$$CE = E_{gas} + E_{frag} \tag{3.133}$$

式中，C 为装药质量；E 为单位质量装药能量；E_{gas} 为爆轰产物动能；E_{frag} 为壳体破裂后形成破片的动能。爆轰后，任意 r 处的爆轰产物速度为

$$v_{gas} = \frac{r}{r_m} v_0 \tag{3.134}$$

式中，v_0 为壳体速度。因此，爆轰产物的总动能为

$$E_{gas} = \int \frac{1}{2} v_{gas}^2 \mathrm{d}c \tag{3.135}$$

若装药高度为 h，则

$$\mathrm{d}C = \rho_{gas} h r \mathrm{d}r \mathrm{d}\theta \tag{3.136}$$

式中，$\rho_{gas} = \dfrac{C}{\pi r_m^2 h}$，连同式（3.136）代入式（3.135），得

$$\begin{aligned} E_{gas} &= \int \frac{1}{2} v_{gas}^2 \mathrm{d}C = \iint \frac{1}{2} v_{gas}^2 h \rho_{gas} r \mathrm{d}r \mathrm{d}\theta \\ &= \frac{1}{2} \frac{C v_0^2}{\pi r_m^4} \int_0^{2\pi} \mathrm{d}\theta \int_0^r r^3 \mathrm{d}r = \frac{1}{4} C v_0^2 \end{aligned} \tag{3.137}$$

代入式（3.133），得

$$CE = \frac{1}{2} M v_0^2 + \frac{1}{4} C v_0^2 \tag{3.138}$$

式中，M 为壳体质量。整理上式，可得

$$v_0 = \sqrt{2E} \sqrt{\frac{C}{M + \dfrac{C}{2}}} \tag{3.139}$$

通过引入系数装填比，上式可简化为：

$$v_0 = \sqrt{2E}\sqrt{\frac{\beta}{1+0.5\beta}} \tag{3.140}$$

式中，$\sqrt{2E}$是一个以速度为单位的炸药参数，又称为炸药的 Gurney 速度、Gurney 常数或 Gurney 能，它是衡量炸药对金属壳体加速能力的参数，其大小通常通过圆筒试验来测定。

由于 Gurney 公式中假定装药和壳体均为无限长，没有考虑端部效应对壳体形成破片初速的影响，因此计算结果偏大，一般比实际破片初速大 10% 左右。为了更为精确地计算出破片初速，许多学者利用试验、理论和数值模拟方法对 Gurney 公式进行了改进。改进后的 Gurney 修正公式为

$$v_0 = \sqrt{2E}\left\{\frac{C}{M}\Big/\left[\left(1+\frac{D_e}{2L}\right)\left(1+\frac{C}{2M}\right)\right]\right\}^{1/2} \tag{3.141}$$

式中，C 为炸药质量；M 为壳体质量；D 为炸药装药直径；$\sqrt{2E}$为炸药的 Gurney 能；v_0 为破片平均初速度；L 为装药长度。

如图 3.42 所示，对中心有孔的战斗部破片速度可由下式给出：

$$v_0 = \sqrt{2E}\left[\frac{AC}{M}\Bigg/\left(\left\{1+\frac{AC}{M}\left[\frac{3+\frac{R_1}{R_0}}{6\left(1+\frac{R_1}{R_0}\right)}\right]\right\}^{\frac{1}{2}}\left\{1+\frac{D}{2L}\left(1-\frac{R_1}{R_0}\right)^2\right\}\right)\right] \tag{3.142}$$

式中，R_0 为装药半径；R_1 为中心孔半径；A 为能量利用系数，表示炸药装药能量的利用率，与起爆点偏离战斗部中心的距离有关。

对于单点中心起爆各项均匀爆轰，起爆点位于战斗部中心，那么 $A=1$；对于偏心起爆定向战斗部，当起爆点位于装药最外侧即偏离中心点最远处时，则 $A=2$。根据式（3.142）可计算偏心多点起爆战斗部破片最大初速。

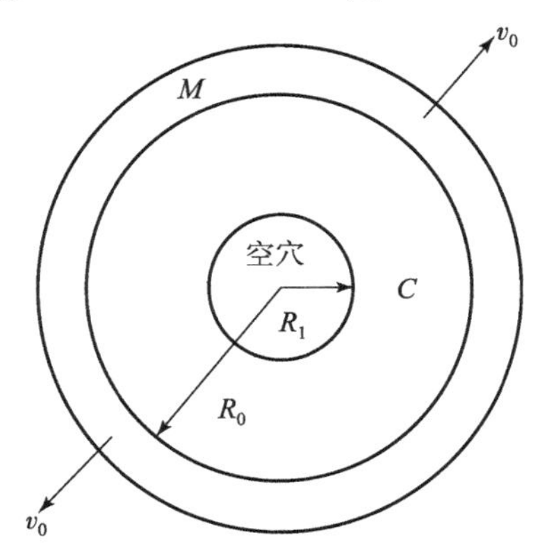

图 3.42 中心有孔的柱形战斗部

例如，某战斗部装填比为 1，中心孔半径 $R_1=10$ mm，装药半径 $R_0=100$ mm，装药直径 $D=2R_0=20$ m，某炸药 Gurney 能系数 $\sqrt{2E}=2\ 780$ ms，将以上参数代入式（3.142），计算得出普通中心点起爆战斗部破片初速 $v_{单点0}=2\ 008.7$ m/s，偏心起爆定向战斗部破片最大初速 $v_{定向0}=2\ 456.8$ m/s，则偏心起爆定向战斗部比中心点起爆战斗部破片最大初速提高了$(2\ 456.8-2\ 008.7)/2\ 008.7\times100\%=22.3\%$。以上分析表明圆周方向偏心起爆可以使破片最大速度提高 20% 以上。

2. 起爆方式分析

同时，对于不变的 *C/M* 比，Richard M Lioyd 的研究表明，沿战斗部轴向两端同时起爆也可提高破片速度 20% 左右。两端起爆战斗部如图 3.43 所示。

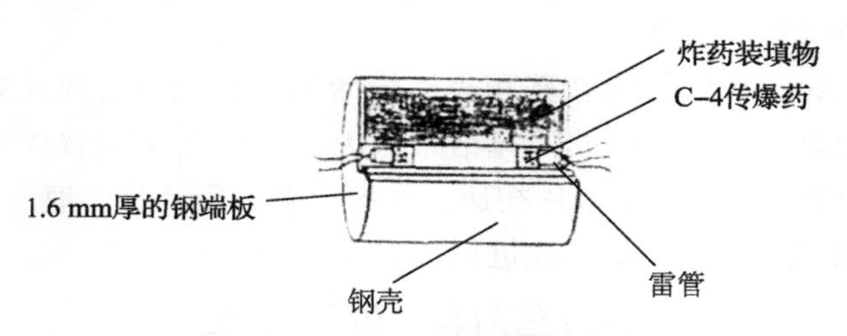

图 3.43　两端起爆战斗部构型

将战斗部圆周方向偏心起爆，可以使破片速度提高 20% 以上，将战斗部轴向两端同时起爆，也可以使破片速度提高 20% 左右，将两项因素综合叠加，战斗部采用偏心多点起爆方式，即“圆周方向偏心起爆 + 轴向多点起爆”，可以使战斗部破片最大速度提高 $(1.20\times1.20-1)\times100\%=44\%$ 以上。

研究表明，如果两端起爆点放在战斗部最远的端面，战斗部轴向中心破片实际的交叉飞散现象如图 3.44 所示，破片相互碰撞，导致破碎率增加，产生的最大破片速度将低于它应有的最大速度。在这种情况下，战斗部速度轴向分布有尖峰形状。将两端起爆点同时向战斗部轴向中心偏移一定距离，可使战斗部具有较高速度的破片所占百分比提高。为避免轴向中心破片交叉碰撞而破碎，同时提高高速破片的分布宽度，在工程可实现的前提下，战斗部轴向母线上的起爆点个数设计为 3 个。

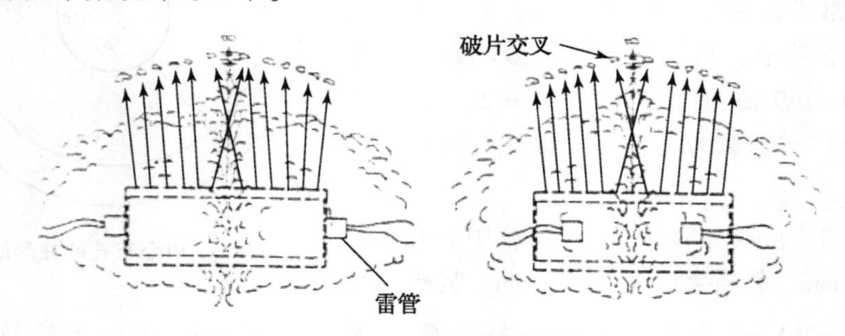

图 3.44　两端起爆战斗部破片飞散方向

因此，定向战斗部多点偏心起爆设计为“圆周方向八分位 + 轴向每条母线三点”的形式，如图 3.45 所示。即战斗部定向起爆网络采用八分位 [图 3.45 (b)]，战斗部壳体内壁上有 8 根传爆网络条，每根传爆网络条上有 3 个起爆点［图 3.45（a）］，战斗部共计有 24 个起爆点。

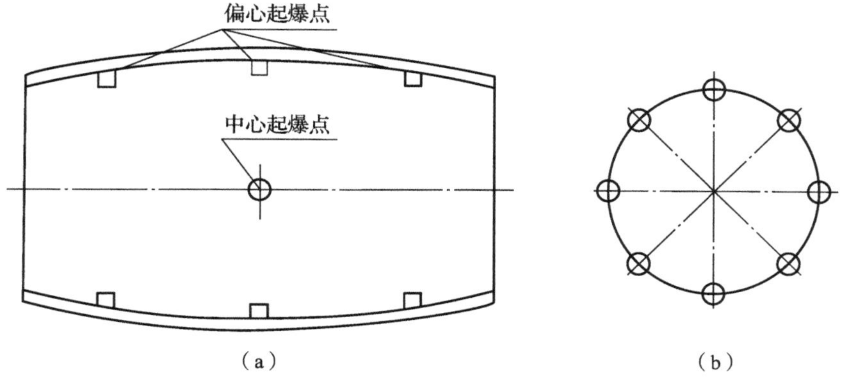

图 3.45　偏心多点起爆设计示意图

战斗部可选择的偏心多点起爆方式如图 3.46 和表 3.10 所示。

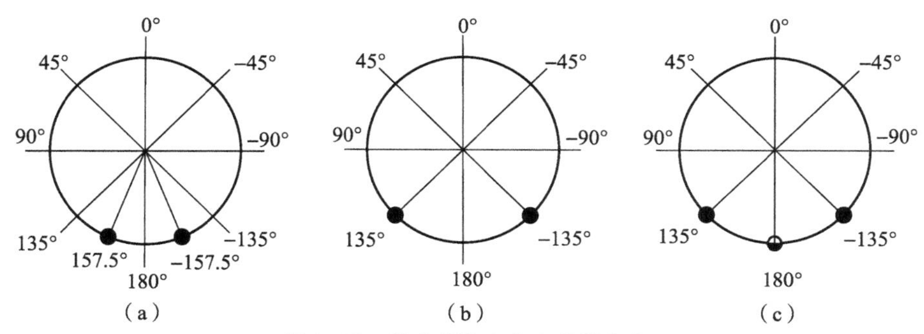

图 3.46　战斗部偏心多点起爆方式

（a）45° 6 点邻位起爆；（b）90° 6 点间位起爆；（c）90° 9 点连位起爆

表 3.10　战斗部起爆方式与对应位置

序号	起爆方式	起爆位置
1	中心一点	战斗部几何中心
2	45° 6 点邻位	圆周夹角 45°的两条母线上 6 点
3	90° 6 点间位	圆周夹角 90°的两条母线上 6 点
4	90° 9 点连位	圆周夹角 90°的三条母线上 9 点

3. 偏心多点同时起爆网络研究

定向战斗部是利用偏心多点同时起爆网络实现战斗部定向起爆的，因此偏心多点同时起爆网络是偏心起爆定向战斗部实现的基础和关键技术。偏心多点同时起爆网络的形式较多，目前常见的是基于“拐角”效应的炸药装药爆炸逻辑网络和导爆索制成的多点同时起爆网络。炸药装药爆炸逻辑网络线路复杂，而常用的炸药稳定爆轰临界直径均在 2 m 以上，在有限的平面内需要实现爆炸与门、非门等多种逻辑功能，其装药量较大，造成网络线路可靠性较差；导爆索制成的柔性多点同时起爆网络则不具备方位选择起爆功能，只能实现特定的起爆方式，并且导爆索的强度和在战斗部上的固定均存在问题。为此，定向战斗部需要在借鉴炸药装药爆炸逻辑网络设计思想的基础上，通过精心设计，简化起爆网络线路和方位选通逻辑功能，减少网络装药量，设计结构简单、安全可靠、同时性好的八分位偏心多点同时起爆网络，以实现战斗部的偏心多点同时起爆和定向杀伤功能。

1）偏心多点同时起爆网络系统组成

偏心多点同时起爆网络包括圆周方向的定向起爆网络和沿弹轴母线方向的传爆网络。定向起爆网络由传播爆轰能量的炸药装药网络线路、方位选通及网络隔爆槽等组成，传爆网络由炸药装药网络线路和网络隔爆槽组成，组成框图如图 3.47 所示。

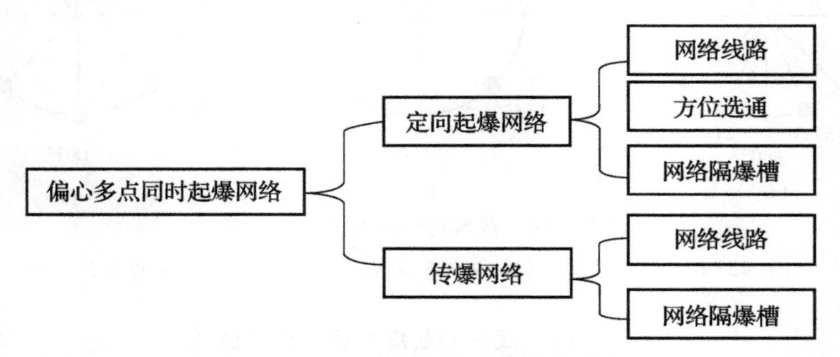

图 3.47　偏心多点同时起爆网络构成框图

定向起爆网络由一个主引爆点通过网络线路将起爆能量分成 8 个圆周方位引爆点，在 8 个方位网络线路上由方位选通开关控制该线路的“通”与“断”。8 个圆周方位引爆点分别与位于战斗部壳体母线上的 8 根传爆网络相连，每根传爆网络都能将由一个圆周方位引爆点输出的起爆能量通过网络线路分成三点起爆能量，通过 3 个扩爆药柱同时偏心起爆战斗部主装药。这样，由安全执行机构输出的起爆能量便通过定向起爆网络线路和传爆网络线路传输给每一个扩爆药柱，进而多点同时起爆主装药。

2）网络线路设计

网络线路是爆轰能量传播的通路。定向起爆网络线路设计成八分位，将一

个主引爆点输出的爆轰能量分成8个圆周方位引爆点，即圆周方向每隔45°有一个爆轰能量输出点。当安执机构将主引爆点引爆后，通过网络线路将输出的起爆能量传递给战斗部中心扩爆药柱或圆周方位偏心扩爆药柱，实现战斗部的中心一点起爆或偏心多点定向起爆。网络线路采用对称性结构设计，即圆周八分位上的8条网络线路结构完全一致，长度相等，设计的典型单支起爆网络线路逻辑示意图如图3.48所示。主引爆点1输出的爆轰能量经网络线路2可传输给圆周方位引爆点5，由方位选通开关3控制该网络线路的通断。当方位选通开关3作用时，将短路网络线路（2－1）切断，爆轰能量经由左侧的网络线路（2－2）传递到圆周方位引爆点5；如果方位选通开关3不作用，短路网络线路利用T形炸药槽Ⅱ（4）将网络线路（2－2）切断，则爆轰能量不能由主引爆点1传递到圆周方位引爆点5。

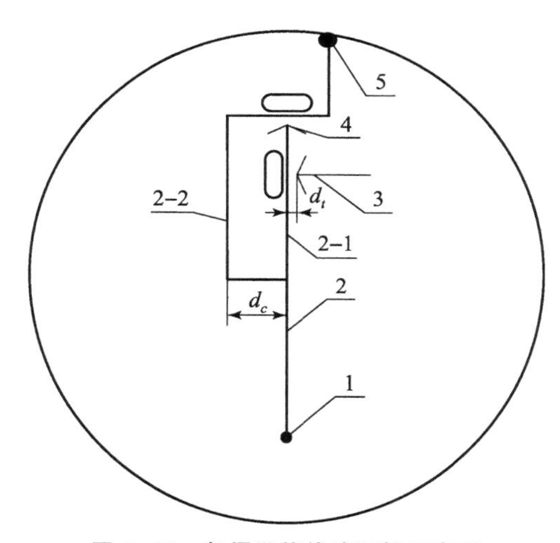

图3.48　起爆网络线路逻辑示意图

1—主引爆点；2—网络线路；3—方位选通开关；
4—T形炸药槽Ⅱ；5—圆周方位引爆点

为保证网络线路可靠传爆，网络线路沟槽截面尺寸 A_w 应大于网络装药的临界可靠传爆尺寸 A_{min}，即

$$A_w \geqslant A_{min} \tag{3.143}$$

A_{min}值依据网络装药品种不同而不同，一般网络装药的临界可靠传爆尺寸在2 mm×2 mm以上，以DNTF为基的网络装药临界可靠传爆尺寸为0.5 mm×1 mm。为提高网络线路传爆可靠性和可加工性，网络线路沟槽截面尺寸确定为1 mm×1 mm，如图3.49所示。

为保证一条网络线路传爆时，与其相邻的网络线路不被殉爆，两条网络线路

之间的间距 d_c（图 3.48）依据网络线路之间的最小允许间距 δ_{min} 选取，一般地，

$$d_c \geqslant \delta_{min} \quad (3.144)$$

式中，d_c 为两条网络线路之间的距离；δ_{min} 为保证相邻两条网络线路之间不殉爆的最小距离。

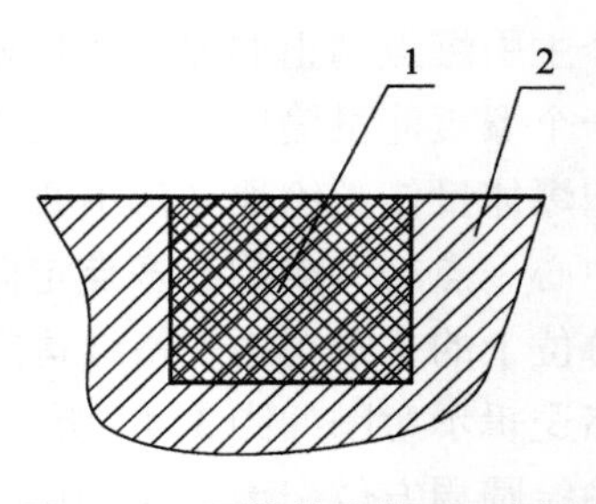

图 3.49　网络线路截面示意图
1—网络线路装药；2—网络基体

3）方位选通开关设计

方位选通开关（图 3.48）的作用是保证导弹选定的网络线路正常传爆，而没有选定的网络线路断开。当方位选通开关 3 作用时，主引爆点 1 输出的爆轰能量能够经由网络线路传递到圆周方位引爆点 5；方位选通开关 3 不作用，主引爆点 1 输出的爆轰能量不能传递到圆周方位引爆点 5。利用 T 形炸药槽作为网络线路方位选通的开关。T 形炸药被方位雷管引爆后，该条网络的爆轰能量能继续向下传递到传爆条，进而引爆主装药；若方位雷管不起爆，即使主起爆点被意外刺激而引爆，爆轰能量也不能向下传递，即网络线路有自封闭功能，因此保证了网络使用的安全性。

T 形炸药槽与网络线路之间的距离 d_t 取值为

$$d_t = \delta_{min} \quad (3.145)$$

即保证 T 形炸药槽与网络线路不殉爆，同时保证 T 形炸药槽能切断与之相邻的网络线路。

4）网络装药选取

对比研究了挠性橡皮炸药、导爆索作为网络线路及装药，但均因爆速极差过大、多点起爆同时性差、装药截面尺寸大、拐角效应大而无法满足爆炸逻辑网络的使用要求，见表 3.11。

表 3.11　网络装药性能对比

名称	挠性橡皮炸药	导爆索	以 DNTF 为基的网络炸药
爆速/$(m \cdot s^{-1})$	6 400	7 500	8 600
爆速差/$(m \cdot s^{-1})$	≥100	≥100	≤30
爆轰临界尺寸/(mm×mm)	2×2	2×1	0.2×1
拐角效应/(°)	90	—	30

为提高网络多点起爆的同时性，以第三代高能炸药 DNTF 为基作网络专用混合炸药，该炸药爆速高（实测爆速大于 8 600 m/s），爆速极差小（小于 30 m/s，

一般炸药爆速极差在 100 m/s 以上)，临界尺寸小（临界尺寸为 0.2 mm × 1 mm，在 0.5 mm × 1 mm 的截面尺寸下就可稳定传爆)，拐角效应小（在 30° 拐角仍可稳定传爆，而一般炸药在 90° 拐角就出现爆轰死区)，传爆可靠。利用该炸药实现网络装药，装药量小，装药密度高、一致性好，可大幅提高网络多点起爆的同时性。

5）网络隔爆方式

为实现战斗部的圆周方位多点偏心起爆，在定向起爆网络和传爆网络窄小的平面内，需排布多条网络线路。密集的网络线路之间往往出现殉爆或爆速提高的现象，从而影响网络作用的可靠性和同时性，并且随网络装药量的加大而加剧。

在相邻的网络线路之间利用 U 形槽作为网络线路隔爆，将网络线路的爆轰能量卸载到 U 形槽内，利用空气隙将能量衰减，从而保证相邻网络线路不被殉爆，达到了网络隔爆的目的，保证了网络线路的正常传爆，同时达到了网络小型化、轻量化设计目的。

6）网络起爆同时性测试

偏心多点起爆网络的多点起爆同时性直接影响定向战斗部的增益效果和定向方向的准确性。只有同时性好，才能保证战斗部定向增益效果和定向方向的准确，使目标方向能量增益最大化。为此，对研制的偏心多点起爆网络的多点起爆同时性进行试验测试研究。主要测试内容包括：

（1）八分位定向起爆网络多点起爆同时性测试。测试从八分位定向起爆网络主引爆点到 8 个圆周方位引爆点的传爆时间。

（2）偏心多点起爆网络（包括定向起爆网络和传爆网络）多点起爆同时性。测试从八分位定向起爆网络主引爆点到经由 8 个圆周方位引爆点到 8 根传爆网络上每个起爆药柱的传爆时间。

3.3.4　定向战斗部的能量增益

1. θ 角内破片数量增益

θ 角内的破片数量增益 ΔN 定义为

$$\Delta N = (N_{定\theta} - N_{普\theta}) / N_{普\theta} \times 100\% \tag{3.146}$$

式中，$N_{定\theta}$为角内定向战斗部的破片数量（枚）；$N_{普\theta}$为中心一点起爆普通战斗部 θ 角内的破片平均数量（枚）。

该式表示战斗部采用偏心多点起爆方式后，其在角内的破片数量较普通中心点起爆战斗部在 θ 角内的破片数量的增量与普通中心点起爆战斗部在 θ 角内

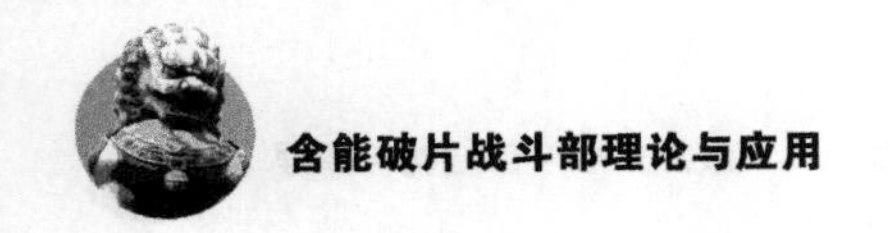

的破片数量的比值，即定向战斗部在 θ 角内的破片数量增益。

2. θ 角内破片速度增益

θ 角内的破片平均速度增益 Δv_{θ} 定义为

$$\Delta v_{\theta} = (v_{定\theta} - v_{普})/v_{普} \times 100\% \tag{3.147}$$

式中，$v_{定\theta}$为 θ 角内定向战斗部破片平均速度的平均值（m/s）；$v_{普}$为普通战斗部破片平均速度的平均值（m/s）。

该式表示战斗部采用偏心多点起爆方式后，其在 θ 角内的破片平均速度较普通中心点起爆战斗部破片平均速度的增量与普通中心点起爆战斗部破片平均初速的比值，即定向战斗部在 θ 角内的破片速度增益。

3. 定向战斗部增益试验

主要对偏心起爆定向战斗部和滑块式定向战斗部进行试验研究，得到两种定向战斗部的破片初速分布及目标方位的破片数目密度，检验数值计算结果的正确性及滑块式定向战斗部的增益能力。

1）试验目的

对偏心起爆定向战斗部和滑块式高密度定向战斗部的破片飞散过程进行静爆试验研究，主要试验内容包括以下三个方面：①测试偏心起爆定向战斗部在不同方位的破片速度及定向方向的破片密度；②测试滑块式定向战斗部在不同方位破片速度和定向方向的破片密度；③对比研究滑块式定向战斗部的定向增益能力。

2）试验装置及材料

偏心起爆定向战斗部试验结构：偏心起爆定向战斗部典型结构见 3.3.2 节，实物照片如图 3.50 所示。

图 3.50　偏心起爆定向战斗部

滑块式定向战斗部试验结构：滑块式定向战斗部实物照片如图 3.51 所示，试验为滑块滑到位后的静爆试验，因而将预置破片对称放置两列，一列在起爆点方位，另一列在起爆点的相对方向，如图 3.51（b）所示。

（a）　（b）

（c）　（d）

图 3.51　滑块式定向战斗部

（a）外形；（b）内部结构；（c）装药；（d）预制破片

其他试验装置：试验中所用其他试验装置有起爆装置、测速装置和破片密度测试装置。其中，起爆装置包括起爆器、导爆管和传爆药，如图 3.52 所示；测速装置由测速网靶通靶、测时仪及导线组成，如图 3.53 所示；破片密度测试装置是由 7 块松木靶构成的扇形靶，单块松木靶高 1.5 m，宽 0.5 m，厚 20 mm，如图 3.54 所示。

图 3.52　起爆装置

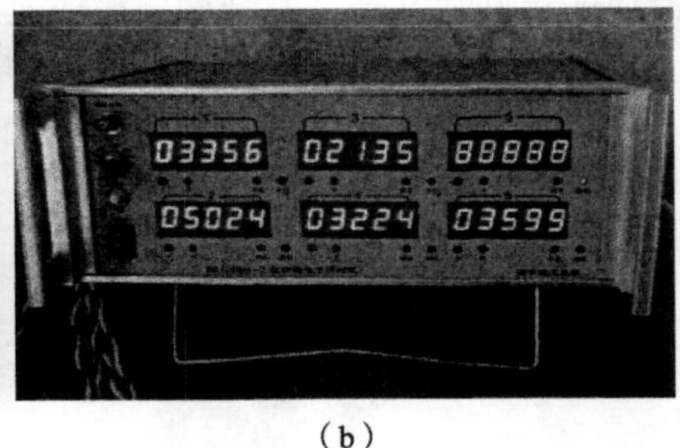

（a）　　　　　　　　　　　　　　（b）

图 3.53　测速装置

（a）测速网靶通靶；（b）测时仪

图 3.54　破片数目密度测试用松木靶

3）试验方案与布置

试验方案：本试验共测试 4 发弹，其中 2 发为偏心定向战斗部，2 发为滑块式定向战斗部。用测速靶测定战斗部破片的初速，用松木靶测定战斗部在某一个方向上的破片数目。

试验测试原理：①测速原理，破片初速测定的方法比较多，目前使用比较多的有断靶测速法、通靶测速法及高速摄影测速法。本试验采用通靶测速法，利用测速靶和测时仪测出破片飞行到一定距离所用时间，从而计算出破片初速。战斗部引爆瞬间，贴在战斗部外表面的导线连通，给测时仪传递启动信号，测时仪开始计时。测速靶由两张铝箔纸组成，中间隔有绝缘纸。当破片穿透测速靶时，测速靶上前后两张铝箔纸导通，测时仪接到一个终止信号，此时，计时器上的读数即为破片从战斗部炸点处到测速靶的时间。由测速靶到战斗部的距离，便可以得到破片飞行此段距离的平均速度，近似认为是战斗部爆炸后形成的破片初速。②破片密度测试原理，战斗部引爆后，破片向四周飞散，在某个方位周向放置松木靶。通过记录破片在松木靶上的破片穿孔数目，并除以靶板的面积，便可得到该方向上一定角度范围内破片的分布密度。

试验场地布置：试验场地布置侧面示意图如图 3.55 所示，俯视图如图 3.56 所示。战斗部中心到地面的高度为 1.5 m，以战斗部中心在地面上的投影为圆心，设定圆心到偏心起爆点在地面的投影所形成的射线为 0°方向，逆时针方向为正。在相对于起爆点的方位布置 7 块扇形松木靶。在半径为 7 m 的圆周上，在 180° ~225°的圆弧上布置 2 ~7 号扇形靶，1 号靶用于收集边界飞出的破片。每块松木靶的高为 3 m，宽为 1 m，厚 0.02 m。在 0° ~180°范围内，每隔 45°布置一块测速靶，共 5 块测速靶，测速靶中心与战斗部中心等高。

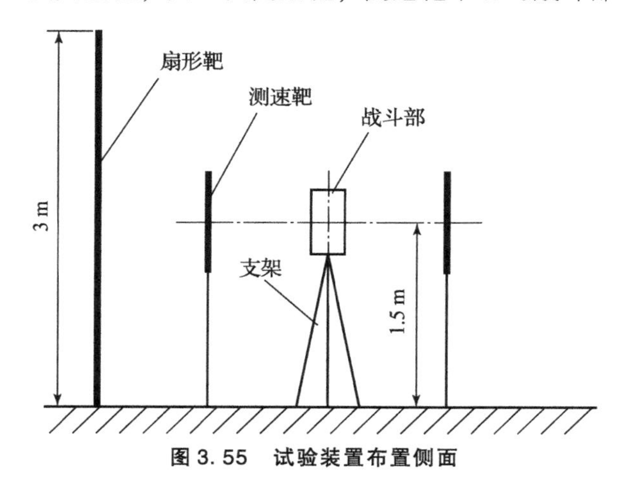

图 3.55　试验装置布置侧面

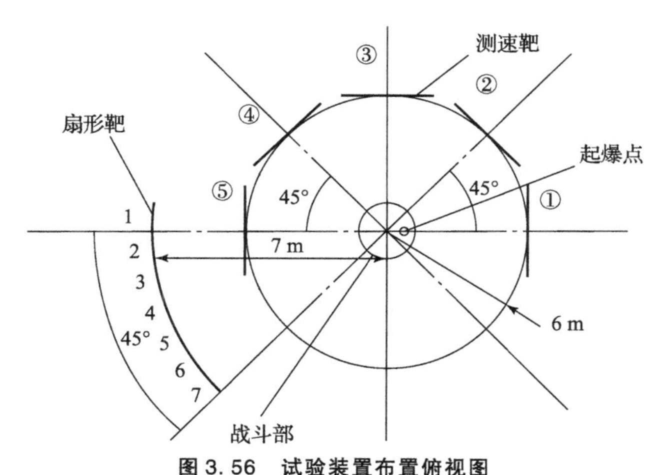

图 3.56　试验装置布置俯视图

滑块式定向战斗部试验布置如图 3.57 所示。扇形松木靶距离战斗部中心 8 m。①号测速靶与②号测速靶之间夹角为 50°（主要测试滑块边界的破片初速），其他与偏心起爆定向战斗部布置相同。现场试验布置照片如图 3.58 所示。

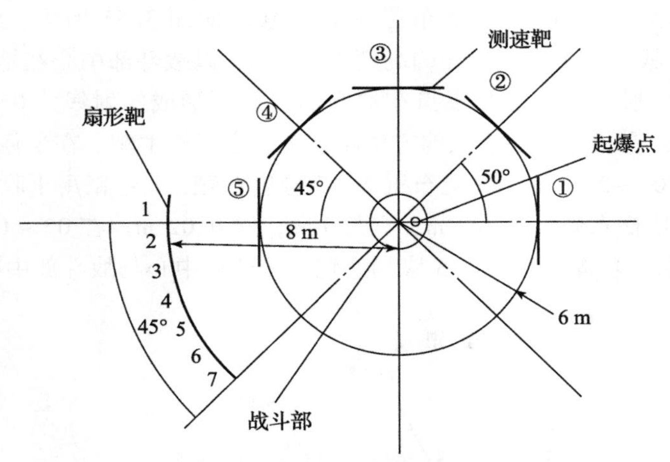

图 3.57　滑块式定向战斗部试验布置示意图

图 3.58　现场试验布置照片

参 考 文 献

[1] 黄正祥，祖旭东. 终点效应 [M]. 北京：科学出版社，2014.

[2] 卢芳云，李翔宇，林玉亮. 战斗部结构与原理 [M]. 北京：科学出版社，2009.

[3] 王树山. 终点效应学 [M]. 2 版. 北京：科学出版社，2019.

[4] Ames R G. Energy release characteristics of impact - initiated energetic materials [J]. Mrs Proceedings, 2005, 896 (3): 321 - 333.

[5] 柏小娜. 滑块式定向战斗部能量增益研究 [D]. 南京：南京理工大学，2016.

[6] 孙兴昀. 定向战斗部偏心多点起爆技术及其增益效能研究 [D]. 南京：南京理工大学，2013.

[7] 张宝平，张庆明，黄风雷．爆轰物理学 [M]．北京：兵器工业出版社，2009.
[8] 陈兴，周兰伟，李向东，等．破片式战斗部破片与冲击波相遇位置研究 [J]．高压物理学报，2018，32 (6)：065101.
[9] 王儒策，赵国志．弹丸终点效应 [M]．北京：北京理工大学出版社，1993.
[10] 卢芳云，蒋邦海，李翔宇，等．武器战斗部投射与毁伤 [M]．北京：科学出版社，2013.
[11] 翁佩英，任国民，于骐．弹药靶场试验 [M]．北京：兵器工业出版社 1995.
[12] 许俊峰，姜春兰，李明．引制一体化与可瞄准战斗部配合技术研究 [J]．兵工学报，2014，35 (2)：176－181.
[13] 石志彬，高敏，杨锁昌，等．瞄准式战斗部杀伤装置结构设计研究 [J]．兵工学报，2013，34 (3)：373－377.
[14] 孙兴昀．定向战斗部偏心多点起爆技术及其增益效能研究 [D]．南京：南京理工大学，2013.
[15] 毛亮，姜春兰，严翰新，等．可瞄准预制破片战斗部数值模拟与试验研究 [J]．振动与冲击，2012，31 (13)：66－70＋75.
[16] 夏长峰．不对称引爆增益破片定向战斗部研究 [D]．南京：南京理工大学，2010.
[17] 宋柳丽．偏心起爆式定向战斗部破片速度分布及增益研究 [D]．南京：南京理工大学，2008.
[18] 毛东方．连续杆战斗部毁伤元的驱动及对目标毁伤过程的数值模拟研究 [D]．南京：南京理工大学，2007.
[19] 马征，宁建国，马天宝．展开型定向战斗部展开过程的理论计算与数值模拟 [J]．弹箭与制导学报，2007 (1)：111－114.
[20] 李记刚，余文力，王涛．定向战斗部的研究现状及发展趋势 [J]．飞航导弹，2005 (5)：25－29.
[21] 曾新吾，王志兵，张震宇，等，谭多望．爆炸变形战斗部初探 [J]．兵工学报，2004 (3)：285－288.
[22] 张天光．美英定向战斗部的研究与应用 [J]．航空兵器，2002 (3)：38－41.
[23] 范中波，周淑荣，杭义洪，等．爆炸变形式定向战斗部的数值仿真研究 [J]．兵工学报，2001 (3)：334－337.

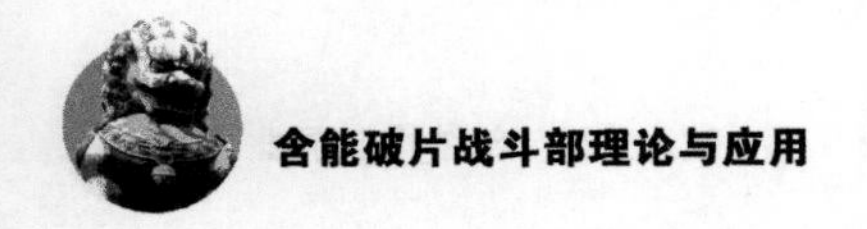

[24] 李静海．防空导弹战斗部的分析与发展研究［J］．中国航天，2001（3）：41－45．

[25] 王海亭．定向战斗部的先进性及其关键技术［J］．航空兵器，1997（6）：19－22．

[26] 王凯民，符绿化．定向破片战斗部及其多点起爆系统［J］．火工品，1995（3）：33－38．

第4章

含能破片战斗部数值仿真技术

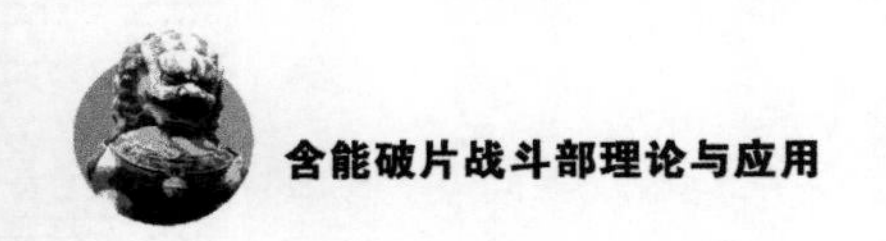

4.1 数值仿真软件简介

4.1.1 有限元方法

仿真分析的任务，就是从无限维空间转化到有限维空间，把连续体转变为离散型的结构。有限元方法是利用场函数分片多项式逼近模式来实现离散化过程，也就是说，有限元方法依赖于这样的有限维子空间：它的基函数系是具有微小支集的函数系，这样的函数系与大范围分析相结合，反映了场内任何两个局部地点场变量的相互依赖关系。任何一个局部地点，它的影响函数和影响区域正是基函数本身和它的支集。在线性力学范畴里，场内处于不同位置的力相互作用产生的能量，可用双线性泛函 $B(\varphi_i,\ \varphi_j)$ 来表示，其中 φ_i，φ_j 正是相应地点的基函数。$B(\varphi_i,\ \varphi_j)$ 的大小与 φ_i，φ_j 支集的交集大小有关，如果两个支集的测度为零，则 $B(\varphi_i,\ \varphi_j)=0$，因此，离散化所得到的方程的系数矩阵是稀疏的。若区域分割细小化，则支集不相交的基函数对越多，矩阵也就越稀疏，这给数值解法带来了极大方便。动力非线性有限元技术由于具有可以综合考虑爆炸空气冲击波载荷的复杂时程曲线等优点，所以是进行结构工程抗爆研究分析的有力工具，有限元法的计算思路可归纳为：

1. 物体离散化

将某个工程结构离散为由各种单元组成的计算模型，这一步称作单元剖

分。离散后单元与单元之间利用单元的节点相互连接起来；单元节点的设置、性质、数目等由问题的性质、描述变形形态的需要和计算进度而定（一般情况下，单元划分越细，则描述变形情况越精确，即越接近实际变形，但计算量越大）。所以，有限元中分析的结构已不是原有的物体或结构物，而是由新材料的众多单元以一定方式连接成的离散物体。这样，用有限元分析计算所获得的结果只是近似的。如果划分单元数目非常多且合理，则所获得的结果就与实际情况相符合。

2. 单元特性分析

在有限单元法中，选择节点位移作为基本未知量时，称为位移法；选择节点力作为基本未知量时，称为力法；取一部分节点力和一部分节点位移作为基本未知量时，称为混合法。位移法易于实现计算自动化，所以，在有限单元法中应用范围最广。当采用位移法时，物体或结构物离散化之后，就可把单元中的一些物理量如位移、应变和应力等用节点位移来表示，这时可以对单元中位移的分布采用一些能逼近原函数的近似函数予以描述。通常，有限元法中就将位移表示为坐标变量的简单函数，这种函数称为位移模式或位移函数。根据单元的材料性质、形状、尺寸、节点数目、位置及其含义等，找出单元节点力和节点位移的关系式，这是单元分析中的关键一步。此时需要应用弹性力学中的几何方程和物理方程来建立力和位移的方程式，从而导出单元刚度矩阵，这是有限元法的基本步骤之一。物体离散化后，假定力是通过节点从一个单元传递到另一个单元。但是，对于实际的连续体，力是从单元的公共边传递到另一个单元中的，因而这种作用在单元边界上的表面力、体积力和集中力都需要等效地移到节点上，也就是用等效的节点力来代替所有作用在单元上的力。

3. 单元组集

利用结构力的平衡条件和边界条件把各个单元按原来的结构重新连接起来，形成整体的有限元方程 $\boldsymbol{K}\boldsymbol{q}=\boldsymbol{f}$。式中，$\boldsymbol{K}$ 是整体结构的刚度矩阵；$\boldsymbol{q}$ 是节点位移列阵；$\boldsymbol{f}$ 是载荷列阵。

4. 求解未知节点位移

求解有限元方程可以得出位移。这里可以根据方程组的具体特点来选择合适的计算方法。

通过上述分析，可以看出，有限单元法的基本思想是“一分一合”，分是为了进行单元分析，合则是为了对整体结构进行综合分析。

4.1.2 LS－DYNA 软件介绍

LS－DYNA 最初被称为 DYNA 程序，由美国劳伦斯·利弗莫尔国家实验室（美国三大国防实验室之一）Hallquist 博士主持开发并完成，主要目的是为武器设计提供分析工具。软件推出后，深受广大用户的青睐，后经多次功能扩充和改进，DYNA 程序成为国际著名的非线性动力分析软件，在武器结构设计、内弹道和终点弹道、军用材料研制和爆炸分析等方面得到了广泛的应用。

1988 年，Hallquist 创建 LSTC 公司，推出 LS－DYNA 程序系列，主要包括显式分析、隐式分析、热分析及前后处理等商用程序，进一步规范和完善了 DYNA 的研究成果，增强了汽车安全性分析、薄板冲压成型过程模拟，以及强大的流体与固体相互耦合等新功能，广泛应用于各种爆炸（水下、空中、建筑物和土壤中）、气囊展开、体积成型、液体晃动等分析中，并建立了完备的质量保证体系。

1997 年，LSTC 公司将 LS－DYNA2D、LS－DYNA3D、LS－TOPAZ、LS－TOPAZ3D 等程序合为一个软件包，称为 LS－DYNA（940 版），并与 ANSYS 公司合作，由 ANSYS 公司将 LS－DYNA 前后处理连接，称为 ANSYS/LS－DYNA（5.5 版），大大加强了 LS－DYNA 的前后处理能力和通用性。ANSYS 在非线性领域中的重大扩充，使其成为国际著名大型结构分析程序。目前 ANSYS/LS－DYNA 11 模块中，LS－DYNA 版本为最新版本 971 版，与 5.5 版相比，ANSYS/LS－DYNA 11 对 LS－DYNA 的支持大大增强。

LS－POST 作为后处理器，其操作简单，方便快捷，其最新版本更名为 LS－PREPOST 2.0，兼备前后处理功能。LS－PREPOST 具备绝佳的数值处理能力，可直接读取 LS－DYNA 的计算结果，进行计算数据的汇整及二次运算；可以直接在曲线图中进行四则运算、微积分、快速傅里叶变换、滤波等；同时，可显示板壳厚度、输出各种力学数据等。可以说，LS－DYNA 970 版及以后的版本是功能齐全的几何非线性（大位移、大转动和大应变）、材料非线性（140 多种材料动态模型）和接触非线性（50 多种）程序，以 Lagrange 算法为主，兼有 ALE 和 Euler 算法；以显式求解为主，兼有隐式求解功能；以结构分析为主，兼有热分析、流体结构耦合功能；以非线性为主，兼有静力分析功能的强大有限元分析软件，尤其是其 ALE 和 Euler 算法及流固耦合功能，使得它成为爆炸分析的利器。

在 LS－DYNA 中，三维单元有三种基本的算法：欧拉算法、拉格朗日算法和 ALE 算法（任意拉格朗日－欧拉算法）。拉格朗日算法的单元网格附着在材料上，随着材料的流动而产生单元网格的变形。但是在结构变形过于巨大时，有可能使有限元网格造成严重畸变，引起数值计算的困难，甚至程序终止运

算。ALE 算法和欧拉算法可以克服单元严重畸变引起的数值计算困难，并实现流体－固体耦合的动态分析。ALE 算法先执行一个或几个拉格朗日时步计算，此时单元网格随材料流动而产生变形，然后执行 ALE 时步计算：①保持变形后的物体边界条件，对内部单元进行重分网格，网格的拓扑关系保持不变，称为 Smooth Step；②将变形网格中的单元变量（密度、能量、应力张量等）和节点速度矢量输运到重分后的新网格中，称为 Advection Step。用户可以选择 ALE 时步的开始和终止时间，以及其频率。欧拉算法则是材料在一个固定的网格中流动，在 LS－DYNA 中，只要将有关实体单元标志欧拉算法，并选择输运（Advection）算法即可。LS－DYNA 还可将欧拉网格与全拉格朗日有限元网格方便耦合，以处理流体与结构在各种复杂载荷条件下的相互作用问题。ANSYS/LS－DYNA 程序主要采用拉格朗日描述增量法。

利用虚功原理，考虑一个运动系统，某质点在初始时刻（$t=0$）位于 B 处，在固定的笛卡儿坐标系下，其坐标为 $x_\alpha(\alpha=1,2,3)$。经时间 t，该质点运动到位置 b，在同一笛卡儿坐标系下的坐标为 $x_i(i=1,2,3)$，采用拉格朗日描述增量法，可得

$$x_\alpha = x_i(x_\alpha, t) \tag{4.1}$$

在 $t=0$ 时，初始条件为

$$x_i(x_\alpha, 0) = x_\alpha \tag{4.2}$$

$$\dot{x}_i(x_\alpha, t) = v_i(x_\alpha, t) \tag{4.3}$$

式中，v_i 为初始速度。

根据连续介质力学原理，整个运动系统必须保持质量守恒、动量守恒和能量守恒。系统的质量守恒、动量守恒和能量守恒方程分别如下：

$$\rho = J\rho_0 \tag{4.4}$$

$$\sigma_{i,j} + \rho f_t = \rho \ddot{x} \tag{4.5}$$

$$E = VS_{ij}\varepsilon_{ij} - (p+q)V \tag{4.6}$$

式中，ρ 为当前质量密度；J 为体积变化率；ρ_0 为初始质量密度；$\sigma_{ij,j}$ 为柯西张量；f_i 为单位质量体积力；$\ddot{x}$ 为加速度；E 为当前能量；V 为当前体积；S_{ij} 为偏应力张量；ε_{ij} 为偏应力张量；p 为压力；q 为体积黏性阻力。

根据虚功原理，可以得出碰撞系统的控制方程：

$$\delta\pi = \int_V \rho \ddot{x}_i \delta x_i \mathrm{d}V + \int_V \sigma_{ij} \delta x_{i,j} \mathrm{d}V - \int_V \rho f_i \delta x_i \mathrm{d}V - \int_{S^t} t_i \delta x_i \mathrm{d}S \tag{4.7}$$

式中，各个积分项分别表示单位时间内系统的惯性力、内力、体积力和表面力所做的虚功。对式（4.7）进行离散化，得到离散方程：

$$\boldsymbol{M}\ddot{\boldsymbol{x}}(t) = \boldsymbol{P}(x,t) - \boldsymbol{F}(x,t) \tag{4.8}$$

式中，$\boldsymbol{M}$ 为总体质量矩阵；$\ddot{\boldsymbol{x}}$为总体阶段加速度矢量；$\boldsymbol{P}$ 为总体载荷矢量，由节点载荷、面力、体力等组成；$\boldsymbol{F}$ 由单元应力场的等效节点力矢量组合而成。考虑黏性阻力系数，式（4.8）变为

$$\boldsymbol{M}\ddot{\boldsymbol{x}}(t)=\boldsymbol{P}(x,t)-\boldsymbol{F}(x,t)-\boldsymbol{c}x \tag{4.9}$$

通过以上利用虚功原理，进行一系列原理公式的转化，就建立了非线性大变形的有限元控制方程。

4.1.3 AUTODYN 软件介绍

Century Dynamics 公司是 ANSYS 的子公司，AUTODYN 是 Century Dynamics 公司研发的一款软件，该软件是一个显式有限元分析程序，可解决高度非线性动力学问题。

AUTODYN 软件功能强大，致力于用集成的方式解决流体和结构的非线性行为。在性能方面，该软件的新一代有限元求解器允许在更短的时间内对更大的模型进行求解。当前的 AUTODYN 软件主要有以下特点：

（1）流体、结构的耦合响应分析；

（2）高度可视化的交互式 GUI 界面；

（3）直观的用户界面；

（4）对大量试验现象的验证。

该软件具有便捷和复杂的造型特点。此外，AUTODYN 可模拟几乎所有固体、液体和气体（例如金属、复合材料、陶瓷、玻璃、炸药）。AUTODYN 软件的架构是开放式的。AUTODYN 软件已经在航空航天领域、工业领域、军事工程领域得到了深入、广泛的应用，解决了许多理论分析和试验不容易解决的问题，促进了这些行业的发展。

AUTODYN 软件拥有拉格朗日（Lagrange）、欧拉（Euler）、任意拉格朗日－欧拉（ALE）和光滑粒子流体动力（SPH）等多个求解器。此外，在求解同一问题时，可以允许对模型的不同部分选用不同的数值方法，数值方法不同的网格可以相互耦合到一起，这样更加便于解决复杂问题。

1. 拉格朗日算法

拉格朗日算法基于网格技术，有着它自有的优势，该算法也需要建立一定数量的网格，每个网格单元的顶点会随着填充材料一起移动，但是填充材料会始终保持在原来的单元内部，并不会在单元之间发生流动。

拉格朗日算法适用于描述固体材料的行为，与其他算法相比，拉格朗日算法有着较快的计算速度，但是该算法也存在着一定的弊端，即当计算模型发生

较大变形时，有限元网格会发生扭曲，会导致该算法的计算精度降低或者计算终止。针对以上问题，AUTODYN 软件给用户提供了两种解决办法：侵蚀（Erosion）和网格重分（Rezoning）。拉格朗日算法中网格容易产生畸变现象，侵蚀模型（Erosion model）可以有效地克服这一困难。在该模型中，用户可以根据自身实际需求自行设定有限元网格发生变形的限定程度，当网格变形量达到所设定的限定程度时，对应的网格单元就会被侵蚀掉，进而变成与原有的网格断开的质点，而没有被侵蚀掉的网格又可以重新自动定义界面，这样就可以最大限度地避免有限元网格发生扭曲。

2. 欧拉算法

在欧拉算法中，由于其坐标是一个固定的坐标系，因此有限元网格不发生变形和移动，更不会存在网格互相交错的问题。

欧拉算法适用于液体和气体的动力学行为，材料交界面和自由边界面可以使用固定的有限元网格进行描述，由于该网格固定不变，所以，当物体发生大变形时，并不会使网格产生畸变。欧拉算法也有一定的缺陷，使用这种算法会给使用者追踪材料的运动带来一定困难，它需要复杂的算法，这就会增大计算量，计算时间会变长，物体位移关系和毁伤情况描述的清晰度相对较差。

3. ALE 算法

ALE 算法是对拉格朗日算法的补充和扩展，它拥有自带的定义方式，与拉格朗日算法的定义方式极其相似。ALE 算法的网格点可以在固定的空间里不发生移动，也可以随物质点同时发生移动，所以 ALE 算法也叫作耦合拉格朗日－欧拉算法。

ALE 算法把欧拉算法和拉格朗日算法各自的优点结合到了一起，在此基础之上还提高了有限元网格的灵活性。使用 ALE 算法，在物体内部可以根据实际需求任意划分有限元网格，但是在材料交界面和自由边界仍然需要划分拉格朗日有限元网格，并且物质不可以随意流动。因此，使用 ALE 算法时，只有内部有限元网格才能在网格剖分中获取一定的优势。ALE 算法可以适当减少甚至取消对拉格朗日有限元网格的重新划分，但是对于多种物质混合到一起的情形，ALE 算法有限元网格并不能全部取代单纯的欧拉有限元网格。ALE 算法的适用范围非常广泛，不仅仅适用于固体有关的建模，对于液体和气体的建模也非常实用。

4. SPH 算法

近年来，国际上提出了一种无网格数值模拟方法，称为光滑粒子流体动力

(SPH) 算法。SPH 算法在起步阶段主要用于解决天体物理中的相关问题，例如流体质团在无边界条件下的三维空间内任意流动的计算问题，其基本思想是将整个流场的物质离散转化为一系列粒子，这些粒子具有各自的能量、速度、质量特征，然后通过一个称作核函数的积分进行估值，从而计算得出不同位置在不同时间的各种动力学量。这是一种不需要划分有限元网格的粒子算法。

图 4.1 所示为 SPH 标准算法过程简图。SPH 算法可以有效地模拟连续体结构的解体、碎裂及固体的层裂、脆性断裂等一系列大变形问题，并且还不需要重新构建网格。在此基础之上，还可以保持较高的计算精度。SPH 算法以插值理论为基础，其基本原理是借助于核函数对场变量在某一点的值给出积分形式的估计，从而把偏微分形式的控制方程转化成为积分方程。核函数有着一定的影响宽度，它的解析形式是事先设定好的。场变量在一点上的估计通过相邻点上的核函数值及场变量值求和来近似得到。以上为 SPH 算法的优点，但是 SPH 算法也有着一定的不足之处，对于一些比较复杂的结构，使用 SPH 算法建立精准的计算模型是有一定难度的；同时，它的计算精度较低，远不如拉格朗日算法稳定。

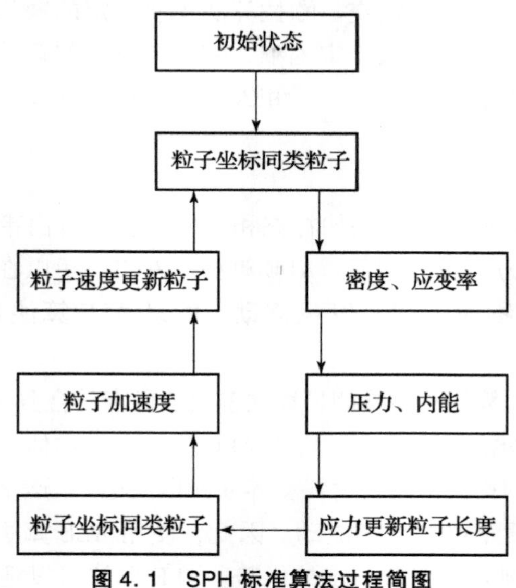

图 4.1　SPH 标准算法过程简图

5. 多物质流固耦合算法

多物质流固耦合算法是指采用流固耦合算法来描述比较复杂的计算问题的过程。在这个过程中，流体材料（如土壤、岩石、空气、水、炸药等）一般采用 ALE 算法和欧拉算法，对于其他的结构，一般采用拉格朗日算法，最后通过流固耦合方式来处理其内部的相互作用。在欧拉算法中，模型内部的网格

节点一般是固定不动的，除此之外，还有一层网格附着在材料上并随着材料在固定的空间网格中流动，主要通过以下两步实现：①材料网格需要变形；②拉格朗日单元的状态变量会形成映射，并存储于固定的空间网格中。这等同于有限元网格是固定不动的，材料在有限元网格中流动，便于处理流体流动等较大变形的问题。ALE 算法和欧拉算法相似，只是其空间有限元网格可以在空间随意移动。多物质流固耦合算法的优势在于流体材料可以在欧拉单元中任意流动，更不存在单元的畸变问题，并且通过这种方法来处理其相互作用时，可以将流固分开进行模型的建立，这样能够更加便捷地建立爆炸模型。多物质流固耦合算法也有一定的缺陷，尤其是在后处理过程中很难捕捉到清晰的物质界面，并且还需要做一些特殊的处理。

4.2　多功能含能结构材料细观模型特性仿真

4.2.1　冲击压缩细观模拟有限元模型

1. 材料模型

Johnson - Cook 本构模型采用乘积的形式，考虑了高应变率作用下金属材料的应变硬化、温度软化和应变率强化等效应，因其形式简单，物理意义明确，参数的标定简单等，广泛应用于描述高速冲击、爆炸等载荷下金属及一些非金属的力学行为。该本构模型的流动应力表示为：

$$\sigma = (A + B\varepsilon^n)(1 + C\ln\dot{\varepsilon}^*)(1 - T^{*m}) \tag{4.10}$$

式中，A 为材料在参考应变率和参考温度下的屈服强度；B 和 n 为应变强化系数；C 为应变率敏感系数；m 为温度软化系数；ε 为等效塑性应变；$\dot{\varepsilon}^*$ 为量纲为 1 的等效塑性应变率；$T^{*m} = (T - T_r)/(T_m - T_r)$，为量纲为 1 的温度，$T_r$ 为参考温度，T_m 为材料的熔点。数值模拟中所用到的材料参数见表 4.1。

表 4.1　Johnson - Cook 本构模型相关参数

材料	A/MPa	B/MPa	C	m	n	T_m/K
Al	265	426	0.015	1.00	0.34	775
PTFE	11	44	0.120	1.00	1.00	350

续表

材料	A/MPa	B/MPa	C	m	n	T_m/K
W	790	510	0.270	0.015	1.05	1 800
Ni	163	648	0.330	0.006	1.44	1 728

数值模拟中，材料的状态方程采用 Mie – Grüneisen 状态方程。Mie – Grüneisen 状态方程是一种常用于描述固体在冲击波高压条件下压缩行为的物态方程，该方程认为热压方程与热能之间存在一个比例关系。在有限元模拟中，Mie – Grüneisen 状态表示为

$$p=\frac{\rho_0 c_0^2 \eta}{(1-s\eta)^2}\left(1-\frac{\Gamma_0 \eta}{2}\right)+\Gamma_0 \rho_0 E_m \tag{4.11}$$

式中，$\eta=1-\rho_0/\rho$；E_m 为材料的内能；Γ_0 为材料的 Mie – Grüneisen 系数；c_0 与 s 为材料参数。上式已经假设材料的冲击波速度与粒子速度为线性关系，即

$$U_s=c_0+su_p \tag{4.12}$$

式中，U_s、u_p 分别为冲击波速和粒子速度。大量的试验证明该式在较高的压力范围内普遍适用。所涉及材料的状态方程参数见表 4.2。

表 4.2　Mie – Grüneisen 状态方程参数

材料	ρ_0/(g·cm^{-3})	c_0/(cm·μs^{-1})	s	Γ_0
Al	2.712	5.332	1.375	2.18
PTFE	2.152	1.754	1.723	0.59
W	19.235	4.035	1.227	1.78
Ni	8.875	4.590	1.440	2.00

2. 数值模型

基于 CT 图像的细观有限元模型生成方法，建立反映材料的冲击压缩细观数值模型。考虑到颗粒尺寸和计算效率，选择有限元网格尺寸为 4 μm × 4 μm × 4 μm，模型尺寸为 0.4 mm × 0.4 mm × 0.4 mm 的长方体，网格数量为 100 万。之后将细观有限元模型导入前处理软件，在模型的上部添加一定厚度的网格，以填充飞片材料，根据单元集合赋予不同的材料属性。典型的有限元模型如图 4.2 所示。

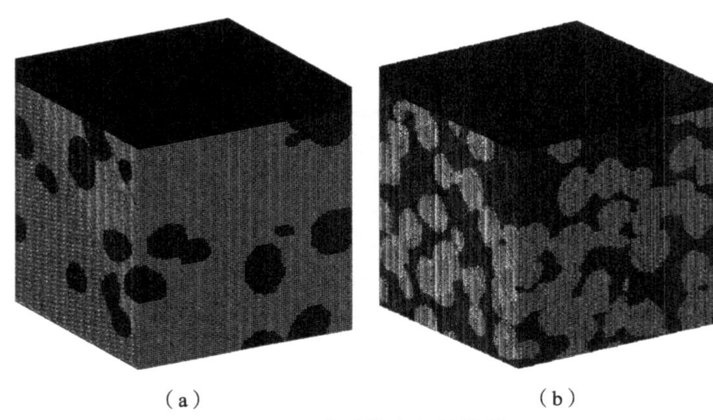

（a）　　　　　　（b）

图4.2　典型的有限元模型

（a）Al/PTFE；（b）Al/Ni

3. 有限元算法及边界条件

有限元数值模拟计算中，常用的算法包括拉格朗日算法、欧拉算法、SPH（Smoothed Particle Hydrodynamics，光滑粒子算法）等。反应材料在冲击压缩过程中，伴随着冲击波的传播，材料的颗粒间发生剧烈的碰撞等相互作用，引起颗粒剧烈变形、塑性流动等现象。拉格朗日网格不适用于模拟材料的大变形行为；虽然SPH算法在模拟高速冲击方面具有较大的优势，但其在商业软件上的发展尚不成熟，且由于其采用邻域搜索算法，当应用于三维模型时，所需计算的资源较大。综合以上考虑，采用多物质欧拉算法来模拟反应材料的冲击压缩行为。在欧拉算法中，网格节点在计算过程中保持空间位置不变，而材料的状态参数则随材料的流动在网格节点间传递。多物质欧拉算法允许单元内存在多种材料，单元的计算结果根据各材料的体积分数进行平均处理。欧拉算法的缺点是无法定义不同材料间的边界作用，材料变形后的形状由单元的体积分数拟合得到。

模型的研究目的是模拟轻气炮试验的平面正冲击过程。为了在材料中产生持续、稳定的平面正冲击波，在模型顶部设置一定厚度的飞片区域。设一材料为铝的飞片以一恒定的速度 v 撞击反应材料，顶部设置材料自由流入边界，以避免模型边界引入稀疏波。对模型的四个侧面设置垂直于侧面方向的速度为零，以消除侧面边界产生的稀疏波；底部设置非反射边界，以消除冲击波到达底部后的卸载反射。同时，考虑到在冲击压缩时，材料主要表现为在高压作用下的变形和流动，在冲击压缩模拟时，忽略不同材料间的剪切作用。为了获得反应材料的冲击Hugoniot关系，在模型中沿冲击方向选择一定距离 L 上的两层单元（每层单元数10 000），以每层单元结果数据的平均值作为数据结果。模型边界条件设置及数据提取单元层如图 4. 3 所示。

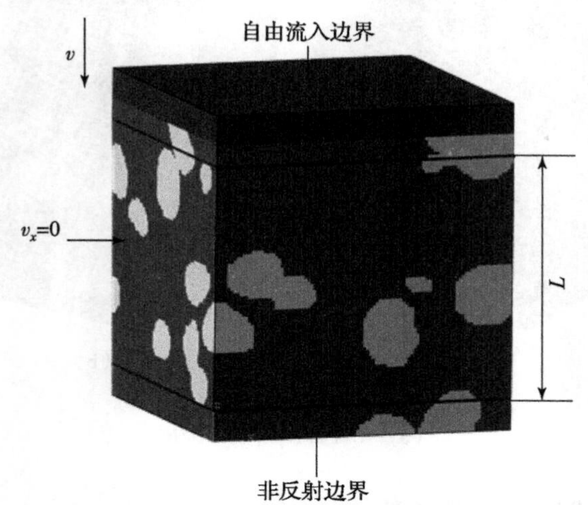

图 4. 3　三维细观有限元模型边界条件示意图

4. 2. 2　冲击 Hugoniot 计算结果

1. 冲击 Hugoniot 关系

材料的变形行为包括两方面的效应：结构惯性效应和材料应变率效应，这两种效应分别对应于容变律和畸变律。当材料处于高压时，畸变效应可以忽略，于是表征材料状态的参数只剩下 3 个：$p=f(v, E)$ 或 $p=f(v, T)$，此即固体的高压状态方程，其几何意义为 p、T、V 三维空间的曲面。不同加载条件下，各种类型的状态方程仅是该曲面在某个方向的截面，如描述等温过程的 Bridgman 静高压状态方程和描述等熵过程的 Murnagham 状态方程。

当高压冲击波在固体中传播时，除了描述材料本身状态的 3 个量外，还需要描述高压冲击波传播行为的控制方程。由质量守恒、动量守恒和能量守恒条件，推导出如下关系：

$$u_p - u_0 = -\rho_0 U_s (v - v_0) \tag{4.13}$$

$$p - p_0 = \rho_0 U_s (u_p - u_0) \tag{4.14}$$

$$e - e_0 = -\frac{1}{2}(p + p_0)(v - v_0) \tag{4.15}$$

上述 3 个方程即为冲击突跃条件或 Rankin - Hugoniot 关系，建立起了冲击波阵面两侧材料的 3 个状态量与冲击波参量波速 U_s 及粒子速度 u_p 初值与终值间的关系。

上述三式加上材料的状态方程，4 个方程共包含 5 个未知变量，故求解平

面冲击波问题时，需给定一定的边界条件。当不具体规定边界条件时，对于一定的初始平衡状态，R－H关系与材料的状态方程一起确定了5个未知参量间任意两个间的关系，称为冲击绝热线，或Rankine－Hugoniot曲线，该曲线由该平衡初态通过冲击突跃所能达到的终态点组成。所以，即使对于同种材料，初态点不同时，Hugoniot曲线的形状也是不相同的。常用的冲击绝热线包括$p-u_p$曲线、U_s-u_p曲线等。

2. 结果处理方法

由于反应材料在细观尺度上的异质性，在冲击压缩的某一瞬间，材料内部的压力处于不均匀状态。为了获得冲击Hugoniot模拟结果，沿冲击方向上选取靠近模型两端的两单元层（图4.4），将每层10 000个单元计算结果的平均值作为该截面上的冲击Hugoniot结果。当撞击速度为$v=800$ m/s时，Al/PTFE有限元模型内两层单元的平均压力曲线如图4.5所示，绘出了絮状Al/Ni反应材料两个单元层的u_p-t曲线。层2曲线的卸载是由于冲击波到达模型底部自由边界后的反向卸载。沿曲线的压力上升沿作平行线，两平行线间的距离即为冲击波在层间的传播时间Δt，则可由层间距L计算出冲击波速度U_s，而冲击压力p与粒子速度u_p则分别可由两组压力曲线与粒子速度曲线峰值的平均值得到。由此，可直接获得反应材料的U_s-u_p关系与$p-u_p$关系。

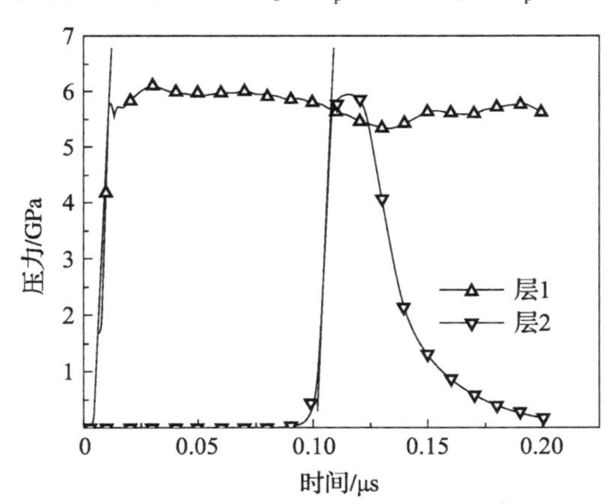

图4.4 撞击速度为800 m/s时Al/PTFE反应材料两个单元层的压力$p-t$曲线

3. 冲击Hugoniot计算结果

设置飞片的速度范围为250～2 000 m/s；采用所建立的数值模型对Al/PTFE及Al/Ni反应材料进行了冲击压缩数值模拟研究，并采用前述的结果处理方法分析提取了数值模拟结果，结果如图4.6～图4.8所示。

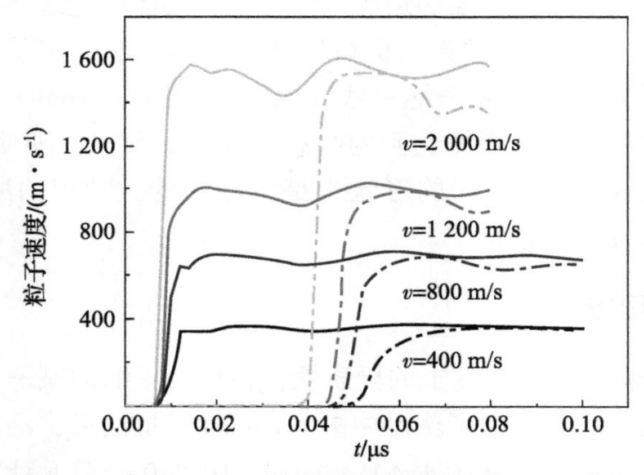

图 4.5　絮状 Al/Ni 反应材料两个单元层的 u_p-t 曲线

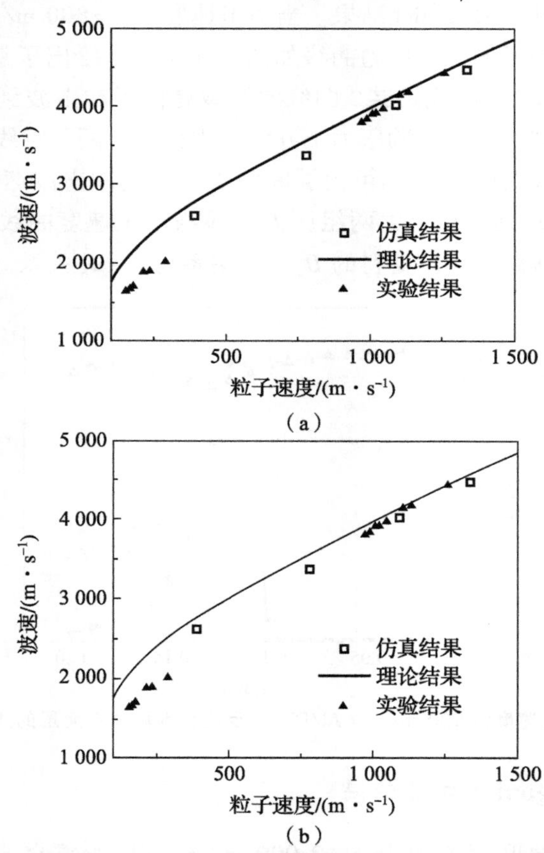

图 4.6　Al/PTFE 反应材料冲击 Hugoniot 曲线数值模拟结果与理论及试验结果对比

(a) 粒子速度 u_p – 冲击波速度 U_s 关系；(b) 粒子速度 u_p – 冲击压力 p 关系

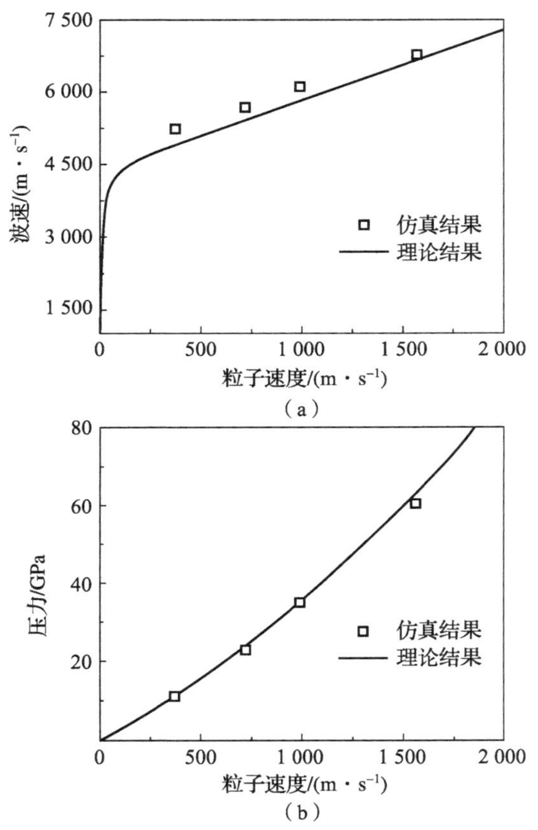

图 4.7　球状 Al/Ni 反应材料冲击 Hugoniot 曲线数值模拟结果与理论结果对比

(a) 粒子速度 u_p – 冲击波速度 U_s 关系；(b) 粒子速度 u_p – 冲击压力 p 关系

如图 4.6 ~ 图 4.8 所示，建立的数值模型计算获得的 $p-t$ 关系在较大的压力范围内与理论计算结果及部分试验结果吻合较好，而 U_s-u_p 计算结果在低速阶段与理论计算结果相对误差较大。分析认为，数值模拟结果统计中，冲击压力与粒子速度均由曲线的峰值均值获得，具有较高的可信度；而当撞击速度较低时，材料中形成的冲击波强度较低，并且由于材料的异质性，随着冲击波的传播，波形越来越平滑，低速阶段两层单元间时间间隔的截取存在一定不确定性，导致冲击波速的计算存在误差。上述研究结果表明，反应材料细观数值模型能准确地模拟材料的宏观冲击压缩响应行为。

同时，由数值模拟结果可知，对于两种不同拓扑构型的 Al/Ni 反应材料，数值模拟结果并无明显的差异，均与理论计算结果吻合较好，表明在该颗粒尺寸及密实度下，材料的拓扑构型对宏观的冲击压缩响应影响不明显。

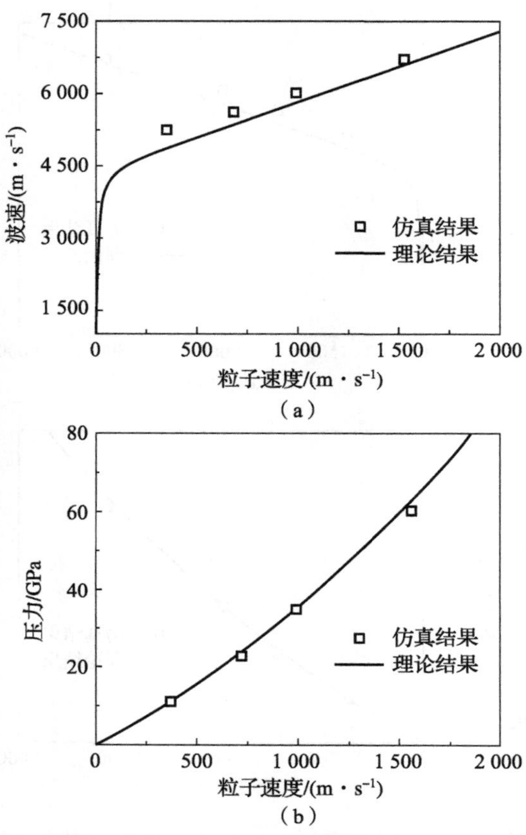

图 4.8　絮状 Al/Ni 反应材料冲击 Hugoniot 曲线数值模拟结果与理论结果对比

（a）粒子速度 u_p - 冲击波速度 U_s 关系；（b）粒子速度 u_p - 冲击压力 p 关系

4.3　包覆式含能破片爆炸驱动完整性仿真分析

4.3.1　包覆式含能破片爆炸驱动数值模型

1. 材料模型

选取铝作为含能破片战斗部内衬层材料，破片包覆壳体材料分别选用钨合金与 4340 钢，战斗部壳体也采用 4340 钢，主装药采用 B 炸药。

内衬材料、包覆壳体及外壳的本构模型采用 Johnson – Cook 本构模型。Johnson – Cook 本构模型因其形式简单，物理意义明确，相关参数较容易获取，并且能很好地描述金属材料的应变、应变率及温度效应，在数值模拟中经常被用于描述金属材料由于高速撞击或爆炸引起的大应变、高应变率及高温度变形行为。Johnson – Cook 本构模型的表达式为

$$\sigma_{eq} = (A + B\varepsilon_{eq}^{n})(1 + C\ln\dot{\varepsilon}_{eq})(1 - T_{H}^{m}) \tag{4.16}$$

式中，σ_{eq}为等效应力；A 为材料在参考应变率和参考温度下的屈服强度；B 和 n 为应变强化系数；C 为应变率敏感系数；m 为温度软化系数；ε_{eq}为等效塑性应变；$\dot{\varepsilon}_{eq}$为量纲为 1 的等效塑性应变；$T_H = (T - T_{room})/(T_{melt} - T_{room})$，为量纲为 1 的温度，$T_{room}$为参考温度（室温 293 K），$T_{melt}$为材料的熔点。

各金属材料的本构参数列于表 4.3。

表 4.3　金属材料的 J – C 本构参数

材料	A/GPa	B/GPa	n	C	M/K
钨合金	1.506	0.177	0.12	0.016	1 723
4340 钢	0.792	0.51	0.26	0.014	1 793
2024 铝	0.265	0.426	0.34	0.015	775

各金属材料采用的 Mie – Grüneisen 状态方程相关参数列于表 4.4。

表 4.4　金属材料的状态方程参数

材料	$\rho/(g \cdot cm^{-3})$	$C/(m \cdot s^{-1})$	S_1	γ_0
钨合金	17	4 029	1.237	1.54
4340 钢	7.83	4 569	1.49	2.17
2024 铝	2.785	5 328	1.338	2.00

采用 JWL 状态方程描述 B 炸药的爆轰过程。JWL 状态方程是一种基于经验的不显含化学反应的状态方程，其参数由圆筒试验结合流体力学程序计算确定，广泛应用于炸药爆轰产物的描述，可以精确地描述爆炸加速金属过程中爆轰产物的状态，其表达形式为

$$p = A\left(1 - \frac{\omega}{R_1 v}\right)e^{-R_1 v} + B\left(1 - \frac{\omega}{R_2 v}\right)e^{-R_2 v} + \frac{\omega E}{v} \tag{4.17}$$

式中，A、B、C、R_1、R_2 和 ω 均为由圆筒试验标定的常数；p 为产物压力；E

为产物内能；v 为产物的相对比容。B 炸药的 JWL 相关参数列于表 4.5，其 C – J 参数见表 4.6。

表 4.5　B 炸药 JWL 状态参数

A/GPa	B/GPa	R_1	R_2	ω
524.23	7.678	4.2	1.1	0.34

表 4.6　B 炸药 C – J 参数

$\rho/(\text{g}\cdot\text{cm}^{-3})$	$D/(\text{m}\cdot\text{s}^{-1})$	$E/(\text{kJ}\cdot\text{m}^{-3})$	$p_{\text{C-J}}$/GPa
1.717	7 980	8.5e6	29.5

另外，内衬材料铝和包覆壳体材料 4340 钢在爆炸驱动过程中会发生很大的变形，采用 Johnson – Cook 失效模型描述材料的破坏行为。Johnson – Cook 失效模型包含了应力三轴度、应变率及温度对失效应变的影响，广泛用于描述金属在高应变率下的破坏行为。其表达式为

$$\varepsilon_f = [D_1 + D_2\exp(D_3\sigma^*)](1 + D_4\ln\dot{\varepsilon}^*)(1 + D_5T^*) \tag{4.18}$$

式中，$D_1 \sim D_5$ 均为材料参数，由试验结合数值计算确定。2024 铝和 4340 钢的失效参数列于表 4.7。

表 4.7　2024 铝与 4340 钢的 J – C 失效参数

材料	D_1	D_2	D_3	D_4	D_5
4340 钢	0.05	3.44	−2.12	0.002	0.61
2024 铝	0.13	0.13	−1.5	0.011	0

空气采用理想气体模型，黏结破片的环氧树脂采用 Mie – Grüneisen 状态方程，参数均选用 AUTODYN 默认参数。

如果不考虑 Johnson – Cook 模型中温度软化效应的影响，即设 $T = T_r$，此时 Johnson – Cook 模型为

$$\sigma_s = (A + B\varepsilon^n)(1 + C\ln(\dot{\varepsilon}/\dot{\varepsilon}_0)) \tag{4.19}$$

Zhang 借助于准静态与动态试验，研究了 W – Zr 合金型与 Al/PTFE/W 多功能含能结构材料的力学性能，采用变量分离法和最小二乘法确定了 Al/PTFE/W 类多功能含能结构材料的 J – C 本构方程参数：

$$\sigma_s = (23.0 + 20.26\varepsilon^{0.676\,04})[1 + 0.197\,07\ln(\dot{\varepsilon}/\dot{\varepsilon}_0)] \tag{4.20}$$

由于材料属性的不同，描述材料动态力学特性的本构模型也不同，即便是

对于 Al/PTFE/W 类多功能含能结构材料，也由于所采用铝粉颗粒尺寸的不同而不同；同时，模型中并未考虑温度效应。另外，分析试验结果可知，Al/PTFE/W 类多功能含能结构材料在高应变率下表现出更强的应变率效应，而现行的 J－C 模型的线性应变率项 $1 + C\ln\varepsilon$ 在描述材料的高应变率效应方面存在一定缺陷。近年来，一些学者提出了一些对该项的修正，与试验结果吻合得较好。

虽然上述模型存在一定的不足之处，但相关学者将其参数应用于多功能含能结构材料的仿真研究中，仍然取得了较好的效果，因此采用上述模型作为多功能含能结构材料的本构方程。

2. 二维几何模型

非线性动力学软件 AUTODYN 是由美国 Century Dynamics 公司开发，专门面向军工行业的数值计算软件，该软件发展到目前，包含拉格朗日、欧拉、SPH、ALE、欧拉－FCT 高精度求解器等。可以模拟高速冲击、碰撞、爆炸等军工领域经常面临的问题。

在拉格朗日算法中，单元的网格附着在材料上，随着材料的变形而变形，这种算法在计算大变形问题时会导致较多的网格删除，这是与实际物理过程相违背的，因此不适合模拟大变形问题；ALE 算法是在拉格朗日算法的基础上，采用一定的方法自动调整网格，适应材料的变形，可在一定程度上模拟大变形问题；欧拉算法的网格固定在空间，材料通过网格单元在空间内流动，该算法适合模拟液体、气体及变形量很大的物体。

综合上述分析，在研究中，炸药、空气及黏结破片的环氧树脂采用欧拉算法；破片、内衬层、外壳采用 ALE 算法；流体与固体采用自动流固耦合算法。

研究破片最大初速问题时，一般忽略战斗部端部效应的影响，考虑到战斗部的对称性及节省计算时间，基于某型战斗部（图 4.1），取破片战斗部的 1/4 轴剖面建立二维轴对称平面模型。拉格朗日网格尺寸为 0.5 mm × 0.5 mm，炸药装药半径 129 mm，炸药装药与空气域尺寸为 3 倍装药半径，网格采用渐变网格：破片的主要加速阶段 1 ~ 2 倍半径采用 1 mm × 1 mm 网格，其余区域网格尺寸逐渐增大。装药起爆点设置在中心。为了对比不同内衬层厚度的爆炸驱动效应，分别采用内衬层厚度为 1 mm、3 mm、5 mm，预制破片分别采用实圆柱与带包覆壳含能破片建立仿真模型；包覆壳体材料分别采用钨合金与 4340 钢。网格划分示意图如图 4.9 所示。

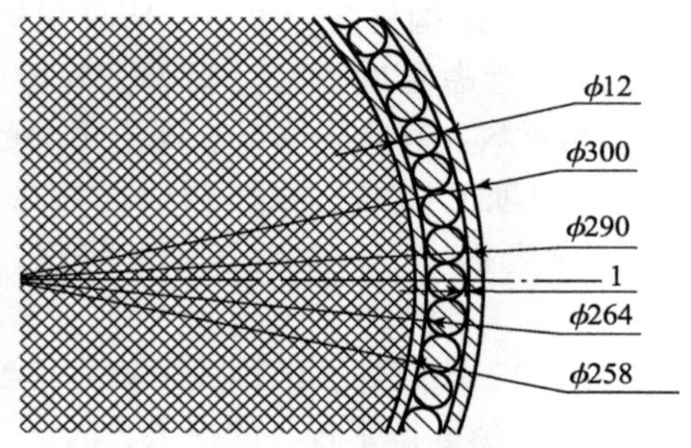

图 4.9　战斗部模型示意图

预制破片战斗部爆炸驱动过程中，由于破片之间存在间隙，内衬材料在爆轰产物的驱动下迅速加速，填充破片之间的间隙，密闭爆轰产物直至与破片脱离接触；在此过程中，内衬材料处于极为复杂的受力状态下，理论手段不足以分析此过程。动态高斯点附着在材料的某点上，实时地记录该点的压力、速度等信息。计算结束后，通过对这些信息的判读，可以深入了解爆炸驱动过程的物理本质。

在驱动过程中，由于数学上的原因，发生大变形的材料网格将要被删除，为了确保获得完整的观测数据，在正对破片间隙的内衬材料上，设置一列连续的高斯点，同时，将要与内衬材料发生接触的一侧破片的表面也设置一系列观测点。最终建立的仿真模型图如图 4.10 所示。

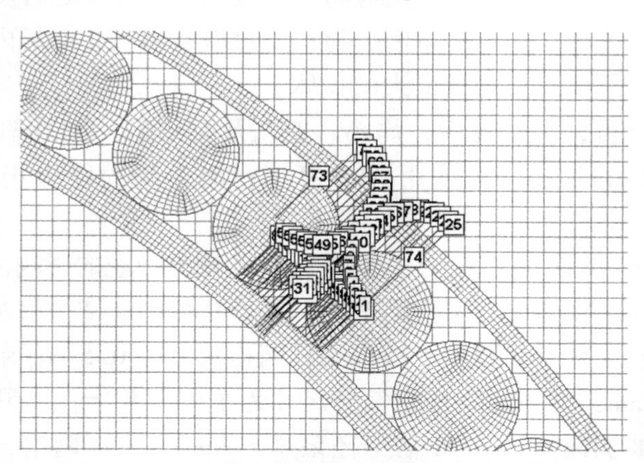

图 4.10　网格划分及高斯点设置示意图（局部）

3. 三维几何模型

AUTODYN 虽然具有很强的二维计算能力，但当处理三维问题时，由于软件计算方法的原因，AUTODYN 的建模能力及运算速度均无法令人满意。与

AUTODYN 相比，LS - DYNA 具有很强的三维分析能力，并且可以接受第三方软件建立的模型。由于三维模型的计算数据量很大，采用 LS - DYNA 建立 3 mm 内衬的实圆柱体预制破片战斗部的 1/4 对称模型，模型材料参数及单元类型与二维模型的相同。建立的有限元模型如图 4.11 所示。

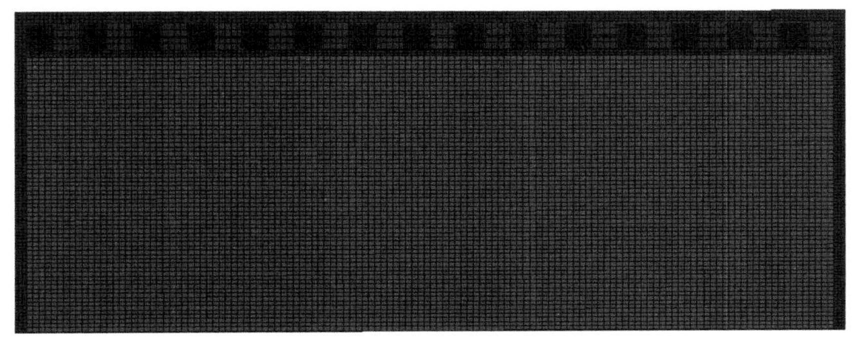

图 4.11 三维模型网格划分示意图（局部）

实圆柱形破片相邻层之间交错排列，为了提取爆炸驱动后破片的速度、飞散角信息，选取破片阵中间一系列破片单独定义为 part，如图 4.11 所示；破片阵面如图 4.12 所示。

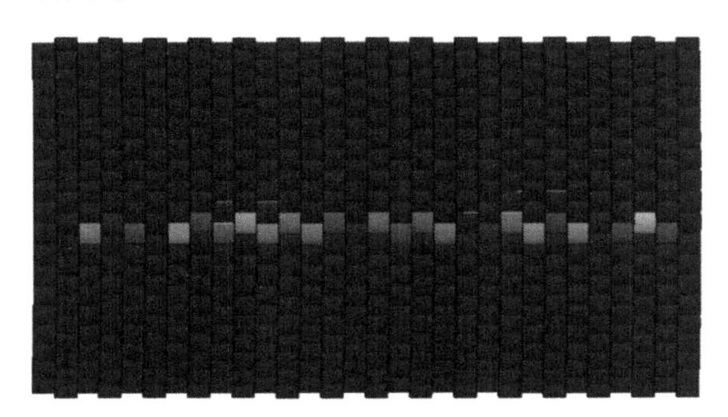

图 4.12 三维模型破片阵面（局部）

为了使模型简化，加快计算速度，模型中将破片假设为刚体。由于该模型主要是为了获取预制破片（含能破片）战斗部轴向速度分布与破片飞散角信息，为了加快计算过程，在战斗部外侧建立 1 倍半径空气域（图中未示出），破片加速过程基本在 1 倍空气域内完成，空气域的减小对破片速度的影响很小。

4.3.2 仿真结果分析

预制破片战斗部在爆炸驱动过程中，由于冲击波的作用，立方形破片的周向尺寸将变大，而圆柱形预制破片则由于两侧的破片材料沿战斗部径向向破片的顶部运动，破片的周向尺寸将要变小。破片外形尺寸的周向变化也同时影响到破片的初速。从研究圆柱形预制破片战斗部的爆炸驱动效应入手，分析破片变形的影响因素，验证初速计算模型，在此基础上，仿真研究几种不同包覆壳结构的含能破片爆炸驱动过程，从而探讨带包覆壳含能破片爆炸驱动的壳体的破碎机理。

1. 实圆柱破片爆炸驱动结果分析

采用4340钢作为预制破片材料，内衬层厚度分别取1 mm、3 mm、5 mm，破片的半径选为6 mm，周向紧密排列。为了与钢制破片做对比，建立内衬厚度为3 mm的钨合金破片计算模型。模型相关参数列于表4.8。

表4.8　实圆柱模型相关参数

编号	破片材料	内衬厚度/mm	装填比 β
1	4340 钢	1	1.144 3
2	4340 钢	3	1.056 3
3	4340 钢	5	0.999 3
4	钨合金	3	0.562 3

1）实圆柱形预制破片爆炸驱动过程

实圆柱形预制破片爆炸驱动过程如图4.13所示。战斗部装药起爆后，爆轰波呈球形迅速在装药中传播，爆轰波与内衬材料接触后，在材料中形成冲击波，内衬材料中的冲击波依次通过破片与外壳透射传播，如图4.13（a）所示。在此过程中，破片和内衬层材料处于复杂的受力状态下：①破片在内衬层材料的推动下，加速运动；同时，破片的形状发生变化，破片侧面的材料相对于破片中心沿战斗部径向向外运动，导致破片外侧弧线变平直，破片的周向尺寸减小［图4.13（c）、（d）］。②由于相邻破片与内衬层之间存在近似于三角形的间隙，导致沿内衬层弧线抛射物的质量不均匀；间隙处的质量相对较少，此处的内衬层材料在爆轰产物的推动下速度迅速增加，填充破片之间的间隙并与破片相互作用［图4.13（d）］。③由于破片的径向运动和周向尺寸的减少，破片之间的间隙进一步扩大，内衬层材料通过此间隙运动到破片外侧，在与破片相接触处拉断［图4.13（e）、（f）］，爆轰气体从内衬中泄漏，绕到破片前方，破片进入另一种加速模式。

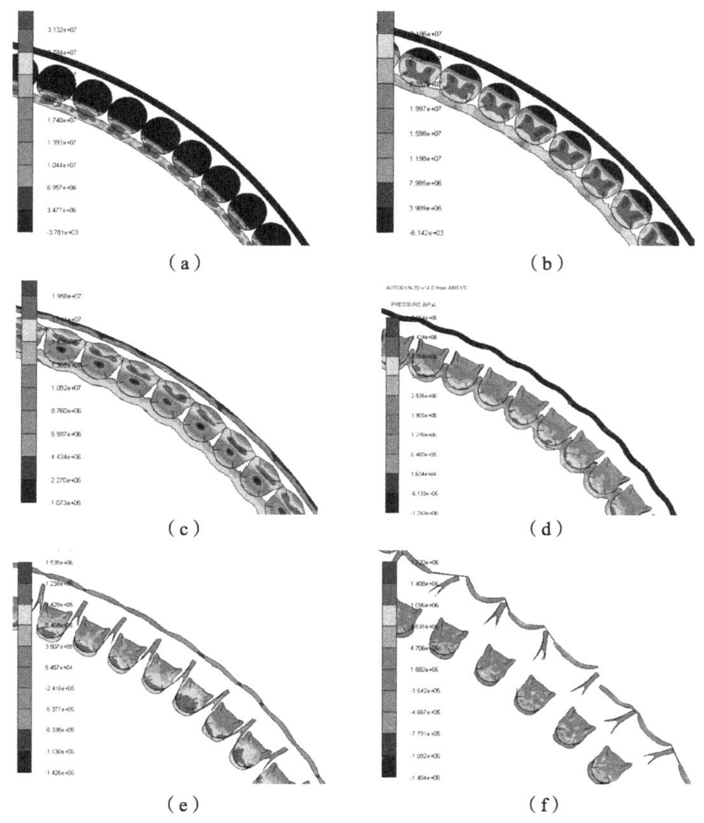

（a）　（b）

（c）　（d）

（e）　（f）

图 4.13　实圆柱形预制破片爆炸驱动过程

（a）$t=17\ \mu s$；（b）$t=18\ \mu s$；（c）$t=20\ \mu s$；

（d）$t=27\ \mu s$；（e）$t=43\ \mu s$；（f）$t=68\ \mu s$

2）破片周向变形

整个驱动过程中，破片形状变化如图 4.14 所示，通过拾取爆炸驱动加速终了阶段（此时破片形状基本确定，不再发生变化）破片两侧面的坐标值来计算破片变形后的尺寸，并除以原始破片直径（12 mm），得出的破片周向变形系数见表 4.9。

表 4.9　破片变形系数

破片材料	钢	钢	钢	钨
内衬厚度/mm	1	3	5	3
变形系数	0.811 8	0.871 7	0.897 3	0.808 4

Dhote 通过破片发射器（Fragment Generator Warhead）对 1～3 层近圆球形钨破片爆炸驱动后的形状变化及原理进行了试验与理论分析。采用同样的网格密度对 Dhote 的试验结果进行仿真研究，获得的单层钨破片爆炸驱动后的形状与试验结果类似，证明上述仿真方法正确。

冲击波从内衬层透射，分别进入环氧树脂与破片材料中。由于破片材料的冲击阻抗大于环氧树脂的冲击阻抗，环氧树脂的粒子速度大于破片材料的粒子速度（钢或钨合金）。处于破片间隙处近似三角区域的环氧树脂向外运动，受到两侧破片表面的约束，挤压两侧破片；同时，由于从内衬层透射进入破片的冲击波近似呈球面传播，阵面压力不断衰减；两个因素的综合作用导致破片两侧压力高于中心压力［图 4.14（b）］，破片两侧的材料在环氧树脂的推动下向外侧运动，导致破片周向尺寸减小。而破片的外侧面则由于两侧的环氧树脂有沿破片表面的汇聚运动而被压缩，弧线变得平直（图 4.14），从仿真结果统计，破片沿战斗部径向尺寸发生轻微减少。

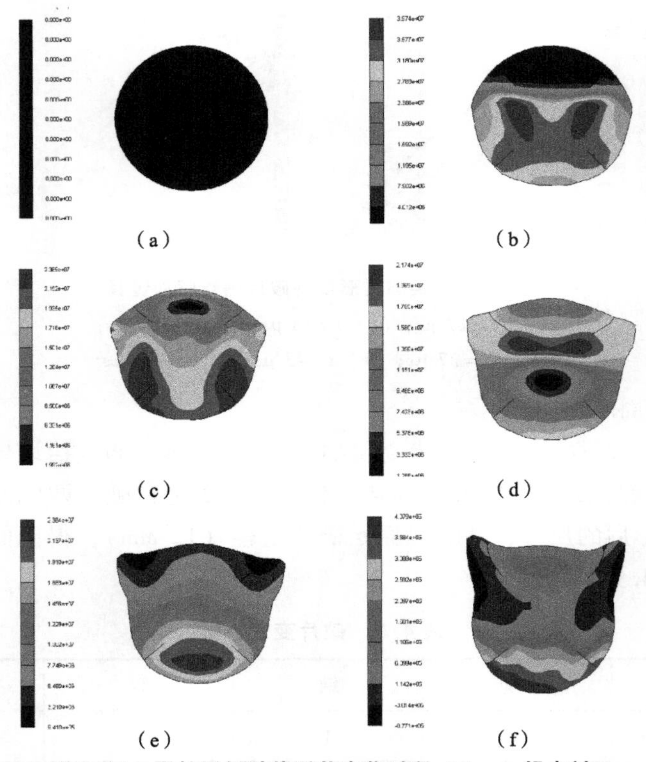

图 4.14　圆柱形钢破片形状变化过程（3 mm 铝内衬）

(a) $t=0$ μs；(b) $t=18$ μs；(c) $t=19$ μs；

(d) $t=20$ μs；(e) $t=21$ μs；(f) $t=25$ μs

从图4.14可以看出，破片的变形十分迅速，冲击波刚开始接触破片（约为16 μs），破片形状即发生变化，到24 μs时，破片的最终形状基本确定。破片形状基本确定时刻，内衬材料尚未完全挤入破片间隙，可见破片变形的原因为冲击波驱动下环氧树脂的挤压作用，而不是内衬材料挤入过程的侵蚀结果。破片的变形历程中，同样可以观察到类似于立方体破片驱动过程中的周向膨胀现象。相邻破片的突出部分在顶部相互接触，此处有可能发生点焊现象。与立方体破片驱动历程不同的是，圆柱形破片两侧的材料将向外侧面运动，最终导致破片的外侧面变平整，直至出现突角，周向尺寸因此减小（图4.15）。

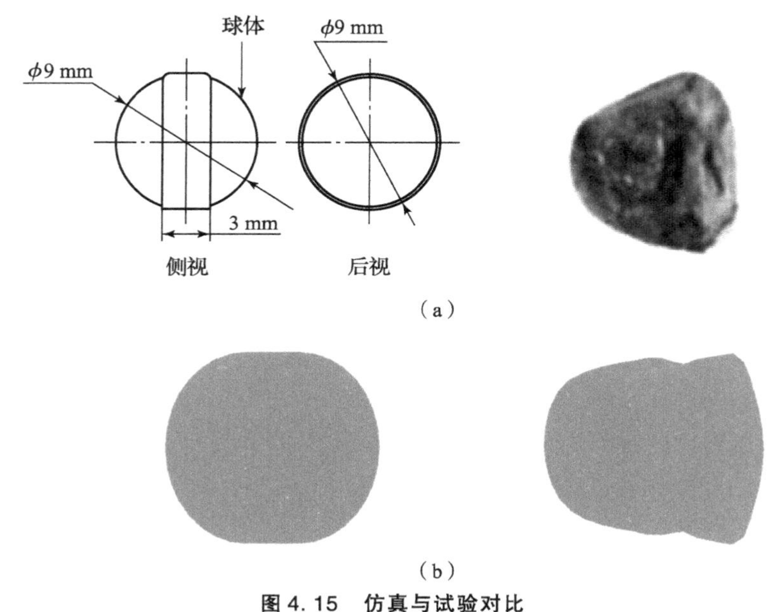

（a）

（b）

图4.15　仿真与试验对比

（a）试验破片形状变化；（b）仿真结果

由破片变形系数统计结果可以看出，内衬层越厚，破片的变形量越小（变形系数越大），内衬层材料越厚，冲击波在其中传播的衰减量越大；同时，对比三种不同内衬厚度的钢破片表面相同位置处的压力－时程曲线（图4.16）可知，三种情况下破片所受的压力变化基本一致；同时，考虑到破片形状形成过程相对于加速过程十分迅速，可得此种情况下破片的变形主要受初始冲击波压力的影响。冲击波压力越大，形状变化越大。

对比上述模型仿真结果可以发现，上述钨合金破片变形远大于一般的破片变形，如果仅认为初始冲击波压力是导致破片变形的主因，则以上现象解释不通。实际上，炸药（HMX/TNT）的C－J压力（31.6 GPa）要大于上述模型中的B炸药压力（29.5 GPa），并且内衬层厚度较小（2 mm）。对两种情况下破片的压

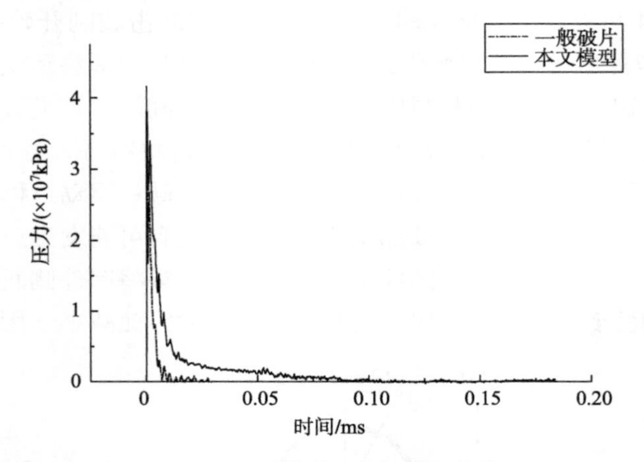

图 4.16　破片的压力 - 时程曲线

力 - 时程曲线（图 4.16）进行积分，分别得到 79 213 Pa · s 与 290 516 Pa · s，可见上述模型中破片所受压力冲量远大于一般破片所受冲量。由于装药结构的原因，破片的爆炸驱动可以认为是冲击波的瞬时作用，环氧树脂对破片的挤压作用相对较小。

综上所述，破片的变形是冲击波与爆轰气体压力共同作用的结果。

3）破片初速

将预制破片的爆炸加速分为内衬层破裂前后两个阶段，并考虑了破片的变形，结合仿真结果验证该模型计算的准确性。

四种不同装药结构破片初速见表 4.10。

表 4.10　破片初速

破片类型	内衬厚度/mm	装填比	变形系数	初速/($m \cdot s^{-1}$)
钢	1	1.144 3	0.811 8	1 868.7
钢	3	1.056 3	0.871 7	1 920.0
钢	5	0.999 3	0.897 3	1 962.4
钨合金	3	0.562 3	0.808 4	1 375.1

获得的破片的典型 $v-t$ 曲线如图 4.17 所示。

对比表 4.10 中的数据可知，尽管内衬层厚度的增加导致装填比下降，破片的初速却有所提高，这一方面是因为破片形变量的减少；另一方面是因为内衬层越厚，密闭爆轰气体的时间越长，显然破片的主要加速阶段在内衬层破裂前。

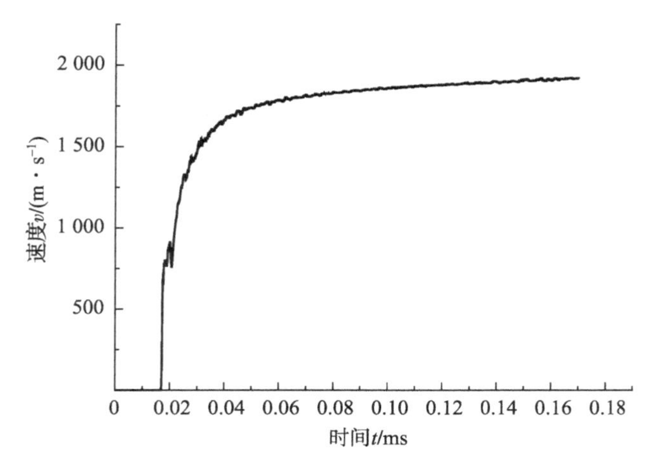

图 4.17　圆柱型钢破片 $v-t$ 曲线（内衬 3 mm）

为了更加直观地说明内衬层厚度与气体泄漏时刻的关系，将三种情况下正对破片间隙处高斯点观测到的内衬材料的 $v-t$ 曲线绘制于图 4.18。

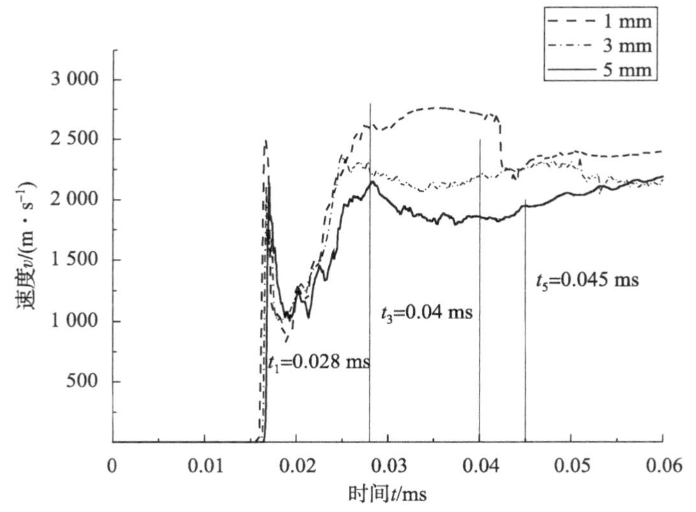

图 4.18　高斯点观测的 $v-t$ 曲线

从图 4.18 可以看出，内衬层材料在爆轰波的作用下速度迅速增加到 2 000 m/s 以上，远高于破片速度；内衬层材料越薄，加速越迅速，速度越高，破裂时刻越早。图 4.18 同时表明内衬材料与破片的速度差是导致爆轰气体泄漏的主要原因。

由于网格尺寸、软件边界识别、材料失效等方面的原因，精确确定内衬层破裂的时刻存在诸多困难。如果近似认为爆轰气体运动到破片外侧面时刻即为气体发生泄漏时刻，研究破片爆炸驱动仿真结果的整个过程，取钢破片内衬破裂位置分别为 $1.1r_1$（内衬 1 mm）、$1.2r_1$（内衬 3 mm）、$1.3r_1$（内衬 5 mm）。钨破片内衬破裂半径取为 $1.1r_1$。

将上述参数与破片的装填比、变形系数等数据代入初速计算模型，得到的计算结果与仿真值见表 4.11。

表 4.11　破片初速计算值与仿真值对比

破片类型	内衬厚度/mm	仿真初速/($m\cdot s^{-1}$)	计算初速/($m\cdot s^{-1}$)	相对误差/%
钢	1	1 868.7	1 861.7	0.37
钢	3	1 920.0	1 940.2	1.05
钢	5	1 962.4	1 976.8	0.73
钨合金	3	1 375.1	1 475	7.27

钢制破片的仿真与计算所得的 $v-r$ 曲线如图 4.19 所示。其中，仿真结果由 $v-t$ 曲线积分得到。

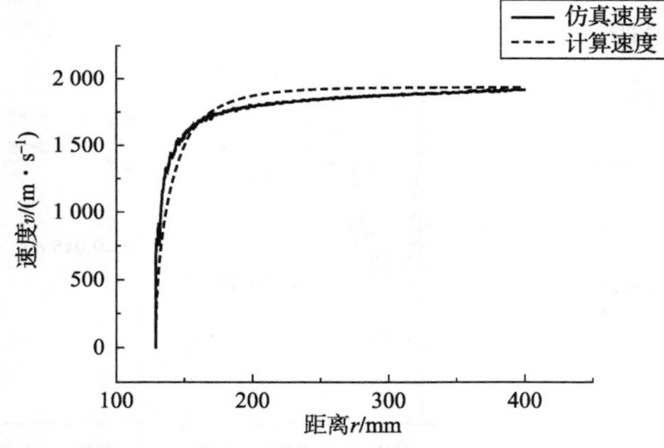

图 4.19　圆柱型钢破片 $v-r$ 图（内衬 3 mm）

由上述图表可以看出，该模型可以精确地计算钢制圆柱形破片的初速，还可以较为精确地模拟破片的 $v-r$ 曲线，这对研究破片在发射过程中的受力情况具有重要意义。

但是，将该模型应用于圆柱形钨合金破片初速的计算时，却有较大的误差（7.27%）。分析钨合金破片的仿真与计算 $v-r$ 曲线（图 4.20），钨合金破片内衬层破裂前，仿真速度 - 距离曲线与计算曲线基本一致，而爆轰气体泄漏后，两条曲线有较大差异，直接导致计算结果的误差较大。

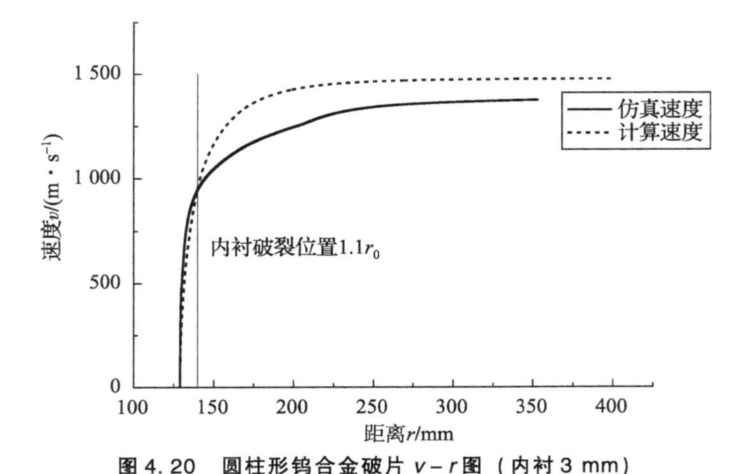

图 4.20　圆柱形钨合金破片 $v-r$ 图（内衬 3 mm）

做如下假设：爆轰产物气体泄漏后，爆轰气体对破片的压力为

$$p_s = k_p p \tag{4.21}$$

根据 AUTODYN 计算结果，设爆轰气体泄漏前，$k_p=1$，气体开始泄漏后，$k_p=r_1/r$，r_1 为爆轰气体开始泄漏时破片飞散半径。

假设中的 $k_p=r_1/r$ 是根据钢制预制破片爆轰气体泄漏前后所受压力与钢环压力对比得出的经验参数。

研究钢制破片与钨合金破片的爆炸驱动过程可知，钢制破片爆轰气体泄漏后，相对于钨合金破片具有相对较快的速度（3 mm 内衬钢破片 1 598.3 m/s、钨破片 1 015.9 m/s），爆轰产物气体以相对于钨合金破片而言较小的速度从两侧泄漏。由瞬时爆轰原理可知，爆轰产物气体膨胀体积越大，则压力越低，故爆轰产物气体泄漏后，钨合金破片受到的压力相对于钢制破片而言下降得更快。由钢制破片得出的假设不再适用，如果对钨合金情况下的 k_p 做一定的修正，爆轰气体泄漏后，有

$$k_p = r_1/(1.3r) \tag{4.22}$$

4）预制破片战斗部轴向速度分布

在建立破片初速计算公式时，出于简化模型的需要，假设破片初速沿弹体轴线各处相等。而实际情况是，由于战斗部采用端面起爆方式，爆轰产物从端面向两侧逃逸，降低了对破片的加速能力，起爆端破片的初速低于非起爆端破片的初速，破片的最高速度出现在中间偏非起爆端一侧。考虑到战斗部稀疏效应的二维爆炸驱动模型十分复杂，需要考虑的因素众多，尚未有较为成熟的理论解法，目前相关学者采用的研究方法主要是基于一定的试验结果，采用一定的修正函数对理论初速进行修正，获得经验性的速度分布公式。

Randers - Pehrson 认为，稀疏波将一部分炸药能量带走，造成有效装填比β沿轴向不同程度减少。Charron 和 Hennequin 依据上述推论，引入修正函数对 Gurney 公式的装填比β进行修正，获得轴向速度分布公式：

$$v=\sqrt{2E}\sqrt{\frac{F(z)\cdot\beta}{1+(1/2)F(Z)\cdot\beta}} \tag{4.23}$$

$$F(Z)=1-\left(1-\min\left\{\frac{Z}{2R},1.0,\frac{L-Z}{2R}\right\}\right)^2 \tag{4.24}$$

该公式的缺点是，两个端点的计算速度都为 0，这是与实际情况不相符的。因此，该式并不能反映轴向速度分布的真实情况。

冯顺山等运用 X 光摄影技术，获取破片在加到最大速度后两个时刻的飞散包络线，认为这段时间内破片的速度不发生衰减，通过计算包络线对应位置间的距离，获得了破片的周向速度分布规律，并根据该分布规律，采用指数修正的方法，获得破片的轴向速度分布，其计算式为

$$v=v_0\cdot F_1\left(\frac{x}{d}\right)\cdot F_2\left(\frac{L-x}{d}\right) \tag{4.25}$$

$$F_1\left(\frac{x}{d}\right)=1-Ae^{-Bx/d},F_2\left(\frac{L-x}{d}\right)=1-Ce^{-D(L-x)/d} \tag{4.26}$$

式中，A、B、C、D 均为根据试验结果拟合的参数，$A=0.361\ 5$，$B=1.111$，$C=0.192\ 5$，$D=3.030$；v_0 为由 Gurney 公式计算出的理论初速，以公式 (4.23) 替代。$A\sim D$ 的值因拟合方法的不同而略微不同。

LS - DYNA 计算结束后，破片的飞散阵面如图 4.21 所示。

从图中可以看出，破片相互之间已经发生了分离，不会再相互干扰而导致飞散角误差。从 LS - DYNA 计算结果中提取的破片沿轴向的速度分布如图 4.22 所示。

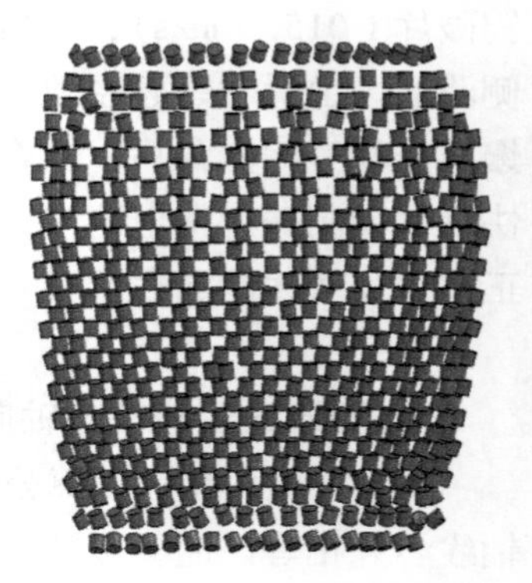

图 4.21　破片飞散阵面图

由图 4.22 可知，破片速度分布与相关仿真结果一致，证明仿真方法的正确性。由式 (4.26) 的拟合参数计算出的破片速度分布与仿真结果存在较大的差异，虽然计算出的最大速度 (1 611 m/s) 与仿真结果 (1 625 m/s) 近似，但对最大速度的出现位置及两个端部的速度预测存在很大差异。其原因可解释为：原拟合参数是对自然破片的拟合结果，对预制破片战斗部不再适用；另外，原拟合参数基于的试验弹长径比较大 (>2)，此时的最大初速已经很接近理论初速，而所建立模型由于长径比较小，稀疏波对最大初速的影响很大。

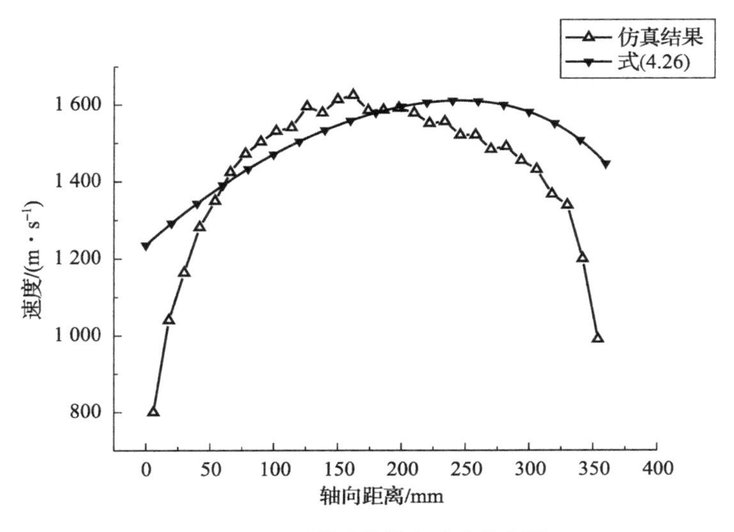

图 4.22　预制破片轴向速度分布图

对本仿真研究的结果采用最小二乘法拟合，拟合结果为 $A=0.5813$，$B=3.4404$，$C=0.4296$，$D=1.8754$。

5）破片飞散特性

从仿真结果中只能提取出破片 x、y、z 方向的速度，无法直接获得破片的飞散角信息。由于模型的轴线为 z 轴和破片的交错排列，选取的破片分别处于与 x 平面呈 45°、42.5°的两个平面上，如果设每枚破片的 3 个方向速度组成一个三坐标向量 $\boldsymbol{v}(x, y, z)$，$\boldsymbol{n}(x_0, y_0, 0)$ 为两个平面上垂直于 z 轴的参考向量，则两个向量的夹角为

$$\cos\theta = \frac{\boldsymbol{a}\cdot\boldsymbol{b}}{|\boldsymbol{a}||\boldsymbol{b}|} = \frac{xx_0 + yy_0 + zz_0}{\sqrt{x^2+y^2+z^2}\cdot\sqrt{x_0^2+y_0^2+z_0^2}} \tag{4.27}$$

设两个参考向量为 $\boldsymbol{n}_1(1, 1, 0)$，$\boldsymbol{n}_2(1, 0.9163, 0)$，则由上述方法求得的破片飞散角如图 4.23 所示。

从图中可以看出，大部分破片的飞散方向都在与战斗部轴线夹角 ±10°范围内，只有端部破片分飞散角较大，这是由端部的稀疏效应及外壳在爆炸驱动过程中破裂对破片的飞散方向的干扰引起的。

2. 包覆式含能破片爆炸驱动结构完整性

含能破片由于自身的抗冲击能力不足，在爆炸加载的情况下容易发生结构破坏，因此需要在含能破片外表包覆一层包覆壳体，保持材料的结构完整性。

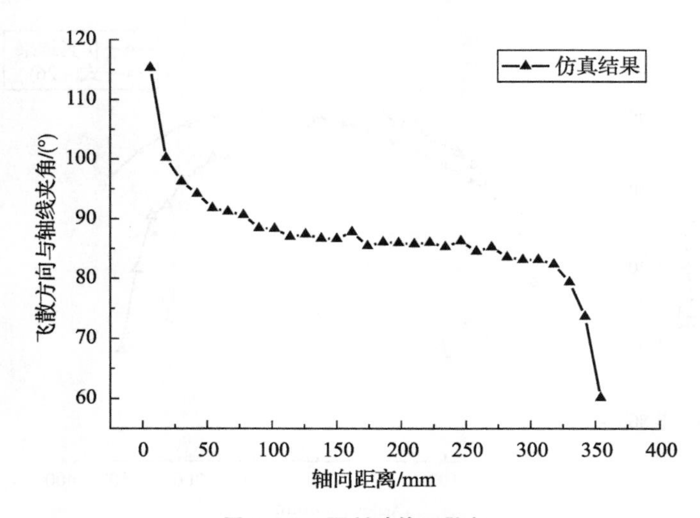

图 4.23　预制破片飞散角

典型的包覆壳体结构为圆筒形，壳体内部压装多功能含能结构材料；同时，含能破片在发射过程中，破片整体将要发生滚转等，为了保证内部装填的含能材料在破片飞行过程中不与包覆壳体脱离，设计了内、外两层包覆壳体的结构，如图 4.24 所示。

图 4.24　包覆结构三维示意图

制作含能破片时，将含能材料用一定的压力压入内层壳体，再将内外层壳体组装，将外层壳体爪扣扳弯，卡住内层壳体，最后将制得的破片放入烧结炉中烧结，形成最终的成品破片。

基于对实圆柱形预制破片的爆炸驱动的研究，采用同样的建模方法，对包覆式含能破片的爆炸驱动进行仿真研究。以下内容设含能材料的密度为 4.08 g/cm^3。

1）单层包覆壳体

为了对比包覆式破片与实圆柱破片在发射过程中变形情况的异同，首先假

设含能破片的包覆壳体为壁厚 3 mm、直(外)径12 mm 的圆筒形，材料分别为钢与钨合金，内衬厚度设为3 mm。建立的二维仿真模型如图4.25所示。

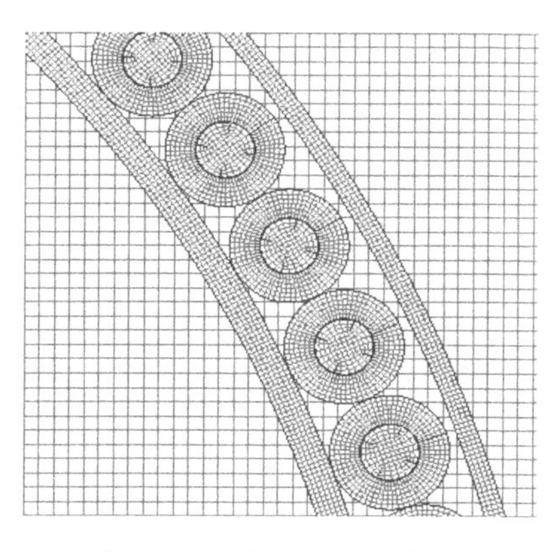

图4.25　单层包覆壳体二维模型图（局部）

单层钢包覆壳体含能破片在爆炸驱动下的变形过程与实圆柱预制破片相似，最后得到的破片典型形状如图4.26所示。

从结果可以看出，当壳体为壁厚2 mm的钢制破片时，含能破片的结构保持较完整，变形情况与实圆柱形破片变形情况比较近似，并且破片周向尺寸基本没有变化。在此种情况下，含能破片的初始速度为2 027.5 m/s。但是钨合金包覆壳体破片则发生了严重的变形，如图4.27所示。

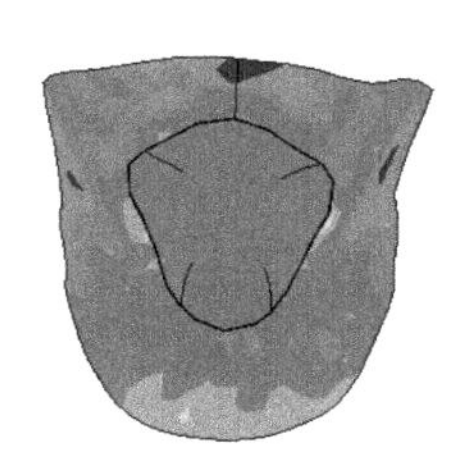

图4.26　单层包覆壳体变形图（钢）

图4.27　钨合金包覆壳体变形

钨合金虽然具有密度大、对冲击波衰减特性好等特点，但是并不适合作为含能破片的包覆壳体材料。从图4.27可以看出，钨合金包覆壳体的内、外两侧面在两侧衬层材料的挤压下发生了严重的分离，直至最后拉断。由于采用的钨合金材料模型中没有加入J-C失效模型，无法较为准确地描述壳体的破裂、破碎。但是从钨合金的相关动态特性研究可知，钨合金是由作为基体的钨粉与作为黏结剂的镍粉和铁粉液相烧结而成的合金体，是一种抗压不抗拉的材料，对应变率敏感；应变率较高时，在较低的应变下发生断裂破坏。由圆柱形破片的变形过程可知，整个过程十分迅速，应变率很高，在此情况下，钨合金壳体的破裂将要发生得更早。

上述研究表明钨合金不适合作为含能破片的包覆壳体材料，这是因为钢材料相较于钨合金具有较好的韧性。

2）双层包覆壳体

仿真结果已经表明，钨合金不适合作为包覆式含能破片的包覆壳体材料，因此后续的研究中统一采用钢作为含能破片的包覆壳体材料。可以得出结论，破片的变形与内衬层厚度有极大关系：内衬层越厚，破片的变形越小。为了考察不同内衬层厚度对实际装填条件下（双层壳体）含能破片壳体变形的影响，分别建立内衬层厚度为1 mm、3 mm、5 mm三种情况下不同包覆壳体结构的仿真模型。模型详细参数见表4.12。

表4.12　双层包覆壳体结构参数

编号	包覆壳结构	内衬层厚度
1-1	外层1 mm 内层1 mm	1 mm
1-2		3 mm
1-3		5 mm
2-1	外层1 mm 内层1.5 mm	1 mm
2-2		3 mm
2-3		5 mm
3-1	外层1 mm 内层2 mm	1 mm
3-2		3 mm
3-3		5 mm

计算获得的几种情况下包覆式破片的典型形状，如图4.28所示。

从图4.28可以看出，双层包覆壳体内、外层壳体变形情况有很大的不同，整个破片的变形基本遵循实圆柱破片变形的模式，即底部弧度基本不变，顶部变得平整，破片两侧材料向外侧运动。但是，双层壳体变形还有自身的特点：外层壳体变形主要是在冲击波的作用下两侧材料沿径向向外侧的运动，壳体材料前后的拉伸运动导致外层壳体中间部分变细，直至断裂；而内层壳体则是外侧面顶部发生变形、断裂。

从图中可以看出，在内衬厚度为1 mm的情况下，无论采用哪种包覆壳结构，包覆壳体都发生了严重的破裂：1 mm厚的外层壳体在破片两侧处拉断，此种情况下将失去对内部含能材料的包覆作用；内层壳体则因为厚度的不同，分别发生破裂/顶部减薄等变形行为。由此可见，1 mm厚的内衬层不足以满足含能破片的完整性要求。当内衬层厚度增加（3 mm）后，破片的变形程度有所减轻，但内层厚度1 mm的包覆壳体仍然发生了较大的变形。

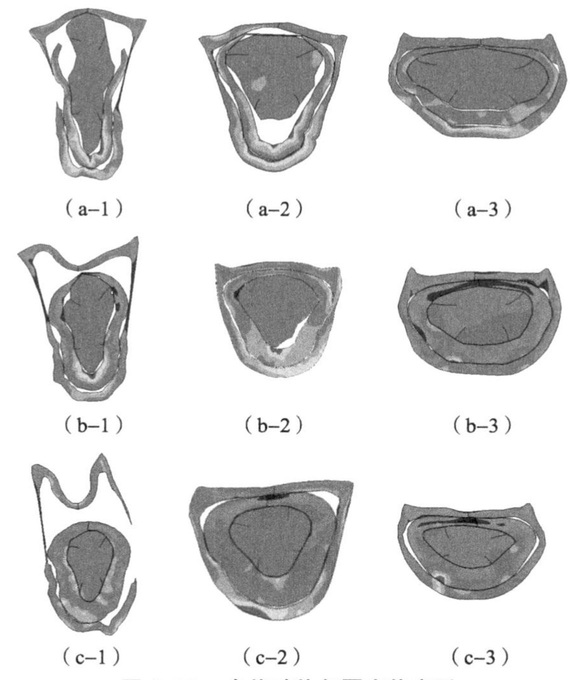

图 4.28　含能破片包覆壳体变形

(a-1) 结束形态；(a-2) 中间过程；(a-3) 初始变形；
(b-1) 结束形态；(b-2) 中间过程；(b-3) 初始变形；
(c-1) 结束形态；(c-2) 中间过程；(c-3) 初始变形

当内衬层厚度为 5 mm 时，三种包覆壳体结构的破片完整性较好，但与前面破片的变形情况有所不同的是，破片沿战斗部径向的尺寸减小，即破片发生了“墩粗”现象。

含能破片包覆壳体的另一个重要作用是改善含能破片作用于靶板时的侵彻性能。图 4.28 中，破片虽然保持了较好的完整性，但其内层壳体顶部发生了严重的减薄，在侵彻靶板的过程中容易发生破裂而降低含能破片的作用性能。当内层壳体增厚时，破片包覆壳体的减薄程度有所降低。

综上，对于此种尺寸下的包覆式含能破片战斗部，当内衬层厚度为 3～5 mm，内层壳体厚度大于 1.5 mm 时，含能破片的包覆壳体保持了较好的完整性。

3）包覆式含能破片爆炸驱动壳体变形/破裂机理

实圆柱形预制破片的爆炸驱动变形是由于冲击波和爆轰产物气体压裂力的综合作用，含能破片的变形同样受上述两个因素的控制，不过由于含能破片自身的结构特点，其变形规律具有一定的特殊性。

为了使问题简化，现考虑单层包覆壳体的变形过程，如图 4.29 所示。

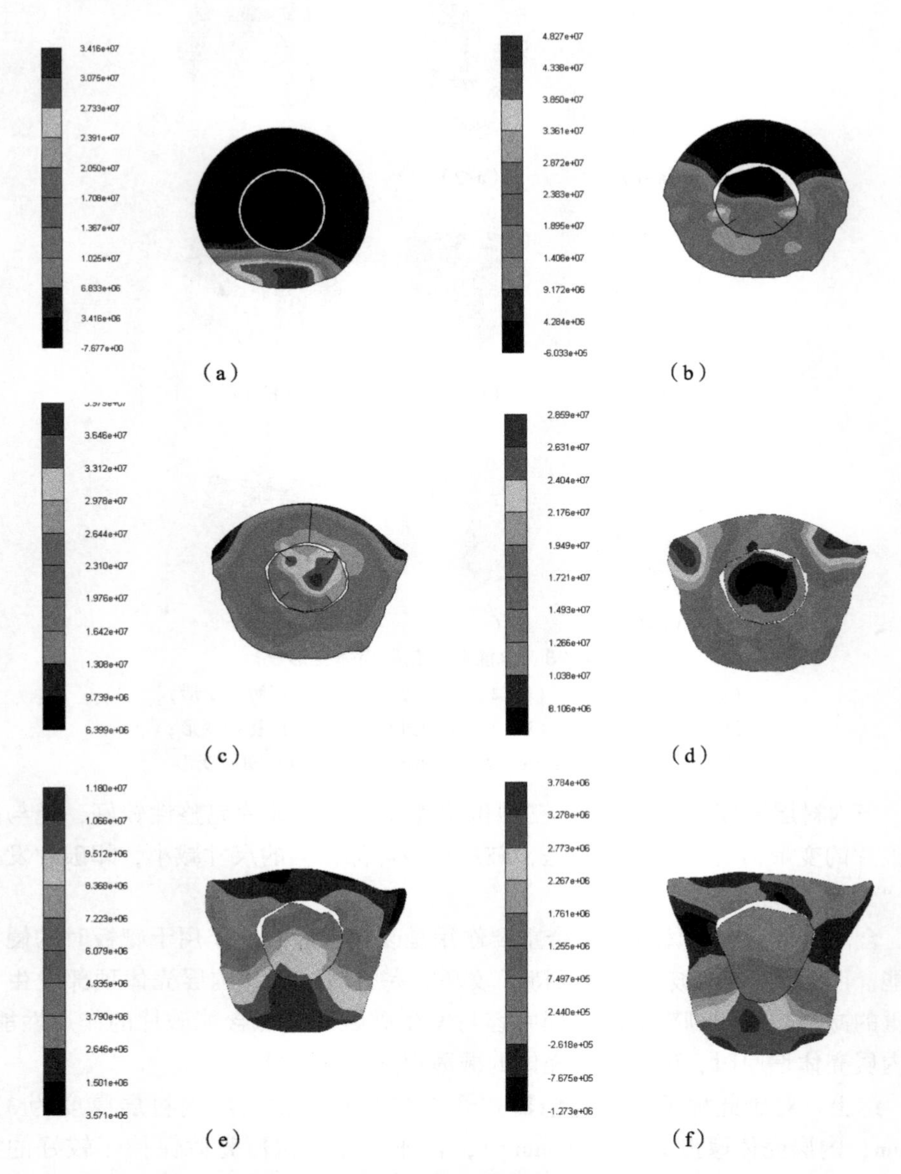

图 4.29　单层包覆壳含能破片形状变化过程（3 mm 铝内衬）

(a) $t=17$ μs；(b) $t=18$ μs；(c) $t=19$ μs；
(d) $t=20$ μs；(e) $t=22$ μs；(f) $t=26$ μs

与实圆柱预制破片相同的是，包覆式含能破片壳体的变形同样迅速，壳体外侧轮廓与实圆柱破片变形情况相似。为了分析含能药柱与包覆壳体之间的相

互作用，选取其中一枚含能破片的壳体与含能药柱的 $v-t$ 曲线，如图 4.30 所示。

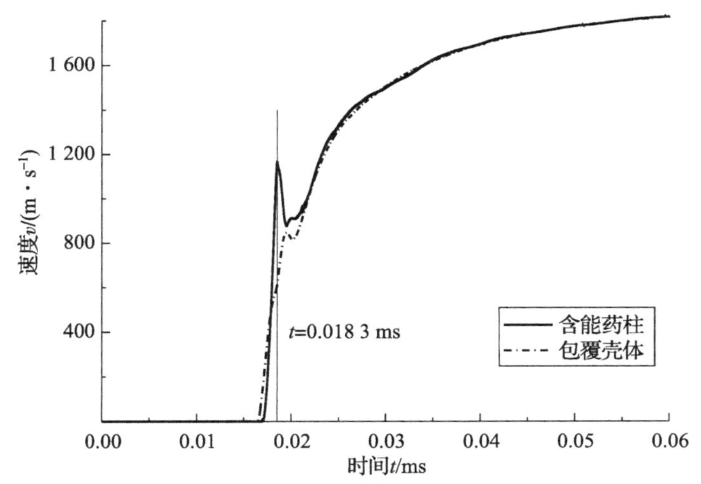

图 4.30　单层包覆壳体含能破片结构速度 $v-t$ 曲线

由图 4.30 可以看出，含能药柱与包覆壳体的速度曲线在刚开始加速阶段的 $t=0.018\ 3$ ms 时刻，两者的速度有很大的差异，含能药柱此时的瞬时速度为 $v_H=1\ 165$ m/s，而外壳的瞬时速度为 $v_K=632$ m/s，瞬时速度差为 $\Delta v=533$ m/s，此后两者的速度曲线在数十微秒内交替增减并最后趋于一致，而此时刻冲击波恰好传播到破片中间位置附近。采用一维冲击波传播理论计算壳体与含能药柱材料的初始冲击波粒子速度为 $v_H=1\ 521.9$ m/s（含能药柱），$v_K=1\ 069.5$ m/s，两者的速度差为 $\Delta v=452.4$ m/s；差值与仿真差值相近。

在薄壁圆筒爆炸驱动初速研究中，Predrag 等认为，壳体的加速阶段分为初始冲击波瞬时加速与爆轰产物气体推动两个阶段。初始冲击波在含能破片中的传播过程如图 4.31 所示。由于波阻抗的不同，冲击波传入不同材料后的压力与粒子速度不同；波阻抗越大，压力越高，粒子速度越低，反之亦然。当冲击波传入包覆壳体后，分为两部分传播［图 4.31（b）］：一部分透射入含能药柱，在含能药柱中传播，由于含能药柱的波阻抗低于包覆壳体，材料粒子速度增大，压力降低；另一部分在包覆壳体的两侧面（半圆柱面）传播，粒子速度与压力保持不变。而两个介质接触面处反射入包覆壳体的稀疏波［图 4.31（c）］则因为在等于壳体壁厚的狭小范围内来回反射而最终耗散，导致壳体底部速度很低，材料几乎不发生运动。因此，含能药柱的瞬时速度高于包覆壳体的瞬时速度，含能药柱挤压壳体外侧顶部，导致壳体外侧顶部减薄。由于壳体两侧的环氧树脂粒子速度高于壳体粒子速度，挤压壳体两侧材料向外运动，同时对内部装填的含能药柱形成汇聚压力［图 4. 31（d）］，最终的结果同样导致含能药柱挤压壳体顶部。壳体与含能药柱波阻抗相差更大的钨合金包覆壳体的变形更能说明此问题。

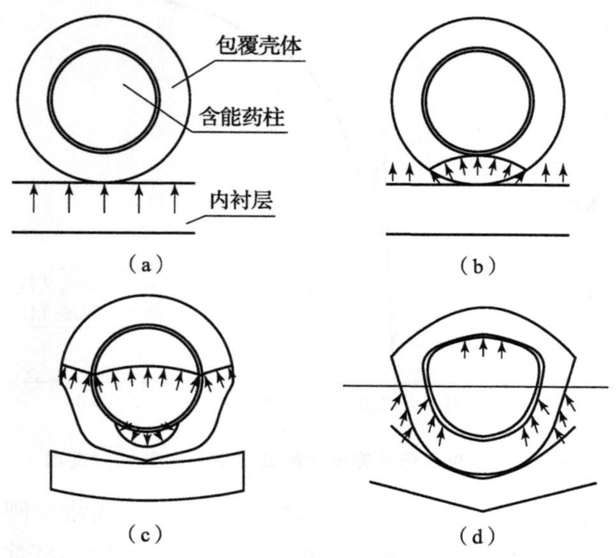

图 4. 31　含能破片变形示意图

（a）冲击波与破片接触；（b）冲击波传入破片初始；

（c）破片与药柱之间的稀疏波；（d）含能药柱形成汇聚压力

当包覆壳体采用实际应用中的双层壳体结构时，假设冲击波在两层壳体之间传播不发生反射现象。由于包覆壳体内、外层是分离结构，含能药柱对壳体的挤压压力主要作用在内层包覆壳体上；而外层包覆壳体的变形主要是因为两侧环氧树脂的挤压导致的材料向外侧的运动，这也解释了双层 1 mm 包覆壳体内层壳体顶部破裂，外层壳体中部拉断的变形形态。

当将内层壳体厚度增加到 2 mm 时，内层壳体抗压能力增强，破片受力环境有所改善，破片结构保持完好。

当内衬层为 5 mm 时，由于内衬层较厚，此时虽然内衬层材料同样会挤入破片之间的三角区域，但不再发生材料从破片之间挤过去的现象；内衬层材料虽然发生断裂，但一直与破片接触，直到破片的径向飞散分离出足够的空间使内衬碎块飞过。此过程中，由于内衬厚度的增加，抗弯矩能力增强，破片“嵌入”内衬材料中；内衬对破片的汇聚作用［图 4. 31（d）］减弱，破片受到沿径向的单侧压力，破片沿径被“压扁”。由此可见，内衬层的厚度不能无限增加。

综上所述，当内衬层较薄时，含能破片包覆壳体变形及破裂的主要原因是装药结构上破片两侧的低阻抗黏结材料与包覆壳体及含能药柱之间阻抗匹配不一致。当内衬层较厚时，上述因素造成的变形减弱，包覆壳体变形的主要原因为破片单侧受压造成破片被“压扁”。

设计此类含能破片战斗部时，在战斗部结构方面，内层包覆壳的厚度应当在 1.5 mm 以上，内衬层应具有一定的厚度（3 mm 左右），内衬层过薄或过厚都不能保证破片具有良好的形状结构；在装药方面，增加黏结剂环氧树脂与含能药柱的波阻抗有助于提高含能破片包覆壳体的结构完整性。

4.4　多功能含能结构材料侵爆行为仿真研究

4.4.1　侵爆行为描述

当含能破片作为毁伤元对目标进行毁伤时，主要通过侵彻和爆炸两种毁伤模式联合作用，以达到普通惰性破片所不具备的毁伤效果。由于多功能含能结构材料的质地大多较软，所以含能破片的侵彻效果基本依赖于金属壳体及碰撞时的动能大小。目标材料一定的情况下，破片壳体材料强度及撞击时的动能越大，破片侵彻效果越好，其作用过程和惰性破片的侵彻过程基本一致，因此不再做过多说明。作为爆炸式含能破片的主要毁伤模式，炸药化学反应行为很大程度上决定了破片毁伤效果。对于密闭炸药，冲击与剪切是两种常见的引爆机理。通常，这种反应会分为两种情况：一种是爆轰波的低速传播（爆燃），另一种是爆轰波的高速传播（爆轰）。后一种反应会大规模地破坏密闭容器及附近区域；相反，前一种仅会破坏密闭限制。当密闭炸药受到冲击时，由于非均质炸药本身物理结构的不均性，使得其不同部位存在不同的动力学响应特征，在诸如缩孔或有气泡的部位，会使能量堆积，产生大量热点并导致炸药内发生热分解反应，引起热爆炸，形成不稳的爆轰。如果从外界吸收的热量小于其本身反应所放出的能量时，就会不断促进炸药内能量的堆积，促进炸药内化学反应，最后形成稳定的爆轰波，引爆含能破片。综上所述，含能破片的侵爆过程可以描述为如图 4.32 所示的三个过程，即含能破片侵彻变形阶段。含能破片以一定速度撞击靶板，破片及靶板由于撞击产生的压力而形变，如图 4.32（b）所示；多功能含能结构材料局部点火阶段，破片内装有的含能材料在冲击波作用下形成热点堆积，发生局部热分解反应，如图 4.32（c）所示；穿靶后，在含能破片爆炸毁伤阶段，在大量热点共同作用下，破片内部装药建立起稳定的爆轰，发生爆炸，对靶板后的目标造成毁伤，如图4.32（d）所示。

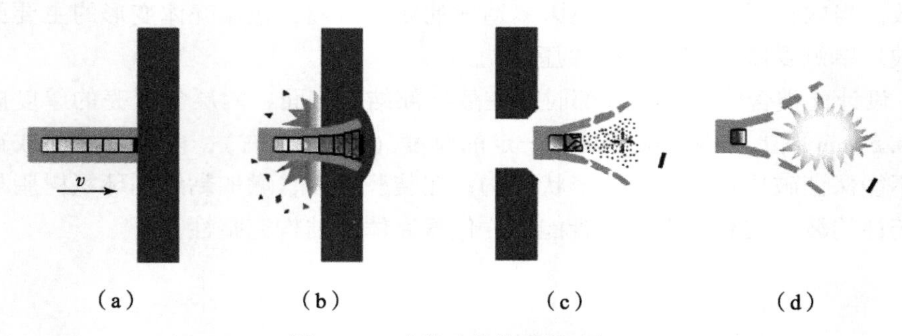

图4.32　含能破片的侵爆过程

（a）着靶；（b）侵彻；（c）侵彻结束；（d）爆炸

4.4.2　数值模拟

分析得到“战斧”式巡航导弹制导舱段到发动机舱段的等效4340钢板的厚度为6～8 mm。运用LS－DYNA软件模拟含能破片对8 mm厚4340钢靶的侵爆行为，并规定轴向速度向上为正，径向速度向右为正。为对比高爆炸药爆炸时对靶板及壳体的作用效果，含能破片内装药采用两种材料模型描述：一种为点火与增长模型；另一种为Plastic－Kinematic材料模型（＊MAT_PLASTIC_KINEMATIC），该模型非常适用于描述冲击载荷下材料的形变，应力－应变关系为

$$\sigma_y = [1 + (\varepsilon/C)^{-p}](\sigma_0 + \beta E \varepsilon_{\mathrm{eff}}^p) \tag{4.28}$$

式中，ε为应变率；$\varepsilon_{\mathrm{eff}}^p$为有效塑性应变；$\sigma_0$、$E$、$C$为材料参数，表征材料敏感特征。由于炸药爆炸时，结构会产生巨大变形，可能使有限元网格发生畸变，产生负体积，引起数值计算困难。因此，采用流固耦合（ALE）算法，炸药和空气介质采用欧拉网格建模，单元使用单点欧拉算法，含能破片壳体和靶板采用拉格朗日网格建模。其中，空气介质采用空物质（＊MAT_NULL）模型和线性多项式（＊EOS_LINER_POLYNOMIAL）状态方程描述，压力值可由下式表示：

$$p = C_0 + C_1\mu + C_2\mu^2 + C_3\mu^3 + (C_4 + C_5\mu + C_6\mu^2)E \tag{4.29}$$

式中，C_0、C_1、C_2、C_3、C_4、C_5和C_6为常数；$\mu = 1/V - 1$，V为相对体积；E为材料初始内能。几何模型如图4.33所示。

炸药的Plastic－Kinematic材料模型及空气介质的材料参数值见表4.13和表4.14。未列出的参数采用软件自带的默认值或忽略。

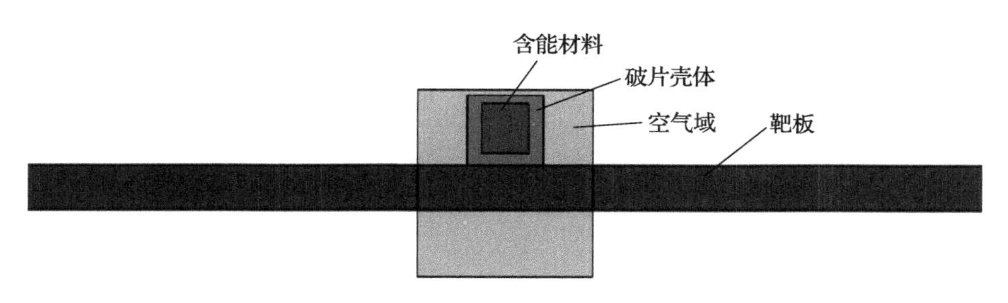

图 4.33　数值仿真几何模型

表 4.13　炸药材料参数

材料名称	$\rho/(\mathrm{g\cdot cm^{-3}})$	E/GPa	μ	σ_0/GPa	β
炸药	1.71	15.0	0.40	0.10	—

表 4.14　空气材料参数

材料名称	$\rho/(\mathrm{g\cdot cm^{-3}})$	C_0	C_1	C_2	C_3	C_4	C_5	C_6
空气	1.280×10^{-3}	0	0	0	0	0.4	0.4	0

4.4.3　含能破片侵彻过程

图 4.34 所示为含能破片和惰性破片（使用同等密度材料代替含能材料）以 $v=1\ 200$ m/s 速度侵彻靶板的过程。为方便观察，图 4.34（e）中未显示炸药。

比较两种破片的侵彻过程，虽然两种破片都成功穿透靶板，但在剩余速度和靶板的破坏形式方面存在加大差异。从图 4.34（a）~（e）中可以明显看出含能破片在撞击靶板过程中内部装药由于冲击波作用而发生爆炸，炸药爆炸所产生的高压燃气对壳体结构产生严重破坏，致使壳体上端面、下端面及壁面完全分离。而惰性破片的侵彻过程中，破片壳体结构的破坏程度远远小于含能破片，穿透靶板后能保持基本形状，如图 4.34（f）~（j）所示。两种破片撞击靶板初期，靶板均出现一定程度的层裂现象［图 4.34（b）、（g）］，随着侵彻过程不断进行，靶板出现两种截然不同的穿孔形式。惰性破片撞击靶板后，没有发生剧烈变形，破片和靶板相接触的环形截面上产生巨大的剪应力，破坏材料结构，对靶板造成单一的冲塞式破坏，如图 4.35（b）所示。而含能破片撞击靶板时，由于炸药燃气作用，破片壳体外形变化非常巨大，因此，在形成冲塞式破坏的同时，引起部分靶板径向撕裂，造成花瓣式破坏，如图 4.35（a）所示。

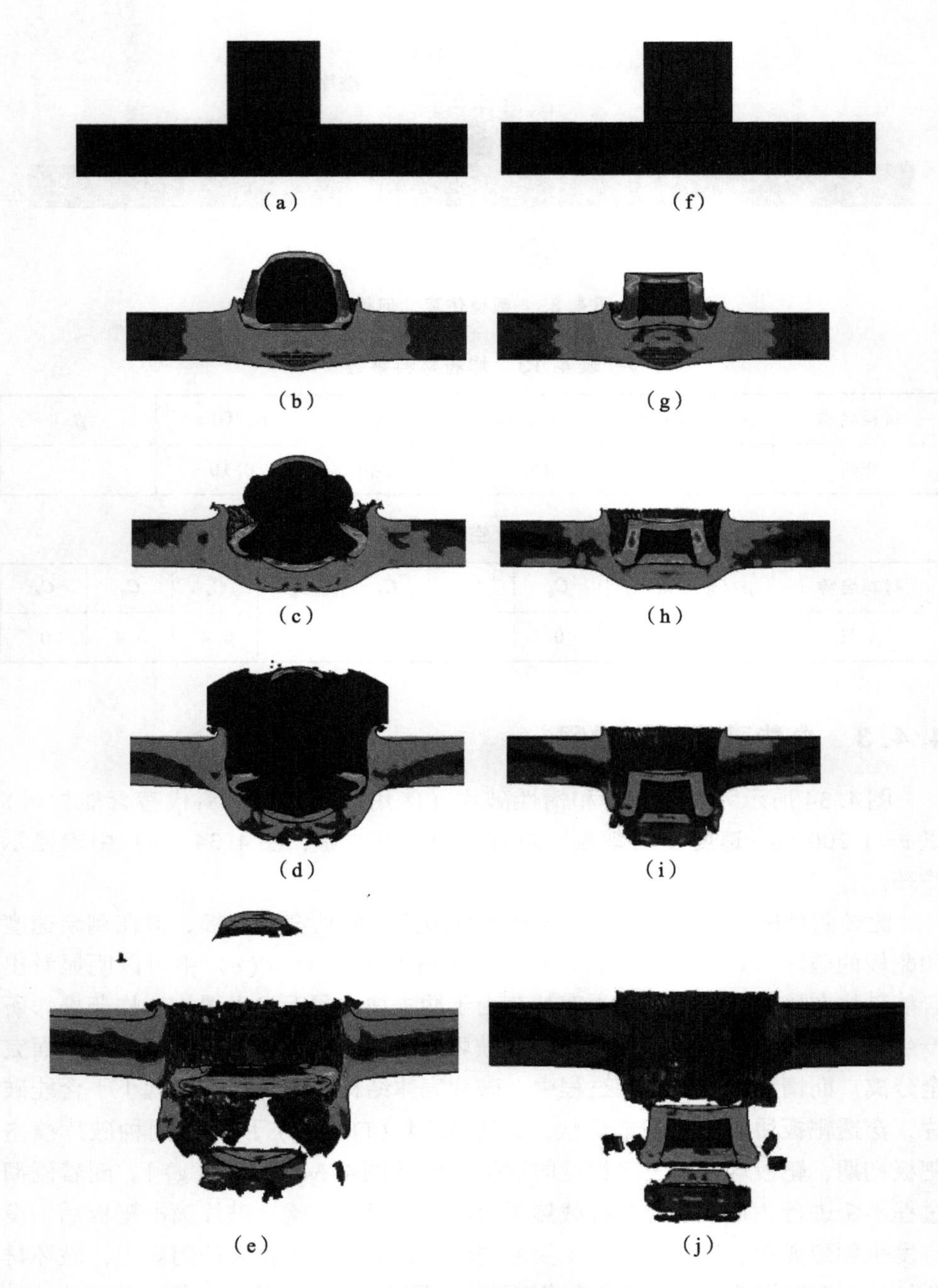

图 4.34　含能破片及惰性破片的穿靶过程

含能破片：(a) $t=0$ μs；(b) $t=5$ μs；(c) $t=15$ μs；(d) $t=30$ μs；(e) $t=50$ μs；

惰性破片：(f) $t=0$ μs；(g) $t=5$ μs；(h) $t=15$ μs；(i) $t=30$ μs；(j) $t=50$ μs

通过后处理软件测量穿孔孔径大小，得到含能破片穿靶后产生的孔径为28.20 mm，而惰性破片产生的孔径为21.63 mm。可以认为含能破片在侵彻过程中能对目标造成更大的创伤面积。

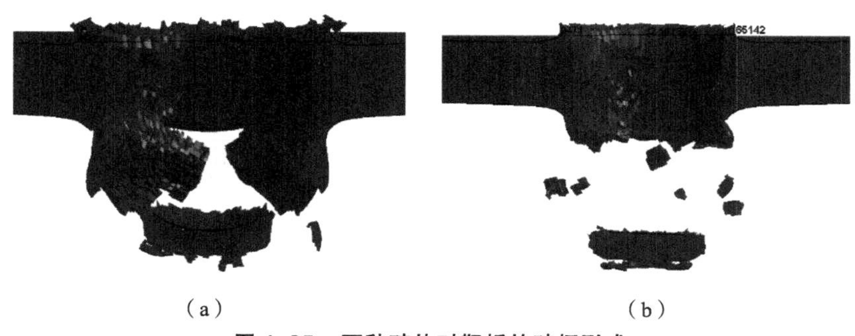

(a)　　(b)

图4.35　两种破片对靶板的破坏形式

(a) 含能破片；(b) 惰性破片

为进一步了解炸药爆炸对破片侵彻靶板能力的影响，提取两种破片整体及上、下端面上特定单元轴向速度－时间历程曲线，速度向上为正，如图4.36所示。

图4.36 (a) 所示为两种破片壳体上端面第292620号单元轴向速度，可以明显看出炸药燃气对上端面的运动起阻碍作用，$t=1.8$ μs时，该点速度出现断崖式下降，由于火药燃气剧烈膨胀，对该点产生巨大的反向加速度，速度值在0.3 μs内降为零，并向反方向运动，随后速度出现些许回落，速度方向仍向上。而对于下端面，炸药燃气则起到一定的促进作用，破片接触靶板后，下端面速度由于阻力作用开始下降，随后因破片后端不断挤压，使下端面速度开始回升。比较图4.36 (b) 中的两条曲线可以发现，在破片后端和炸药燃气的共同作用下，含能破片下端面能获得更大的速度值，$t=4$ μs时，含能破片下端面速度值增加，达到948 m/s，而惰性破片的速度只达到611 m/s。

由图4.37可以看出，初期两种破片的速度基本一致，$t=1.5$ μs后，含能破片速度衰减速率开始变大。$t=50$ μs时，两种破片均成功穿透靶板，但剩余速度存在较大差异，含能破片穿透靶板后的剩余速度仅为99 m/s，远小于惰性破片421 m/s的剩余速度。于是可认为引爆后的含能破片，侵彻能力要小于同尺寸、同质量的惰性破片。造成该现象的原因十分复杂，大体上有：含能破片一部分动能以冲击波的形式作为炸药起始反应能量被消耗；炸药起爆后，炸药燃气以起爆点为中心向四周膨胀，破坏壳体结构，对破片轴向速度有较大影响；固体炸药转化为炸药燃气后从壳体裂缝中泄漏，减小了破片整体质量；破片壳体在火药燃气作用下剧烈变形，加大了壳体与靶板之间的接触面积，从而

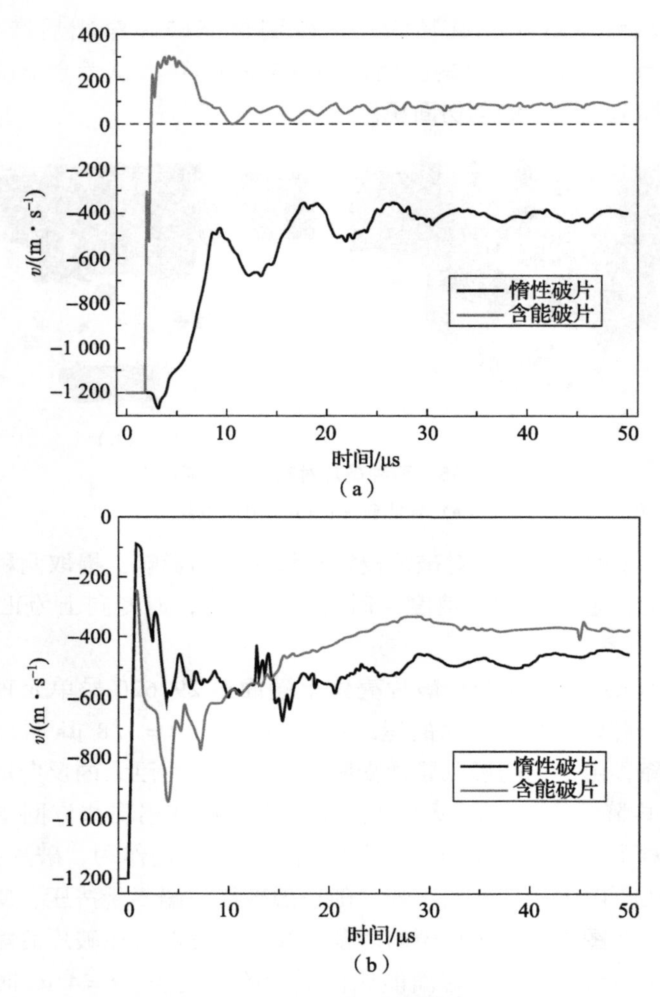

图 4.36　上、下端面特定单元轴向速度

（a）上端面；（b）下端面

增加了破片穿靶所需要的能量。因此，在考虑含能破片穿靶能力时，除了破片速度、质量等因素外，含能破片临界起爆速度也将是一个重要影响因素。

4.4.4　不同倾角对侵爆的影响

含能破片与目标遭遇时，由于破片飞散角、翻滚及目标几何特性等因素的影响，不可能都是理想的90°着靶，含能破片可能以各种方式撞击靶板。不同着靶角下破片的侵彻能力、运动状态及靶板变形情况都有很大不同。主要对含能破片以 $v=1\ 200$ m/s 的速度在不同着靶角下侵彻 8 mm 钢板的过程进行模

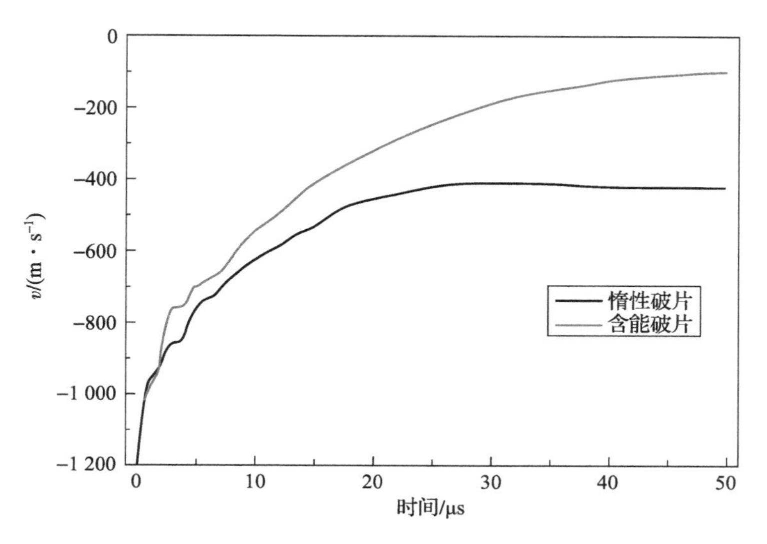

图 4.37　两种破片速度变化曲线

拟，为更加直观地显示着靶角对破片速度的影响，实际仿真中采用破片不动，将靶板旋转一定角度的方式实现，即破片轴向速度始终为 -1 200 m/s，其他方向速度为零。图 4.38 所示为含能破片以 10°、20°、30°和 40°着靶角侵彻靶板的应力云图，为方便观测靶板形貌及破片破碎情况，图中未显示炸药。

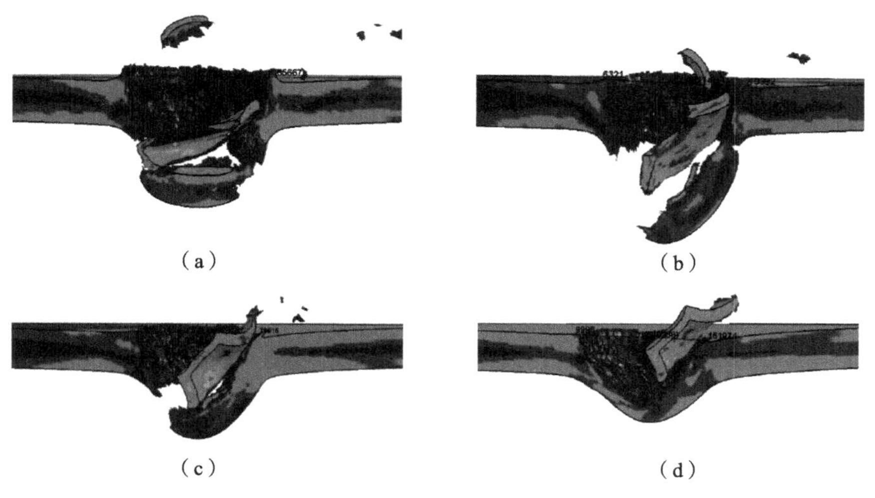

图 4.38　不同着靶角下含能破片侵彻靶板的应力云图

(a) 10°；(b) 20°；(c) 30°；(d) 40°

由图 4.38 可以看出，随着靶角的不断增大，破片侵彻能力不断下降，穿靶孔径不断变小，靶板破坏方式从冲塞逐渐变为一侧撕裂。当着靶角增大到 40°时，破片未能穿透靶板。比较图 4.38 中破片壳体形态，发现当着靶角为 30°和 40°时，破片形貌基本保持完好，即破片内装药未发生反应，此时即使破片能够穿透靶板，对目标造成的毁伤效果也十分微小。

图 4.39 所示为破片以不同着靶角撞击靶板时轴向速度和径向速度的时间 -

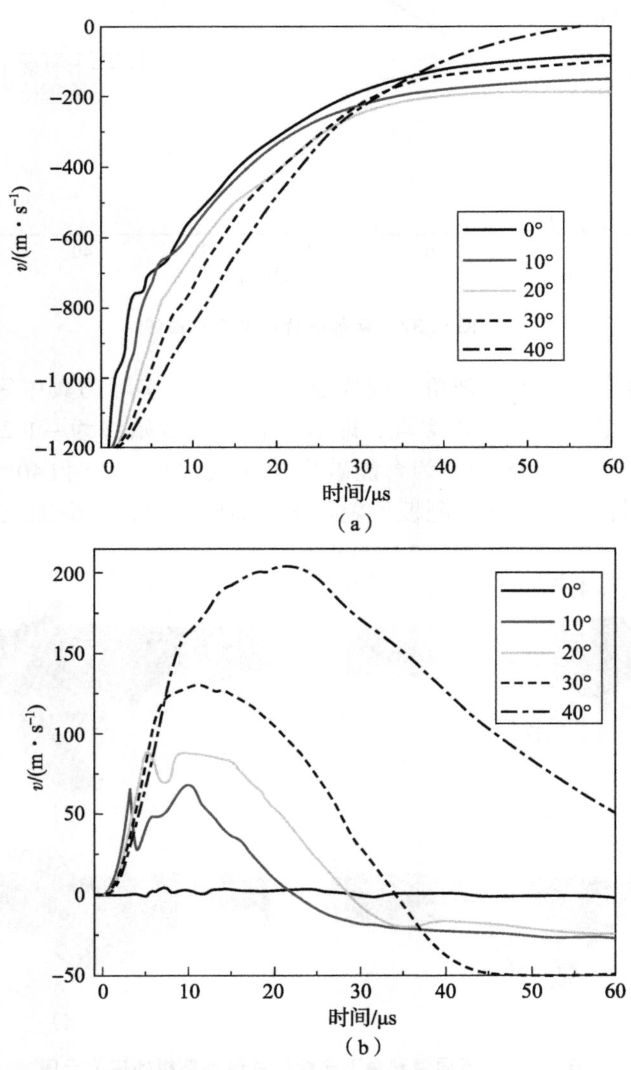

图 4.39　不同着靶角时破片轴向速度和径向速度的时间 - 历程曲线

（a）z 轴方向速度；（b）x 轴方向速度

历程曲线，观察破片 z 轴方向速度变化可以发现，内部装药发生化学反应的破片（0°、10°和 20°）和未发生反应的破片（30°和 40°）的速度变化趋势出现较大差异。在破片侵彻的初始阶段，着靶角越大，破片轴向速度的衰减速率越小，随后 0°、10°和 20°的破片由于冲击作用而发生爆燃或爆轰，在火药燃气压力作用下，破片获得额外动能，破片轴向速度衰减速率逐渐减小。由图 4.39（b）可以看出，破片斜侵彻靶板时，由于着靶角的存在，使得破片在 x 轴方向获得一定速度，着靶角越大，破片在 x 轴方向获得的速度值越大。随着侵彻进行，10°、20°和 30°的靶板一侧材料结构在巨大的拉应力作用下开始被破坏，并出现撕裂。破片由于受力不均而发生偏转，x 轴方向的速度逐渐减小，最后反向。着靶角为 40°时，由于靶板未穿透，因此 x 轴方向的速度始终大于零。着靶角为 10°和 20°时，由于炸药发生化学反应，引起壳体膨胀，使其 x 轴方向的速度出现波动。

4.4.5　含能破片极限侵爆速度

分析可知，含能破片对靶板的侵彻效果，不单单由破片着靶速度和着靶角度决定，含能破片内装药的爆轰行为对破片的侵彻能力也有很大影响，在增加引爆效果的同时，会降低破片的侵彻能力。

为了得到含能破片爆轰行为对其侵彻能力的影响，运用“升降法”，求出含能破片在发生爆轰和未发生爆轰时的极限穿靶速度。当含能破片的冲击速度低于其发生爆燃的临界速度时，将其作为惰性破片处理，即内部装药采用 Plastic - Kinematic 材料模型描述。图 4.40 所示为破片侵彻靶板时的应力云图和速度变化曲线。

由图 4.40 可知，含能破片以速度 $v = 850$ m/s 侵彻靶板时，速度衰减为零，未能对靶板形成有效穿透。而速度为 $v = 860$ m/s 时，破片成功穿透靶板，并保有 54.96 m/s 的剩余速度。因此可以认为含能破片的极限穿靶速度为 860 m/s。同样，可以求得不同着靶角下含能破片的极限穿靶速度，如图 4.41 所示。

图 4.41 显示了不同着靶角下，含能破片侵彻 8 mm 厚 4340 钢靶时的穿靶情况。从图中可以明显看出含能破片的穿靶情况与普通惰性破片有很大不同。含能破片以大于临界爆燃值的冲击速度穿透靶板时，破片壳体均破碎。冲击速度介于极限穿靶速度和临界爆燃值之间时，破片破碎情况由冲击速度决定。破片内装药未发生反应时，其穿靶情况与惰性破片相似，破片极限穿靶速度基本符合 DeMarre 经验公式，随着靶角呈指数增长。撞击速度大于极限速度时，能

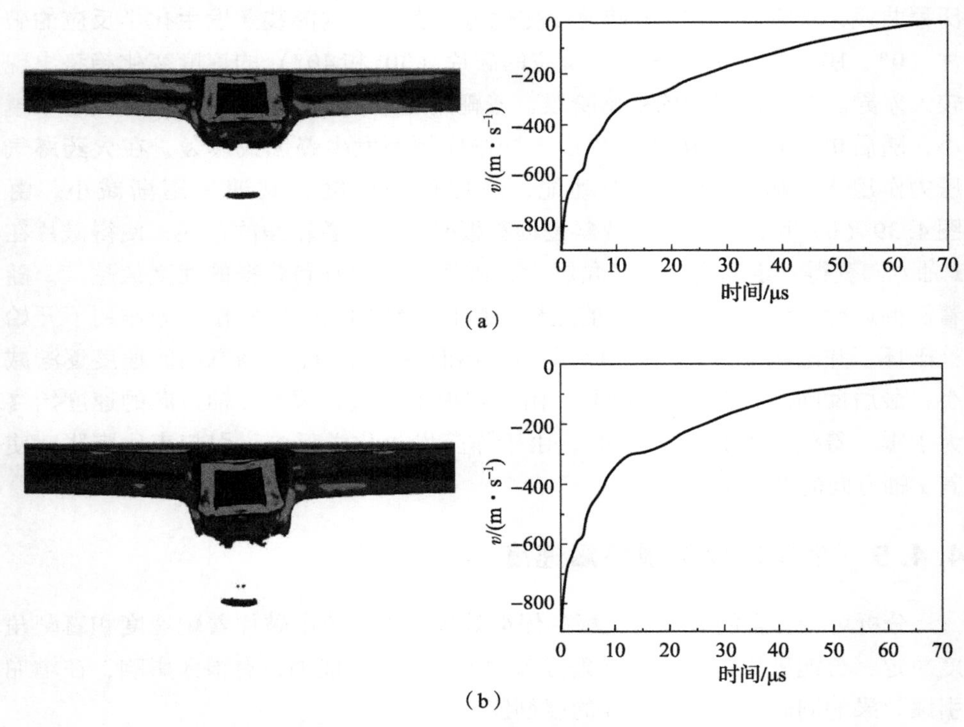

图 4.40 含能破片侵彻靶板的应力云图和速度变化曲线

(a) $v=850$ m/s; (b) $v=860$ m/s

够穿透靶板，小于该速度则不能。0°着靶时，极限穿透速度为 860 m/s，40°着靶时极限穿透速度为 1 270 m/s。随着着靶速度的不断增大，冲击波输入炸药的能量值达到炸药发生爆燃的阈值，破片内装药发生化学反应，破坏壳体的密闭限制，由于火药燃气作用，破片侵彻能力有所下降。着靶角在 0° ~ 10°时，爆炸后破片所具备的能量不足以支持破片穿透靶板，在临界燃爆速度曲线、爆轰极限穿靶速度曲线及纵轴所构成的区域内，含能破片无法穿透靶板，直到破片着靶速度超过爆轰极限穿靶速度曲线时，才重新穿透靶板。当着靶角大于等于 20°时，含能破片发生爆燃后仍能穿透靶板。认为含能破片侵彻过程中存在爆轰极限穿靶速度（图中 0°和 10°的结果为计算值，10° ~ 20°为预估值），该速度值的变化较为平缓。当破片临界爆燃值小于爆轰极限穿靶速度时，含能破片以介于两者之间的速度撞击靶板时，无法穿透。由于着靶角对破片临界爆燃速度的影响大于对爆轰极限穿靶速度的影响，因此，随着靶角的增大，临界爆燃速度值将超越爆轰极限穿靶速度，此时破片极限穿靶速度等于同质量、同尺寸惰性破片的极限穿靶速度。

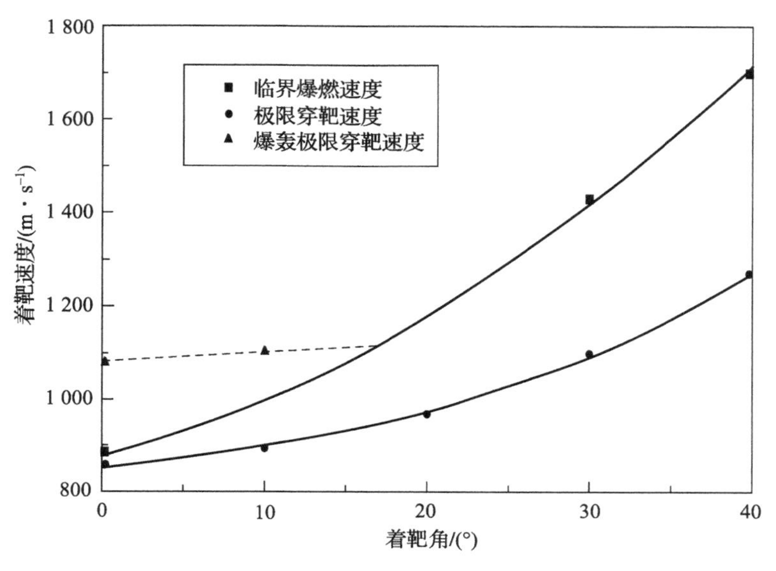

图 4.41　含能破片极限穿靶速度

4.5　活性破片对多层靶冲击起爆数值模拟

4.5.1　有限元模型

活性弹体材料为 Al/PTFE（质量比 26/74），由于聚合物基活性材料的密度和强度普遍偏低，在战斗部中作为破片使用时，往往需要加一个强度较高的惰性金属外壳，以起到防护的作用。金属外壳一方面能一定在程度上增强弹体的侵彻能力，使更多的活性材料穿过第一层靶板；另一方面，金属外壳能对芯体的活性材料起到一定的约束作用，使活性材料比较集中，发生化学反应时反应更剧烈，起到穿靶后爆燃毁伤的作用。本次数值仿真模拟的是活性材料真实应用时的场景，因此，也会在模型中给活性材料外加一个惰性金属保护壳。弹靶主要参数为：壳体长度 36 mm、直径 14 mm，活性材料芯体长度和直径分布为 30 mm 和 10 mm，头部和尾部壳体厚度均为 3 mm，主靶板厚度为 10 mm，后效靶 1 和后效靶 2 的厚度均为 3 mm。考虑到正侵彻条件下模型对称性特点，计算采用 1/4 实体模型，弹靶作用分析模型如图 4.42 所示。

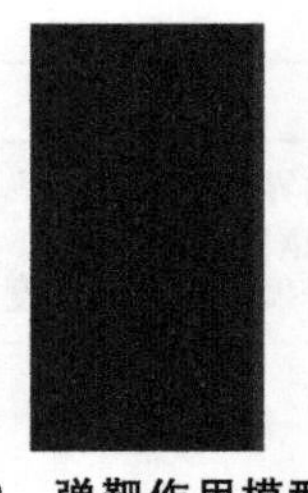

图 4.42　弹靶作用模型

为了减少运算时间和提高计算精度，在对弹靶进行有限元网格划分时，受力变形比较集中的区域网格划分得比较密集，其他区域则相对稀疏一些。在 Autodyn-3D 平台上采用拉格朗日算法进行模拟。失效模型采用主应力失效模型，当单元体的有效塑性应变超过设定的临界值时，单元体塑性失稳，不再承受应力并将被删除，该单元体的能量将传递给邻近单元。除活性材料的参数外，其余材料参数均取自 AUTODYN 的标准材料库，所有材料及模型见表 4.15。

表 4.15　计算所用材料模型

部件	材料	强度模型	状态方程	失效模型
壳体	Steel4340	Johnson-Cook	Shock	Principal Stress
活性材料（未反应）	Al/PTFE	Johnson-Cook	Shock	Principal Stress
活性材料（反应）	Al/PTFE	Johnson-Cook	Powder Burn	Principal Stress
主靶板	RHA	Von-Mises	Shock	Principal Stress
后效靶 1 与 2	Al2024	Johnson-Cook	Shock	Principal Stress

4.5.2　本构模型参数

2008 年，美陆军研究实验室的 Raftenberg 等利用 0.11 s^{-1} 和 2 900 s^{-1} 的压缩试验数据，获得了 Al/PTFE（质量比 26/74）J-C 模型参数，具体参数值见表 4.16。

表 4.16　Al/PTFE 本构方程相关参数值

A/MPa	B/MPa	n	C	m	T_m/K	T_r/K
8.044	250.6	1.8	0.4	1	500	294

其实测压缩曲线与模拟曲线对比结果如图 4.43 所示。从图中可以看到，J－C 模型曲线与动态压缩试验数据吻合得较好，即，环境温度由 297 K 增加到 325 K，材料强度有所降低；但低应变率（0.1～1 s^{-1}）压缩曲线与 J－C 模型曲线的偏差较大，这是因为图中 J－C 本构方程的参数仅仅是通过两个应变率（0.1 s^{-1}和 2 900 s^{-1}）下的压缩数据拟合得到的。

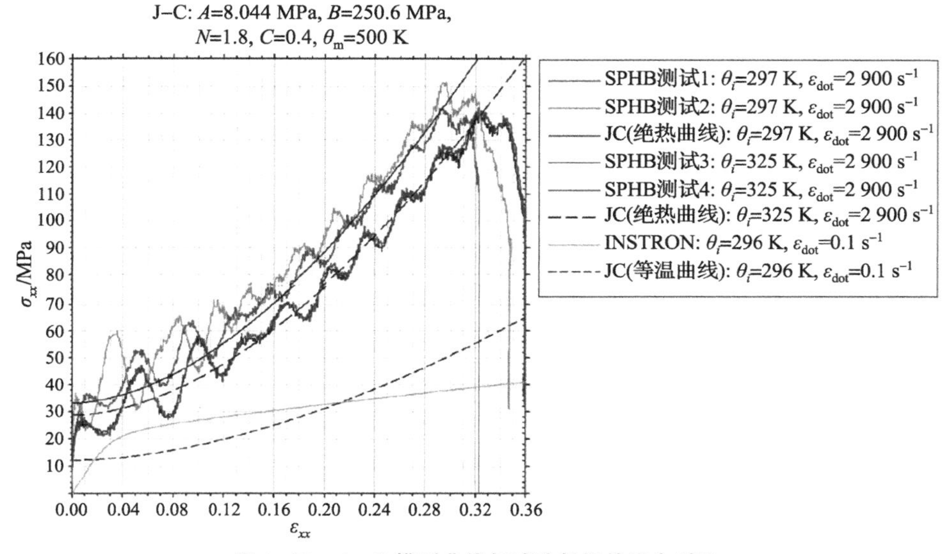

图 4.43　J－C 模型曲线与试验数据的拟合对比

4.5.3　状态方程参数

未反应部分的状态方程采用的是 Shock 状态方程，活性材料的 Shock 状态方程参数及其他的一些物理参数见表 4.17。

表 4.17　Al/PTFE 物理参数

密度 ρ_0 /(kg·m^{-3})	比热容 c_p /(J·kg^{-1}·K^{-1})	剪切模量 /MPa	声速 c_0 /(m·s^{-1})	方程系数 Γ	斜率 S
2 270	250.6	1.8	1 450	0.9	2.258 4

反应部分的状态方程采用的是 Powder Burn 模型，选用 Compaction EOS + Exponential EOS 的模式。Compaction EOS 使用的是 Shock 状态方程曲线中的数据；Exponential EOS 的相关参数见表 4.18，表中参数是北京理工大学进行了大量相关试验后得到的经验参数。活性破片的反应压力阈值定为 2.6 GPa。

表 4.18 Al/PTFE 的 Exponential EOS 主要参数

体积模量/GPa	G/mm	c	C_1/(m·s^{-1})	C_2	D	e/(kJ·m^{-3})
58	60	0.667	500	0	1.868 9	8.78×10^6

4.5.4 数值模拟结果

利用上述模型和参数，对 Al/PTFE（26/74）以 1 200 m/s 的速度撞击多层靶板进行分析，数值模拟结果如图 4.44 ~ 图 4.46 所示。

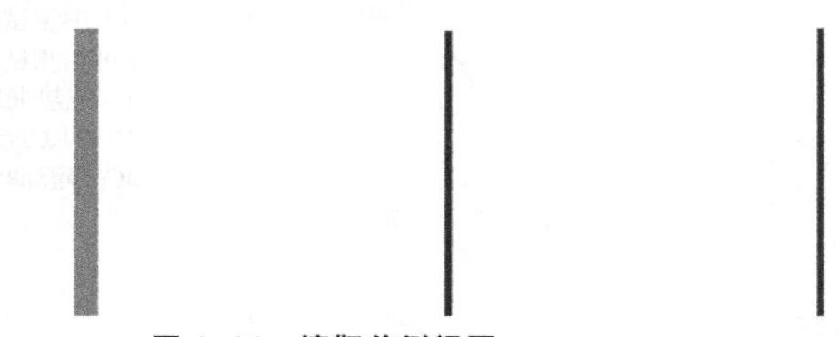

图 4.44 撞靶前侧视图

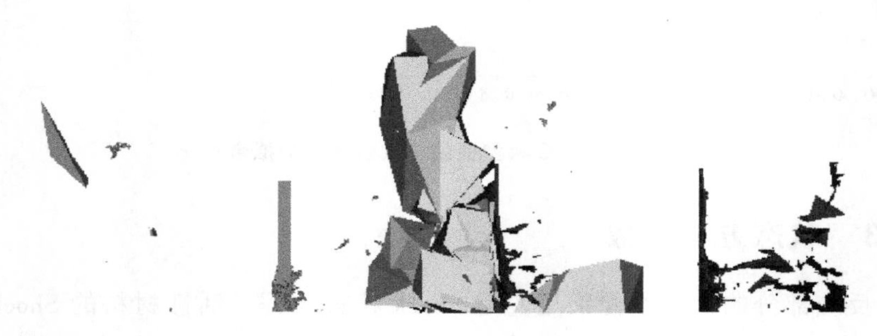

图 4.45 撞靶后侧视图

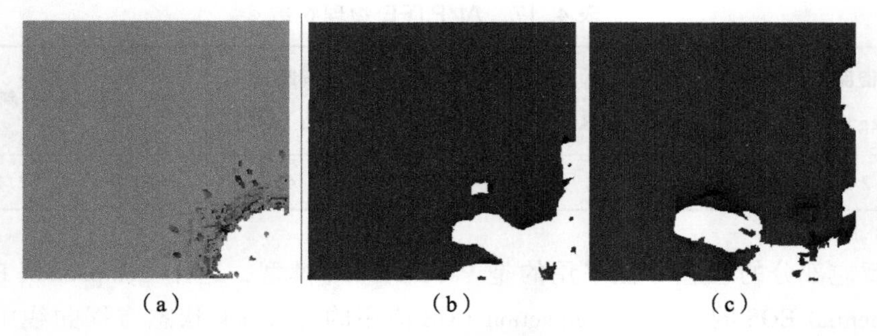

（a）　　（b）　　（c）

图 4.46 撞击后的各层靶板正面

（a）第一层靶板；（b）第二层靶板；（c）第三层靶板

模型采用的是 1/4 模型，图中反应区部分的活性材料会全部发生化学反应，最初都是固体，在反应的过程中，固体逐渐转化为气体。随着反应的进行，固体所占的比重越来越少，气体越来越多，最终只剩下气体，其膨胀过程用气相方程来描述。从图 4.46 可以看出，活性弹体也可击穿各层靶板，侵爆联合，达到了毁伤增强的目的。对于 Al/PTFE 活性破片来说，高孔隙度的 Al/PTFE 活性破片具有一定的自燃性，反应特性接近常规固体慢燃炸药，因此破片密度越小、撞击速度越快，使用该仿真方法模拟的效果就会越好，会更接近现实的情况。

参考文献

[1] Olson M D, Fagnan J R, Nurick G N. Deformation and rupture of blast loaded square Plates - Predictions and experiments [J]. International Journal of Impact Enginering, 1993, 12 (2): 79 - 91.

[2] 时党勇，李裕春，张胜民. 基于 ANSYS/LS - DYNA8.1 进行显示动力分析 [M]. 北京：清华大学出版社，2006.

[3] Taylor G I. The Pressure and Impulse of Submarine Explosion Waves on Plates [C]. Ministry of Home Security Report, 1941: 235 - 236.

[4] 孟会林，孙新利，王少龙. LS - DYNA 程序在战斗部仿真计算中的应用 [J]. 上海航天，2003, 10 (2): 33 - 37.

[5] 石少卿. Autodyn 工程动力分析及应用实例 [M]. 北京：中国建筑工业出版社，2012.

[6] 黄煜唯. 不同结构钢筋混凝土靶的抗侵彻性能研究 [D]. 沈阳：沈阳理工大学，2019.

[7] 杨超. 预制破片战斗部爆轰驱动和毁伤效应仿真研究 [D]. 湖北：武汉理工大学，2009.

[8] 王礼立. 应力波基础 [M]. 北京：国防工业出版社，2005.

[9] 王礼立. 爆炸力学数值模拟中本构建模问题的讨论 [J]. 爆炸与冲击，23 (2).

[10] 经福谦. 试验物态方程导引 [M]. 北京：科学出版社，1986.

[11] Prasad A V S S, Basu S. Numerical modelling of shock - induced chemical reactions (SICR) in reactive powder mixtures using smoothed particle hydrodynamics (SPH) [J]. Modelling and Simulation in Materials Science and Engineering, 2015, 23 (7): 075005.

[12] Wu Q, Jing F Q. Thermodynamic equation of state and application to Hugoniot predictions for porous materials [J]. Journal of Applied Physics, 1996, 80 (8): 4343 - 4349.

[13] 王礼立，蒋昭镳，陈江瑛．材料微损伤在高速变形过程中的演化及其对率型本构关系的影响 [J]．宁波大学学报（理工版），1996，9（3）：47 - 55.

[14] 张涛，陈伟，关玉璞．2A70 合金动态力学性能与本构关系的研究 [J]．南京航空航天大学学报，2013，45（3）：367 - 72.

[15] 张伟，魏刚，肖新科．2A12 铝合金本构关系和失效模型 [J]．兵工学报，2013，34（3）：276 - 282.

[16] Johnson G R, Cook W H. A constitutive model and data for metals subjected to large strains, high strain rates and high temperatures [J]. Engineering Fracture Mechanics, 1983 (21): 541 - 548.

[17] Johnson G R, Cook W H. Fracture characteristics of three metals subjected to various strains, strain rates, temperatures and pressures [J]. Engineering Fracture Mechanics, 1985, 21 (1): 31 - 48.

[18] 李利莎，谢清粮，郑全平，等．基于 Lagrange、ALE 和 SPH 算法的接触爆炸模拟计算 [J]．爆破，2011（1）：18 - 22.

[19] 徐志宏，汤文辉，罗永．SPH 算法在高速侵彻问题中的应用 [J]．国防科技大学学报，2005（4）：41 - 44.

[20] 崔伟峰，曾新吾．SPH 算法在超高速碰撞数值模拟中的应用 [J]．国防科技大学学报，2007（2）：43 - 46.

[21] Guo J, Zhang Q M, Zhang L S, et al. Reaction Behavior of Polytetrafluoroethylene/Al Granular Composites Subjected to Planar Shock Wave [J]. Propellants, 2017, 42 (3): 230 - 230.

[22] 张宝平．爆轰物理学 [M]．北京：兵器工业出版社，2001.

[23] 王儒策，赵国志．弹丸终点效应 [M]．北京：北京理工大学出版社，1990.

[24] 杨超．预制破片战斗部爆轰驱动和毁伤效应仿真研究 [D]．武汉：武汉理工大学，2009.

[25] Odonoghue P E, Predebon W W, Anderson C E. Dynamic launch process of performed fragments [J]. Journal of Applied Physics, 1988, 63 (2): 337 - 348.

[26] Predebon W W, Smothers W G, Anderson C E. Missile Warhead Modeling:

Computations and Experiments [J]. Missile Warhead Modeling Computations & Experiments, 1977.

[27] 印立魁，蒋建伟，门建兵，等．立方体预制破片战斗部破片初速计算模型 [J]. 兵工学报，2014 (12)：1967 – 1971.

[28] 周正青，聂建新，郭学永，等．一种以 RDX 为基含铝炸药状态方程的研究 [J]. 兵工学报，2014 (S2)：338 – 342.

[29] 于川，李良忠，黄毅民．含铝炸药爆轰产物 JWL 状态方程研究 [J]. 爆炸与冲击，1999 (3)：82 – 87.

[30] 张将．多功能含能结构材料动态力学性能研究 [D]. 南京：南京理工大学，2013.

[31] Buchely M F, Maranon A. An engineering model for the penetration of a rigid – rod into a Cowper – Symonds low – strength material [J]. Acta Mechanica, 2015: 226.

[32] Bagheir M M, Zamani J. Introduce a new model for expansion behavior of thick – walled cylinder under internal dynamic loading based on theoretical analysis [J]. Materialwissenschaft Und Werkstofftechnik, 2015, 46 (7): 747 – 757.

[33] 许世昌．双层含能药型罩射流成型机理及侵彻性能研究 [D]. 南京：南京理工大学，2015.

[34] Dhote K D, Murthy K P S, Rajan K M, et al. Dynamics of multi layered Fragment separation by explosion [J]. International Journal of Impact Engineering, 2014 (75): 194 – 202.

[35] 孙承纬．应用爆轰物理 [M]. 北京：国防工业出版社，2000.

[36] Charron Y J. Estimation of Velocity Distribution of Fragmenting Warheads Using a Modified Gurney Method [J]. Estimation of Velocity Distribution of Fragmenting Warheads Using A Modified Gurney Method, 1979: 1 – 113.

[37] 冯顺山，崔秉贵．战斗部破片初速轴向分布规律的实验研究 [J]. 兵工学报，1987：60 – 63.

[38] Guang – Yan H, Wei L, Shun – Shan F. Axial distribution of Fragment Velocities from cylindrical casing under explosive loading [J]. International Journal of Impact Engineering, 2015 (76): 20 – 27.

[39] 黄广炎，刘沛清，冯顺山．基于战斗部微圆柱分析的破片飞散特性研究 [J]. 兵工学报，2010 (S1)：215 – 218.

[40] 张万甲，杨中正．93 钨合金断裂特性研究 [J]. 高压物理学报，1995 (4)：279 – 288.

[41] 范景莲，刘涛，成会朝，等．钨合金在高速加载条件下的动态力学性能和失效机理［J］．稀有金属材料与工程，2006（6）：841－844．

[42] Predrag E，Slobodan J，Dejan M. Modeling of the metal cylinder acceleration under explosive loading［J］．Scientific Technical Review，2013（63）：39－46．

[43] 杨相礼．包覆式含能破片爆炸驱动结构完整性研究［D］．南京：南京理工大学，2016．

[44] 苏书艺．Al/PTFE 活性破片冲击起爆释能特性研究［D］．湘潭：湘潭大学，2020．

[45] 徐赫阳．基于某含能破片战斗部的威力效能研究［D］．沈阳：沈阳理工大学，2017．

[46] 郭克强．某防空反导战斗部强度分析［D］．沈阳：沈阳理工大学，2016．

[47] Raftenberg M N，Mock W，Kirby G C. Modeling the impact deformation of rods of a pressed PTFE/Al composite mixture，International Journal of Impact Engineering，2008，35（12）：1735－1744．

[48] LSTC. LS－DYNA Keyword Use's Manual［M］．California：Livemore Software Technology Corporation，2016．

[49] 李裕春，时党勇．ANSYS11.0/LS－DYNA 基础理论与工程实践［M］．北京：中国水利水电出版社，2006．

第5章 含能破片对典型目标的毁伤效应

先进武器只有配置高效毁伤弹药/战斗部，才能发挥更有效的精确打击效能，否则，击而不毁，事倍功半。现役常规弹药/战斗部主要依赖惰性金属材料（如钨、钢、铜等）毁伤元（如破片、弹丸、杆条、射流、EFP等）打击目标，通过动能侵彻和机械贯穿作用对目标实施毁伤/杀伤。由于受惰性金属毁伤元单一动能毁伤机理和毁伤模式的局限，很大程度上制约了常规弹药/战斗部毁伤威力的发挥和提升。因此，研究高效毁伤新材料、新机理和新方法，实现弹药/战斗部威力大幅提升，是世界各国弹药装备研发的共同目标。

利用活性材料优良的侵彻横向膨胀和爆炸联合作用，对付导弹、飞机等空中目标，可大幅提升K级毁伤能力；打击步兵战车和装甲运兵车等轻型装甲目标，可显著发挥和提高综合毁伤效能；打击油库/油罐类目标，可大幅提高引燃引爆能力。此外，由于无须配用引信和炸药装药，使用更安全，成本更低。

含能破片最重要的作用就是利用自身的化学反应能量对目标进行更大程度的毁伤，就其毁伤特性来看，特别适合对付薄壳或轻型装甲后的易燃易爆目标。从含能破片首次被提出，学者们即将其定位用于打击来袭导弹的战斗部主装药、航空器油箱等目标。因此，围绕含能破片进行的一系列毁伤试验方面的研究基本针对屏蔽炸药和带有壳体的燃油。另外，也有学者研究利用含能破片的剧烈燃烧特性毁伤导弹和航空器的制导、电子器件。

5.1　含能破片对金属结构靶的毁伤

5.1.1　碰撞过程力学分析

对碰撞过程进行力学分析，可以解释活性材料碰撞起爆现象。含能破片碰撞靶板过程中，各介质的简要应力波传播如图5.1所示。当含能破片以一定速度碰撞靶板时，碰撞界面处将立刻产生冲击波S_1、S_2，分别向后传入破片、向前传入靶板，如图5.1（a）所示。向前传入靶板的冲击波S_2到达靶板背边自由面，

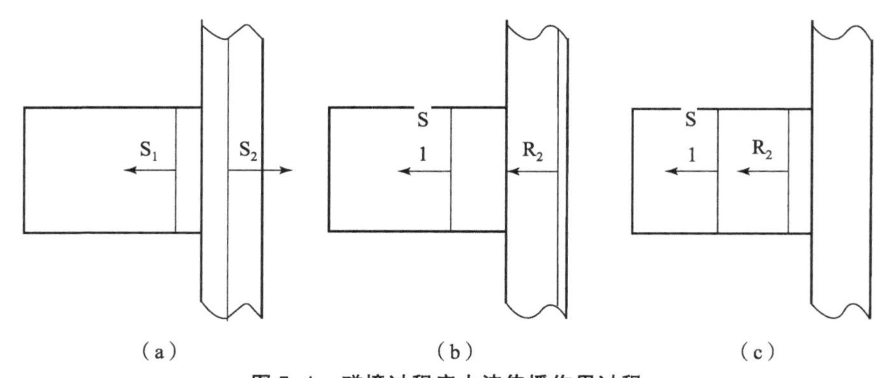

图5.1　碰撞过程应力波传播作用过程

（a）冲击波产生；（b）反射波形成；（c）稀疏波追赶冲击波

反射形成一个波速更快的稀疏卸载波 R_2，如图 5.1（b）所示。该稀疏波一方面使靶板结构失效，另一方面还会透射传入破片中，追赶破片中的冲击波 S_1，如图 5.1（c）所示。

活性材料被冲击波 S_1 加载后，又经稀疏波 R_2 卸载的区域将会发生高应变率塑性变形，从而碎裂产生大量碎片，并产生热点释放能量，是碰撞起爆的重要原因。如果冲击波 S_1 扫过整个破片之前被稀疏波 R_2 赶上，两个波的强度均会下降，导致一部分破片活性材料不能在冲击波、稀疏波的共同作用下发生高应变率塑性变形，不会被碎裂、激活，最终会减弱爆燃强度。

根据应力波传播规律，可以分析出特定碰撞速度下靶板厚度对碰撞起爆的影响，如图 5.2 所示。在碰撞速度足够高的情况下，对于薄靶，破片可以穿过靶板，但碰撞产生的冲击波不能扫过整个破片，仅有头部部分活性材料被碎裂并激活，则在靶板后产生较弱的爆燃，如图 5.2（a）所示；对于中厚靶，破片可以穿过靶板，并且碰撞产生的冲击波能够扫过整个破片，全部活性材料被碎裂、激活，在靶板前后均产生强烈的爆燃，如图 5.2（b）所示；对于厚靶，破片不能穿过靶板，但碰撞产生的冲击波可以扫过整个破片，在靶板前产生碎片云，碎片云被激活，产生较强的爆燃，如图 5.2（c）所示。上述分析与碰撞试验结果相符。

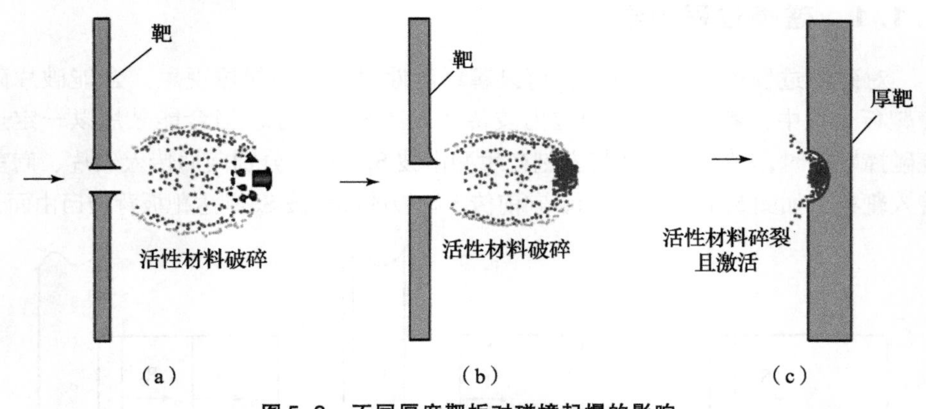

图 5.2　不同厚度靶板对碰撞起爆的影响

（a）薄靶；（b）中厚靶；（c）厚靶

在应力波分析基础上，可以基于 Rankine - Hugoniot 关系建立碰撞模型，用于描述活性材料碰撞起爆过程。根据破片碰撞靶板过程中质量、动量和能量守恒，有

$$\rho_0 U = \rho(U - u) \tag{5.1}$$

$$p - p_0 = \rho_0 U u \tag{5.2}$$

$$E - E_0 = (p + p_0)(V_0 - V)/2 \tag{5.3}$$

式中，ρ_0、E_0、V_0、P_0 分别为材料的初始密度、内能、比容、压力；ρ、E、V、p 分别为波后材料的初始密度、内能、比容、压力；U、u 分别为冲击波与粒子的速度。

密实介质中，冲击波波速与粒子速度之间的关系为

$$U = c_0 + su \tag{5.4}$$

式中，c_0 为材料声速；s 为材料常数。对于活性材料，取 $c_{0f} = 1\ 690$ m/s，$s = 2.2$。

根据碰撞界面的速度、压力连续条件，有

$$v_i = u_f + u_t \tag{5.5}$$

$$p_f = p_t \tag{5.6}$$

式中，v_i 为碰撞速度；u_f、u_t 分别为含能破片和靶板材料中的粒子速度；p_f、p_t 分别为含能破片和靶板中的冲击波压力。

可以得到

$$p = \rho_0(c_0 + su)u \tag{5.7}$$

$$p_f = \rho_{0f}[c_{0f} + s_f(v_i - u_t)](v_i - u_t) \tag{5.8}$$

$$p_t = \rho_{0t}(c_{0t} + s_t u_t)u_t \tag{5.9}$$

得到靶板中粒子速度为

$$u_t = [-b \pm (b^2 - 4ac)^{0.5}]/(2a) \tag{5.10}$$

$$a = \rho_{0f}s_f - \rho_{0t}s_t \tag{5.11}$$

$$b = -(2\rho_{0f}s_f v_i) - (\rho_{0f}s_f) - (\rho_{0t}s_t) \tag{5.12}$$

$$c = \rho_{0f}v_i c_{0f} + \rho_{0f}v_i^2 s_f \tag{5.13}$$

得到

$$U_t = c_{0t} + s_t u_t \tag{5.14}$$

得到冲击波波后靶板材料密度为

$$\rho_t = \frac{\rho_{0t}U_t}{U_t - u_t} \tag{5.15}$$

从而得到冲击波波后活性材料密度为

$$\rho_f = \frac{\rho_{0f}U_f}{U_f - u_f} \tag{5.16}$$

对于特定尺寸并以一定速度碰撞靶板的含能破片，存在一个最小靶板厚度，使当冲击波 S_1 传递到破片末端时，恰好被稀疏波 R_2 赶上。该情况下，冲击波恰好扫过整个破片，此靶板厚度称为临界靶厚 $L_{t\min}$。使用上述碰撞模型求解出各状态参数后，可以求解 $L_{t\min}$：

$$L_{t\min} = L_f \frac{1/U_f - \rho_{0f}/(\rho_f C_f)}{1/U_t + \rho_{0t}/(\rho_t C_t)} \tag{5.17}$$

式中，L_f 为破片特征长度；C_f、C_t 分别为破片、靶板中稀疏波的传播速度，可以按照下式来估算：

$$C = U\{0.49 + [(U-u)/U]^2\}^{0.5} \tag{5.18}$$

有相关学者对含能破片对单层靶板的毁伤进行了研究。赵宏伟等针对含能破片终点毁伤威力问题，采用试验研究的方法，分析了含能破片的击穿能力、引燃能力和引爆能力。结果表明，2.5 g 含能破片在 870 m/s 以上碰撞速度条件下，能可靠击穿 8 mm 厚 LY12 硬铝，侵孔直径为自身直径的 1.6～2.0 倍；10 g 含能破片以大于 800 m/s 的速度击穿 10 mm 厚 LY12 硬铝板后，可靠引燃航空煤油；10 g 含能破片以大于 960 m/s 的速度击穿 6 mm 厚 A3 钢板后，可靠引爆战斗部装药。结合含能破片击穿能力可知，含能破片贯穿一定厚度靶板并达到其起爆阈值，就能引燃燃油或装药。

陈进等采用弹道枪发射试验，研究了含能破片（由 Al/PTFE/W 组成的混合物压制并通过烧结制成）对钢板的侵彻性能和毁伤效应。试验结果表明，含能破片在 497～1 374 m/s 速度范围内撞击钢板时，均发生了反应并伴随有强烈的燃烧、爆炸现象。含能破片对典型的目标靶在 1 500～2 200 m/s 速度范围内具有足够的侵彻能力，并且对钢板的穿孔直径明显大于惰性钢破片的穿孔直径。材料强度和密度相对钢靶较低，导致撞击靶板过程中发生较大的墩粗变形，含能破片撞靶反应所产生的径向膨胀效应是导致钢板上的穿孔孔径增加的原因。

肖艳文采用弹道枪对含能破片的弹道极限和能量释放特性分别进行了试验研究。试验现象进一步说明含能破片具有穿透目标壳体后在目标内部发生爆燃的联合毁伤机制，并且随着碰撞速度的增加，含能破片在罐内爆燃效应更为显著，喷出测试装置的火焰范围更大，反应持续时间也越长。同时，在相同着速下，随着测试装置前端靶板厚度的增加，含能破片侵彻靶板时间越长，受冲击载荷作用时间变长，使得活性材料反应率提高，爆燃效果更加明显。

王璐瑶等为研究活性合金材料的冲击释能行为，采用弹道枪驱动一种高强度、高密度的钨锆铪活性合金破片，使其以不同着速撞击 Q235 钢靶。研究结果表明，钨锆铪活性合金破片具备类似惰性材料的动能毁伤能力，靶前活性能耗小，活性能量集中于靶后释放，并且在激活后 1.0 ms 量级内完全释放。钨锆铪活性合金破片的冲击释能行为按时序可分为 3 个阶段：冲击激活阶段、自蔓延释能阶段和自激活阶段。冲击激活阶段中，破片能量被激活的临界压力为 19.4 GPa，被完全激活的临界压力为 32.39 GPa。着靶速度提高时，破片靶后毁伤区的最大容积和有效毁伤距离呈现指数、线性增长趋势。破片被完全激活时，毁伤区最大容积为 8.95 L，有效毁伤距离为 475 mm。

王海福等通过对含能破片的研究，发现当含能破片以约 1 500 m/s 的速度与目标碰撞时，所释放的化学能约为动能的 5 倍，大幅提高了毁伤目标的能力。

郭美芳等通过对起爆后产生的破片的研究，发现其能在穿透目标壳体后快速发生反应，提高对目标的毁伤效能，潜在的毁伤威力可以达到 5 倍。

帅俊峰、蒋建伟等对复合反应破片侵彻钢靶进行了试验研究，结果表明，其穿靶过程的毁伤能力随壳体厚度增加而增大。

黄亨建、阳世清等人通过研究 Al + PTFE 含能破片与同尺寸钢破片的初速度、动能及对薄钢靶板的侵孔深度等参量，得出在相同发射质量条件下 Al + PTFE 含能破片对薄钢靶板的毁伤能力优于钢破片，并且侵孔直径随着薄钢靶板厚度的增加而降低。

2002 年，美国原理样机地面静爆试验的结果表明，含能破片增强战斗部对空空导弹的毁伤威力能够达到现役弹药的 5 倍，如图 5.3 所示。

图 5.3　含能破片增强战斗部对空空导弹的毁伤效果

2004 年，美国海军开展活性毁伤元增强子弹（Reactive Material Enhanced Bullet，RMEB）技术研究。含能毁伤元能够安全、可靠地装入容积有限的弹体内，其中 50 mm 口径的含能毁伤元增强子弹主要用于反导弹、火箭及其他相似目标，如图 5.4 所示。

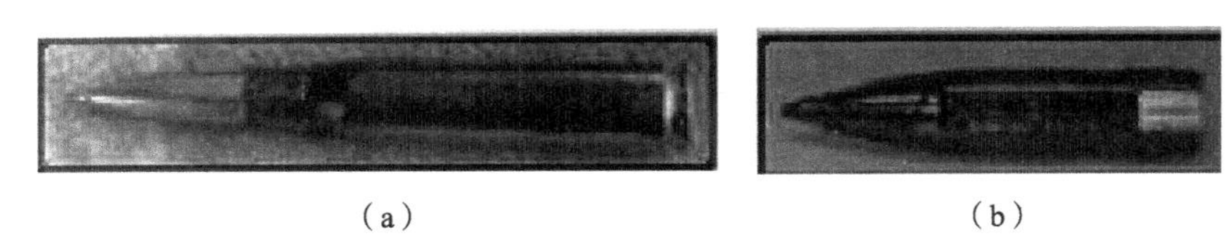

（a）　　　　（b）

图 5.4　含能毁伤元增强子弹

（a）50 mm 口径含能毁伤元增强子弹周向图；（b）50mm 口径含能毁伤元增强子弹剖面图

殷艺峰研究发现，壳体材料采用钨合金时，能够获得最优的穿靶后侵爆效果；成功侵彻后，采用铝作为头部金属块材料能够最大限度地提高多功能含能结构材料的爆燃率。随着碰撞速度的提高，侵彻体穿靶后形成的自然破片数量增多，活性材料爆燃率提高；在贯穿靶板的前提下，靶板厚度对多功能含能结构材料爆燃率影响不大；随着碰撞角度的增大，侵彻体壳体径向膨胀半径和碎裂程度随之提高，但不利于多功能含能结构材料爆燃率的提高。

路中华等研究发现，含能破片穿靶孔径可增加40%。杨华楠等研究发现，含能破片比普通破片具有明显优势，含能破片能有效引燃航空煤油，可在比普通破片低得多的速度下引燃、引爆装药战斗部，其反应产生的能量能对目标结构产生有效毁伤；并给出了含能破片与普通破片引燃、引爆带壳装药战斗部能力的对比情况。

含能破片对第一层靶板的穿孔效应和毁伤模式与金属破片的类似，但对第二层后效靶的穿孔效应和毁伤模式显著不同，穿孔更大、结构毁伤更严重。机理分析认为，与金属破片类似，含能破片以动能侵彻方式贯穿第一层靶板，不同的是，在侵彻第一层靶板过程中，多功能含能结构材料因受到冲击压缩碎裂并被激活，穿靶后，多功能含能结构材料碎片云发生爆炸或爆燃，未碎裂部分或大质量材料碎片则以剩余速度侵彻第二层靶，产生动能侵彻和爆炸作用联合毁伤方式，显著增强了结构毁伤效果。

目前使用数值模拟方法分析活性材料高速碰撞问题时，一般是将活性材料经过惰性处理（即碰撞过程中不考虑活性材料的爆燃反应），而含能破片对双层靶后靶的毁伤是破片云爆燃超压与不同尺寸碎片动能侵彻联合作用的结果，所以，以前的数值模拟方法与实际情况存在偏差。为解决这一问题，所采用的数值模拟方法引入两相 Powder Burn 状态方程，该状态方程所描述的单元内气体和固体同时存在，能较好地模拟含能破片在碰撞过程中的爆燃反应。但是，在使用 Powder Burn 状态方程对含能破片侵彻双层靶进行建模前，需要得到含能破片在撞击第一层靶板后的爆燃率。爆燃率即参与爆燃反应的活性材料质量 m 与含能破片总质量 M_h 之比：

$$\eta = \frac{m}{M_h} \tag{5.19}$$

根据一维应力波理论，活性材料破片撞击前靶瞬间在破片与铝靶分界面处产生冲击波，其初始强度为 σ_0，随后 σ_0 在破片内传播并衰减。假设冲击波衰减满足

$$\sigma_c = \sigma_0 \exp(-\alpha x) \tag{5.20}$$

式中，σ_c 为含能破片反应起爆临界应力，当冲击波由 σ_0 衰减至 σ_c 时，在破片内传播距离为 x，则可认为发生爆燃反应的含能破片长度为 x，如图 5.5 所示，则含能破片爆燃率通过式（5.21）计算。

$$\eta = \frac{m}{M_h} = \frac{x}{l} \tag{5.21}$$

式中，l 为含能破片总长。

基于上述理论，可以首先对惰性处理含能破片侵彻第一层靶进行数值模拟，其几何模型和计算域网格划分分别如图 5.5 所示。由此得到破片内部应力变化情况，通过式（5.21）可计算破片侵彻第一层靶板后的爆燃率。再对破片进行激活区域和未激活区域分段，激活段采用 Powder Burn 状态方程，未激活段采用 Johnson - Cook 状态方程，以模拟含能破片双层靶毁伤问题。计算模型如图 5.6 所示。

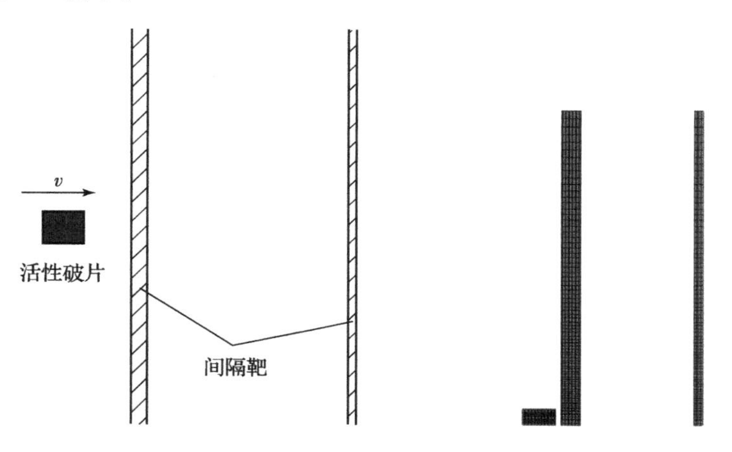

图 5.5　弹靶几何模型　　　图 5.6　计算域网格划分

从图 5.7 可以看出，不同形状破片穿透靶板时，破片发生的变形情况及靶板的破坏形式各异，立方体破片侵彻靶板后碎裂最严重，靶后破片数量最多；球形破片破碎程度最轻，靶后破片数量最少；而圆柱形破片和立方体破片着靶后对靶板造成明显的冲塞破坏，球形破片则对靶板造成延性扩孔破坏。

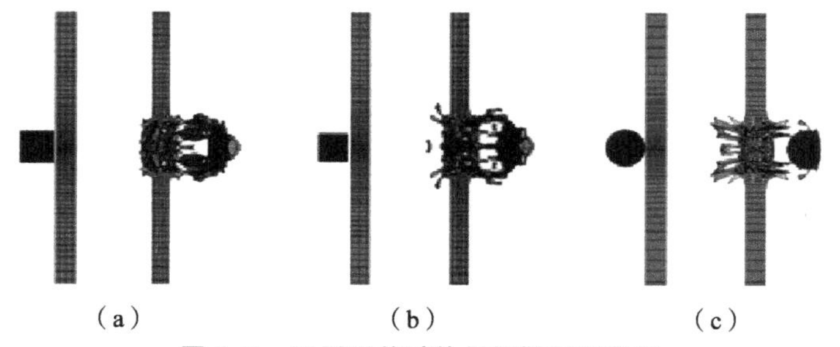

图 5.7　不同形状破片侵彻靶板状态图

(a) 圆柱形；(b) 立方体；(c) 球形

破片碰撞速度通过调整发射药量来控制。可以看出，含能破片对前后靶板的毁伤效果截然不同，如图 5.8 所示。前靶正面为近乎规则的圆形通孔，有微弱黑色痕迹；前靶背面则有明显大范围高温烟气熏黑痕迹；后靶正面穿孔为不规则形状，伴随多条裂纹扩展，并且穿孔尺寸明显大于前靶，穿孔周围也有明显烟熏痕迹。

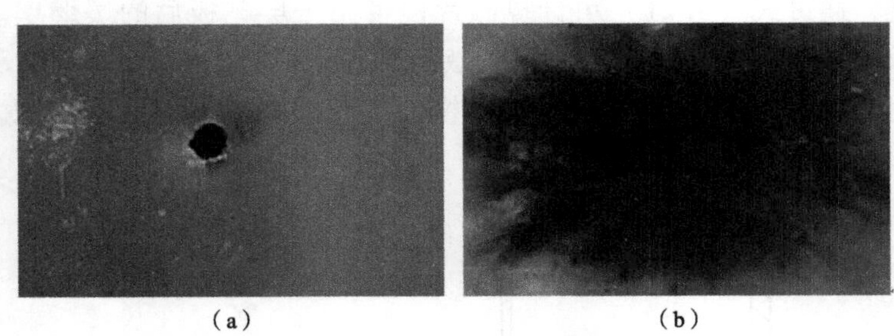

（a）　　（b）

图 5.8　含能破片毁伤双层结构靶典型结果

（a）1 靶正面近似圆形穿孔，尺寸为 ϕ15 mm；（b）2 靶正面不规则穿孔，尺寸为 65 mm × 39 mm

图 5.9 所示为不同初速下含能破片对双层结构靶毁伤试验高速录像剪辑。

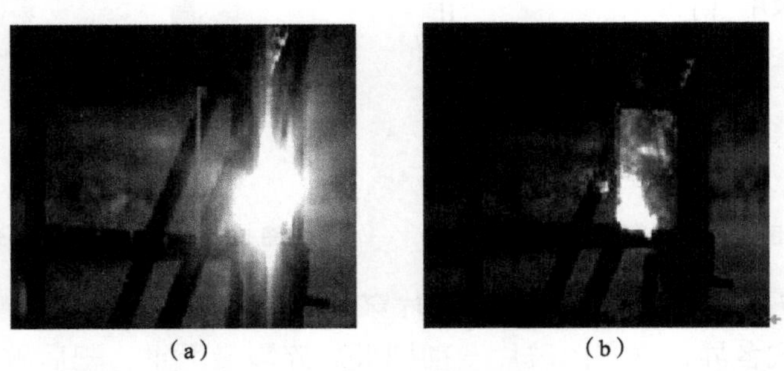

（a）　　（b）

图 5.9　含能破片对双层结构靶毁伤实验高速录像剪辑

（a）t = 0.2 ms；（b）t = 25 ms

2004 年，美国某武器研发中心对含能破片战斗部进行了试验。图 5.10 所示为含能破片对终点目标高效毁伤示意图。毁伤目标效果如图 5.11 所示。

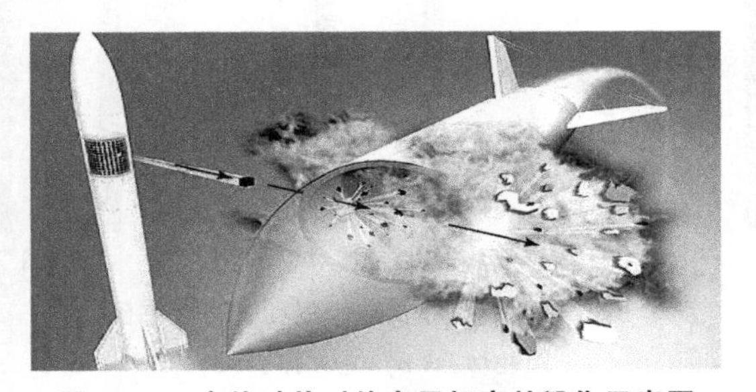

图 5.10　含能破片对终点目标高效毁伤示意图

图 5.11　毁伤目标效果图

NSWC 对含能破片战斗部进行了导弹制导舱毁伤试验，结果表明，含能破片有很好的燃烧和纵火能力，其毁伤威力相对普通破片战斗部可提高 500%。当利用弹道枪试验分析含能破片初始化学能量释放的效果时，释放的化学能量大约是动能的 5.68 倍。铝/氟聚物复合材料制备的含能破片比相同尺寸的惰性钢制破片具有更大的毁伤性，除了穿甲打击之外，其对目标还同时具有猛烈的爆炸作用、高温作用、纵火等复合毁伤作用。

“爱国者” AN/MPQ－53 型相控阵雷达的相控阵雷达天线是系统易受攻击部位，也是易损部位。相控阵雷达天线由天线阵列单元、移相器单元、发射机和接收机单元、波控器单元、激励器单元、冷却器单元扭件和天线支承框架单元组成。雷达主列阵的天线直径为 2.44 m，有 5 161 个辐射单元。基于尺寸 330 mm × 500 mm、质量 100 kg 战斗部原理样机，装填质量为 9.4 g 的金属型含能破片。雷达天线模拟靶放置在距离爆心 15 m 处，共 8 个模块，装有 1 152 个移相器单元。单枚质量 9.4 g 的金属型含能破片初速达 1 800 m/s，飞行至爆心 15 m 处瞬时速度约 1 200 m/s。有 22 枚破片击中雷达天线模拟靶，共毁伤了其中 465 个移相器单元，毁伤概率达 40%。平均一枚含能破片毁伤约 20 个移相器单元。金属型含能破片穿透相控阵雷达天线的防护罩和基板后，产生碎片和超压，破坏移相器单元，如图 5.12 所示。

图 5.12　对单个相控阵雷达天线模块的毁伤情况

含能破片冲击反应使电路严重退化，并且其反应产生的碳化物质能使电子元器件短路，反应产生的高温能对人员和器件造成烧蚀损伤（图5.13）。

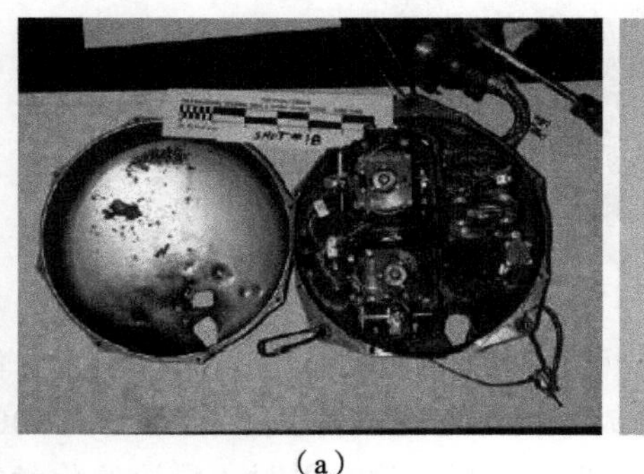

(a)

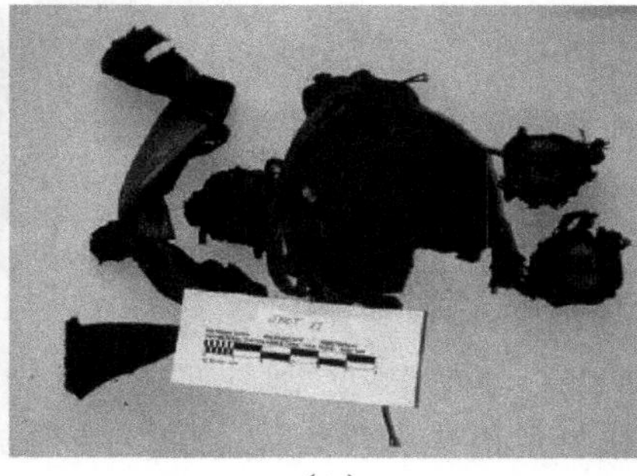

(b)

图5.13 惰性破片和含能破片对导弹制导部件侵彻毁伤结果对比

(a) 惰性破片；(b) 含能破片

5.1.2 毁伤行为及机理

彭军等为研究包覆式含能破片撞击双层铝靶的毁伤效应和机理，利用14.5 mm弹道枪，开展了同质量、同尺寸的惰性钢破片、钢包覆金属/聚合物型含能破片以不同着靶速度侵彻3 mm + 3 mm双层间隔铝靶的试验，分析了含能破片冲击双层间隔铝靶的点火及毁伤机理。结果表明，当破片着速为491 ~ 1 391 m/s时，两型破片对前靶的穿孔形态和机理相同，为圆孔及冲塞式穿孔，孔直径及其随着速变化规律也基本相同；当破片着速大于947 m/s时，含能破片对后靶的穿孔开始显著大于前靶，主要是因为两靶间诱发了剧烈的化学反应，并且破片着速越高，反应越剧烈，后靶的毁伤增强效应越显著，当破片着速为947 ~ 1 391 m/s时，后靶穿孔面积平均为4.1倍破片截面积，最大为7.2倍；该弹靶条件下含能破片冲击点火阈值速度约为947 m/s。

钢包裹活性材料制成的钢包覆式含能破片比“裸”含能破片或简单包覆式含能破片具有更高的强度和安定性。部分战斗部静爆试验结果表明，该破片能够满足爆轰驱动后完好且冲击目标后反应释能的要求，在杀伤战斗部中具有良好的应用前景。由于弹道枪发射最大速度的限制，未能得到后靶毁伤增强效应最大时含能破片的上限速度阈值，但可以预测，当着靶速度达到某一临界值时，含能破片反应程度达到最大，后靶毁伤增强效应也达到最大。

肖艳文通过数值模拟对含能破片对双层结构靶的毁伤效应进行研究，获得了破片结构参数、靶板厚度、材料及碰撞速度等因素对毁伤效应的影响规律，然后通过弹道试验（碰撞速度影响验证试验和靶板厚度影响验证试验）对数

值模拟结果进行了验证。以上分析表明，含能弹丸碰撞双层间隔铝板侵彻爆燃行为是力学行为和爆炸化学反应的联合作用，通过动能和化学能耦合作用实现对后层铝板的高效毁伤。

数值模拟和试验结果分析表明，含能破片高速碰撞双层间隔铝板是个非常复杂的过程，前、后靶毁伤模式也有所不同。第一层靶板表现为冲塞式穿孔模式，毁伤行为与惰性金属弹丸相似，以弹丸动能贯穿为主；而含能破片对第二层铝板的毁伤则是动能侵彻和化学响应之间耦合作用的结果，毁伤效应显著受靶板厚度、碰撞速度和双层间隔靶间距等因素影响，毁伤机理尤为复杂。

含能破片对第一层铝靶侵彻和靶后破片的形成过程分为三个阶段：开坑阶段、稳定侵彻及鼓包形成阶段、鼓包破裂直至靶后破片形成阶段。在开坑阶段，由于碰撞速度最高，产生的碰撞压力最大，靶板材料在碰撞局部区域发生破坏、变形，并向抗力最小的方向飞溅排出，形成靶前含能破片碎片。含能破片碎片由于受某种能量的激发而点火反应。同时，侵彻体在靶内建立起了相对稳定的高压、高应变和高应变率状态，提供了有利于侵彻正常进行的条件；在稳定侵彻及鼓包形成阶段，由于含能破片稳定侵彻及入射波和反射波的共同作用，在靶板背面产生金属材料的塑性流动，进而形成形状近似为球缺形的鼓包区，此时含能破片侵彻体由于应力波的作用而进一步碎裂；随着侵彻继续进行，在含能破片侵彻体和碎片反挤的不断作用下，鼓包的高度不断增加，并因拉应力的持续增大而开始自外表面破裂。随后，由于靶板抗力进一步减小，鼓包的高度继续增加，最终弹坑周围的鼓包区沿鼓包周边的应力集中及初始裂纹区域产生拉伸断裂，鼓包完全破裂。这时，含能破片剩余侵彻体从鼓包中冲出，其后面跟随含能破片碎片和靶板材料的崩落碎片，形成具有杀伤力的靶后破片。

研究表明，当靶后破片形成后，经过破片间相互挤撞、碰撞及冲击波冲击等一系列复杂作用后，靶后破片整体将保持某一形态等比例地向外膨胀，称为靶后碎片云。含能破片的靶后碎片云与传统材料不同，由于受到多种能量作用，碎片云中尺寸较小的含能破碎片优先被激活，PTFE 基体开始分解并与材料中金属颗粒发生强烈的氧化反应并爆燃。高温高压的爆燃碎片云与含能破片剩余侵彻体继续沿轴线运动并作用于第二层目标靶。剩余侵彻体是保持一定形状的大尺寸活性材料，由于其在穿过第一层靶时未被激活，仍以一定剩余速度侵彻后靶，剩余侵彻体对后靶的毁伤机理与前靶的类似。先前研究表明，含能破片在穿过一定厚度靶板后会产生强烈的爆燃反应，并且爆燃反应会释放大量能量，在相对密闭的靶后空间内产生“爆燃超压”。含能破片靶后化学能释放约为撞靶动能的 5 倍。所以，双层靶试验中，含能破片对后靶毁伤不仅包含其对前靶贯穿后的剩余侵彻体机械贯穿作用，还包靶后密集碎片云的动能侵彻和碎片云中多功能含能结构反应所产生的类爆轰冲击波的联合作用，故与传统金属破片相比，含能破片对后靶有更强的毁伤能力。含能破片对双层靶的作用过程示意图如图 5.14 所示。

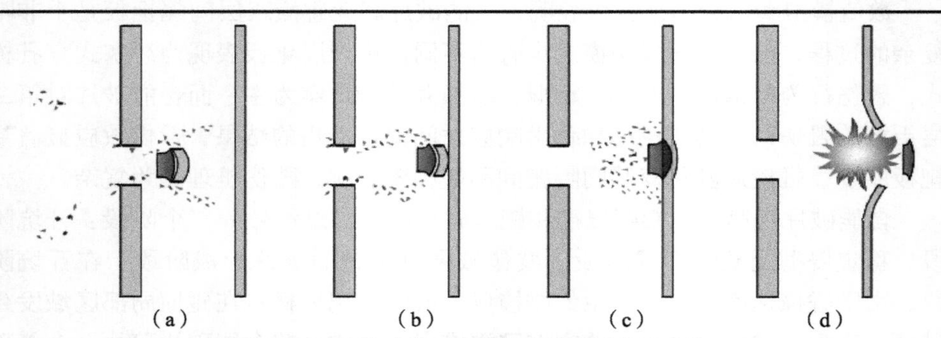

图 5.14 含能破片对双层靶的作用过程示意图

(a) 前靶毁伤；(b) 靶后碎片云形成；

(c) 碎片云与剩余侵彻体联合作用后靶；(d) 后靶毁伤

含能破片碎片云在靶间爆燃反应形成冲击波压力载荷，靶板中心在爆燃脉冲载荷作用下产生隆起变形。垂直于靶板表面的应力为

$$\sigma = E\varepsilon = E\left(\sqrt{\frac{W^2 + \delta^2}{W_0^2}} - 1\right) \approx E\,\frac{\delta^2}{2W_0^2} \tag{5.22}$$

式中，δ 为变形量；E 为杨氏模量。假设隆起变形与裂纹长度同时达到最大值，在此临界状态下，应力强度因子 K_{IC} 可表述为

$$K_{\mathrm{IC}} = \sigma_2 G\sqrt{\pi a} \tag{5.23}$$

式中，G 为常数；σ_2 为加载应力（方向为切向）。隆起处介质在爆燃载荷作用下发生急剧变形，可近似看作流体，此时如果忽略切向应力，则 $\sigma_1 = \sigma_2 = p_0$，其中，$p_0$ 为爆炸初始时刻圆孔处的压力。

随着裂纹的扩展，则裂纹尖端处的加载应力强度逐渐降低。假设化学反应产生的气体为理想气体，其膨胀过程为等熵膨胀，则加载应力可表述为

$$\sigma_{2a} = \frac{p_0 a_0^{3\gamma}}{a^{3\gamma}} \tag{5.24}$$

式中，p_0 为爆炸初始时刻的压力；a_0 为反应气体初始时刻膨胀半径；a 为裂纹长度；γ 为比热比。

可得靶板极限变形量对应的极限强度因子：

$$K_{\mathrm{IC}} = \frac{E\delta_C^2 a_0^{3\gamma}}{2W_0^2 a^{3\gamma}} G\sqrt{\pi a} \tag{5.25}$$

极限变形量与爆炸载荷之间的关系可表述为

$$\delta_C = A\frac{\int \rho_0 \mathrm{d}t}{\rho h} = A\frac{\overline{p_0}\ \bar{t}}{\rho h} \tag{5.26}$$

式中，A 为常数；$\overline{p_0}$为平均载荷作用压力；$\bar{t}$ 为载荷有效作用时间；ρ 为靶板密度；h 为靶板厚度。可求得极限变形条件下裂纹长度、载荷冲量和靶厚之间的关系为

$$a = \left(\frac{G\sqrt{\pi}Ea_0^{3\gamma}}{2K_{\mathrm{IC}}}\right)^{\frac{2}{6\gamma-1}}\left(A\frac{\overline{p_0}\ \bar{t}}{\rho hW_0}\right)^{\frac{4}{6\gamma-1}} \tag{5.27}$$

取最长裂纹所包含的圆面积为毁伤面积，则后层靶的毁伤面积可以表述为

$$S = \pi a^2 = \pi^{\frac{6\gamma+1}{6\gamma-1}}\left(\frac{G\sqrt{\pi}Ea_0^{3\gamma}}{2K_{\mathrm{IC}}}\right)^{\frac{4}{6\gamma-1}}\left(A\frac{\overline{p_0}\ \bar{t}}{\rho hW_0}\right)^{\frac{8}{6\gamma-1}} \tag{5.28}$$

5.2 含能破片对燃油靶的毁伤

现代战场上，油料供给已经成为决定战争胜负的关键因素之一，因此，以装有汽油、煤油和柴油的油箱与油罐作为攻击目标的武器弹药随之发展起来。目前对付这类目标的手段已经有很多种，其中，传统炸药爆炸产生的金属破片（惰性破片）是一种很有效的毁伤元，这些破片对闪点较低的汽油、煤油具有很好的引燃效果，但对于闪点较高的柴油目标，即使是穿透外层壳体，其引燃的概率也很低。为突破传统弹药的毁伤威力限制，国内外积极发展新概念、新原理和新型毁伤元技术。含能破片与目标撞击时，除对目标具有动能侵彻作用外，还同时释放出化学能，产生爆炸、燃烧等现象，对目标的作用效果与常规破片战斗部相比，有较大幅度的提高。

余庆波等通过采用含能破片引燃燃油试验并分析得到，2.5 g 含能破片穿透 8 mm 厚 LY12 铝板的临界速度约为 860 m/s，含能破片穿透铝板后引燃燃油箱。由此可知，2.5 g 含能破片穿透油箱壳体所需动能为 0.92 kJ，贯穿后毁伤油箱的概率 $P=1$，为有效杀伤油箱目标（杀伤概率 >0.95）。

刘艳君等利用 ANSYS/LS－DYNA 软件对活性药型罩形成的射流特征进行了数值模拟，分析了药型罩不同形状、锥角及厚度对射流特征的影响；同时，通过试验对活性药型罩的毁伤性能进行了研究。试验结果表明，炸高条件为 $(1.0 \sim 1.5)D$ 时，破甲性能最佳，最大破甲深度可达 65 mm；活性药型罩形成的射流在击穿 50 mm 厚度靶板后，可有效引燃靶后柴油箱。

罗振华等以弹道枪加载 $\phi6\ \mathrm{mm}\times6\ \mathrm{mm}$ 圆柱形破片，对破片引燃 6 mm 厚 Q235 钢板屏蔽柴油的引燃能力进行试验研究和分析。含能破片引燃油料试验表明，单枚 2.2 g 含能破片以 800 m/s 的速度穿透 6 mm 厚 Q235 钢板后，对距离靶板柴油的引燃概率为 0.67。

肖艳文通过弹道枪采用军用 RP－3 航空煤油作为目标对活性材料破片的引燃性能进行了试验研究，从含能破片与同质量惰性钢破片引燃燃油油箱试验结果可以看出，含能破片碰撞燃油油箱能够对其造成机械穿孔、靶面隆起、结构失效、燃油燃烧等不同毁伤效果。随着含能破片碰撞速度的不同，燃油油箱损伤程度也不尽相同，并且在燃油被引燃时，油箱损伤程度更为严重，进一步说明含能破片碰撞起爆效应十分明显，比惰性金属破片引燃燃油能力显著增强。

先进活性材料和加工技术委员会（CAEMMT）研究了惰性破片和含能破片分别对油箱类目标的毁伤，并给出了毁伤效果对比，如图 5.15 所示。结果表明，含能破片具有更高威力，并且引爆了油箱。

（a）（b）

图 5.15 惰性破片和含能破片对油箱类目标的毁伤效果对比图

（a）惰性破片毁伤；（b）含能破片毁伤

谢长友、蒋建伟通过试验发现，惰性金属破片只能够贯穿油箱而不能够实现油箱的引燃，而含能破片能够成功地将模拟油箱引燃并毁伤，并且在多个含能破片的联合作用下，引燃毁伤航空柴油油箱的概率会更高。

王毅研究对比了传统铝热含能破片和纳米结构含能破片对充满柴油的钢质密封罐的冲击引燃效果，纳米结构含能破片在击中目标油罐后，能够产生剧烈的爆燃，较为迅速地引燃油罐中柴油；而传统铝热含能破片由于自身热量不足且火焰温度较低，对油罐中柴油的引燃效果不明显。引燃效果对比如图 5.16 所示。

肖艳文等采用弹道碰撞试验的方法，对高密度冷压成型和烧结硬化 PTFE/Al/W 活性材料弹丸碰撞油箱引燃效应进行了研究试验。结果表明，在弹丸质量和尺寸一定的条件下，活性弹丸碰撞油箱引燃燃油能力显著强于钢弹丸；活性弹丸引燃效应除了与碰撞速度有关外，还显著受碰撞位置影响。

图 5.16 传统铝热含能破片和纳米结构含能破片对钢质密封罐的冲击引燃效果

2012 年，王海福、郑元枫等将由高能粉体压制成型的含能破片和钨合金破片对模拟油箱的毁伤效果进行对比研究，试验结果如图 5.17 和图 5.18 所示。试验结果验证了含能破片比钨合金破片具有更强的引燃油箱的能力。

活性弹丸碰撞非满油油箱的作用过程如图 5.17 所示。

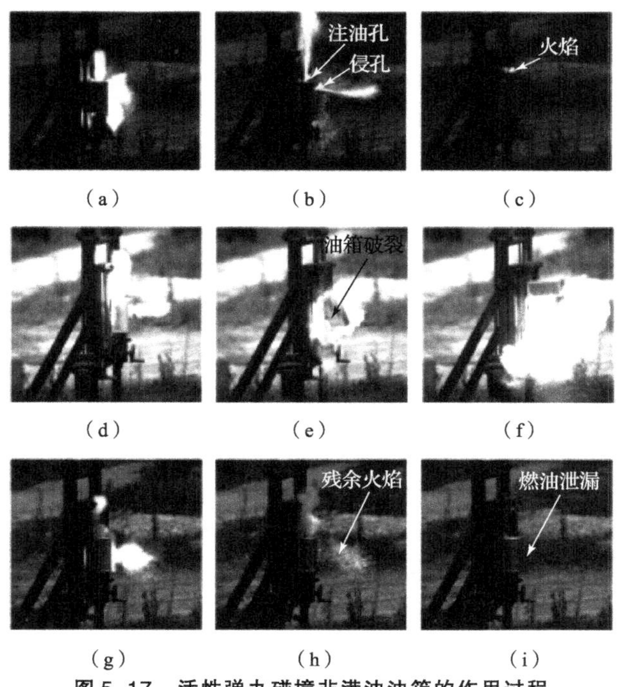

图 5.17 活性弹丸碰撞非满油油箱的作用过程

(a) $t=1.5$ ms，1#；(b) $t=4.0$ ms，1#；(c) $t=31.5$ ms，1#；
(d) $t=2.0$ ms，3#；(e) $t=15.2$ ms，3#；(f) $t=80.4$ ms，3#；
(g) $t=2.0$ ms，5#；(h) $t=5.0$ ms，5#；(i) $t=173.0$ ms，5#

活性弹丸和钢弹丸碰撞满油油箱典型高速摄影图片如图 5.18 所示。

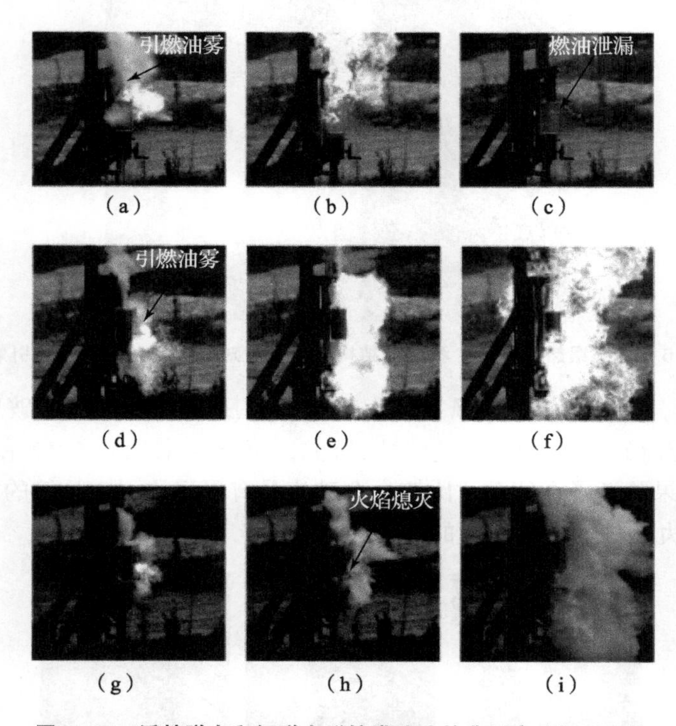

图 5.18　活性弹丸和钢弹丸碰撞满油油箱典型高速摄影图片

(a) $t=7.0$ ms, 8#; (b) $t=15.5$ ms, 8#; (c) $t=122.5$ ms, 8#;
(d) $t=6.5$ ms, 9#; (e) $t=23.5$ ms, 9#; (f) $t=150.5$ ms, 9#;
(g) $t=1.0$ ms, 13#; (h) $t=2.5$ ms, 13#; (i) $t=80.0$ ms, 13#

试验结果表明，在 1 080 m/s 着速下，含能破片击穿 10 mm 厚 LY12 铝靶后能可靠引燃航空煤油，而同质量钨合金破片以 1 643 m/s 的速度命中油箱，只造成油箱穿孔及漏油，不能引燃燃油。

从含能破片与同质量惰性钢破片引燃燃油油箱试验结果可以看出，含能破片碰撞燃油油箱能够对其造成机械穿孔、靶面隆起、结构失效、燃油燃烧等不同毁伤效果。随着含能破片碰撞速度的不同，燃油油箱损伤程度也不尽相同，并且在燃油被引燃时，油箱损伤程度更为严重，进一步说明含能破片碰撞起爆效应十分明显，相比于惰性金属破片引燃燃油能力显著增强。

5.2.1　碰撞油箱引燃机理

含能破片碰撞非满油油箱可分为两种情况（图 5.19）：第一种为含能破片

击穿油箱的前靶板后进入油气层，由于侵彻靶板作用，使得含能破片碎裂并自身发生反应，高温燃烧产物在油气层运动过程中能够直接引燃油气混合物，并对油箱结构造成严重破坏。第二种为含能破片击穿油箱后进入燃油层，碰撞产生的冲击波传入燃油并叠加含能破片继续运动，能够在燃油中形成空穴现象，对油箱造成破坏；另外，含能破片碰撞油箱后发生碎裂，高温活性碎片能够将周围燃油温度升高，但由于活性碎片与燃油接触处缺少供燃油燃烧的氧气，需要通过对油箱结构造成严重破坏来提供所需氧气。

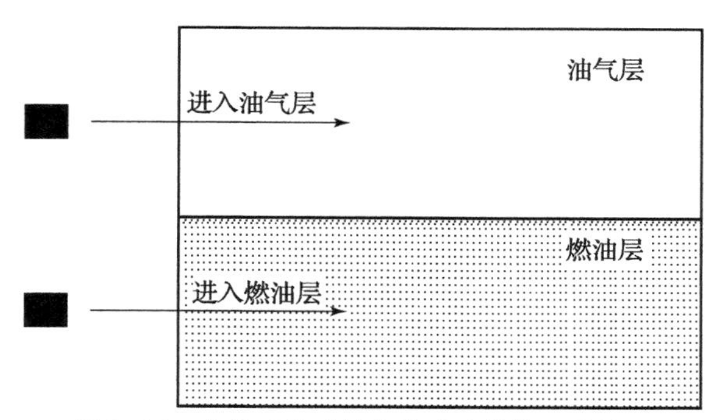

图 5.19　含能破片碰撞非满油油箱的两种情况

含能破片能否引燃燃油也取决于燃油点火判据，Johnson 等通过研究炽热材质表面航空煤油的点火行为，得出了燃油点火判据：

$$t = A \cdot \exp\left(\frac{E}{TR}\right) \cdot p^{-n} \tag{5.29}$$

式中，t 为点火延迟时间；A 为预指数因子；E 为活化能；p 为压力；R 为气体常量；T 为温度；n 为反应级别。

对于常用航空煤油，预指数因子 $A = 1.68 \times 10^{-8}$ s · atm^{-2}①，活化能 $E =$ 37.78 kcal/mol，$n = 2$。得到航空煤油临界点火条件，如图 5.20 所示。从图中可以看出，航空煤油引燃行为取决于燃油温度及其持续时间，温度越高，点火延迟时间越短。

由上述数值模拟结果得出，当含能破片速度较低时，不足以对油箱造成严重的结构损坏，而随着碰撞速度的提高，对油箱的破坏作用明显增强。因此，含能破片低速进入油箱燃油层时，由于油箱并未被严重损坏，使得侵孔处氧气含量较少，不能够支持燃油持续燃烧，活性材料碎片燃烧后逐渐熄灭。当含能破片速度提高后，能够在燃油内部产生足够的冲击压力，对油箱结构造成严重损坏，燃油大量泄漏并与空气接触，使得燃油能够持续燃烧。

① 1 atm = 10^5 Pa。

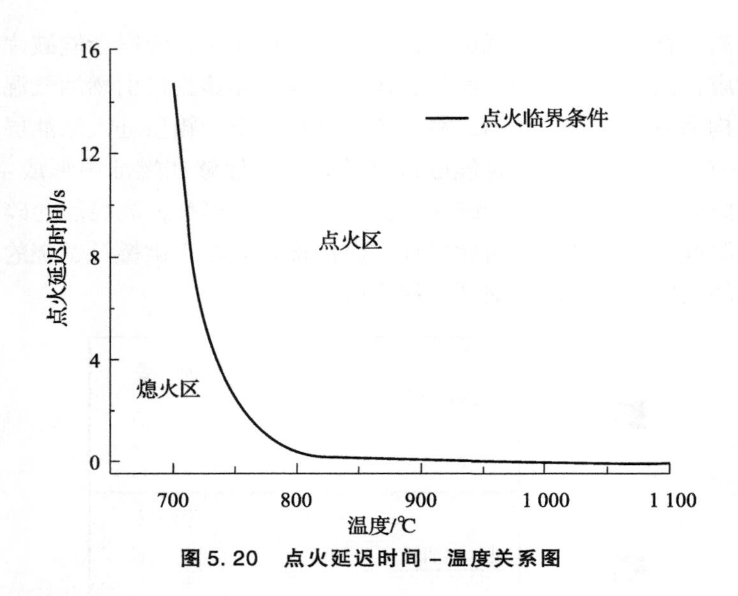

图 5.20 点火延迟时间 - 温度关系图

5.2.2 侵彻油箱力学分析模型

经分析可以得出，油箱损坏程度是影响含能破片引燃效应的重要因素，而流体动压效应又是损坏油箱过程中重要的一环。流体动压效应的作用过程可以分为四个作用阶段：震荡冲击、阻滞、空穴形成和贯穿坍塌（图 5.21），每个阶段都会对油箱造成不同机理与不同程度的毁伤。当破片侵彻满油油箱前端壳体时，破片动能传入燃油当中，并生成一个半球形的高压冲击波。这一阶段首先对破片侵彻位置造成一定的毁伤。在阻滞和空穴形成阶段，破片穿过液体燃油的同时，逐渐将自身动能传递到燃油中，并由于液体阻力的作用，破片速度逐渐降低。破片进入液体燃油后，使得其周围燃油具有一定速度，向周围排开并在破片后部与侧部形成空腔。贯穿坍塌阶段，如果破片具有足够的动能，则能

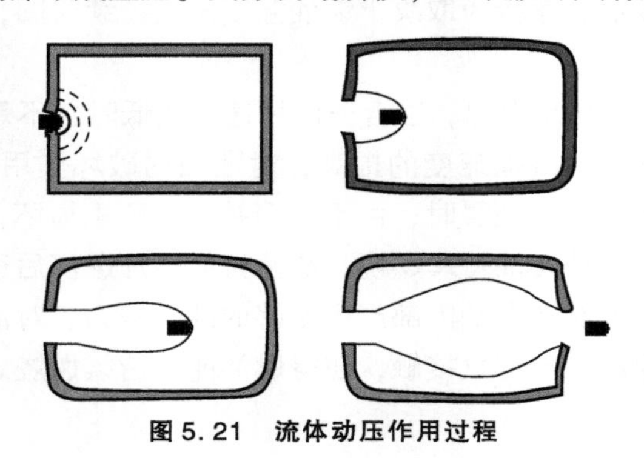

图 5.21 流体动压作用过程

够贯穿油箱后盖并对油箱造成一定的结构性毁伤。同时，侵彻出口附近液体被压缩，导致空穴形态发生一定变化。由于冲击波在后盖表面的反射和卸载，油箱前部空穴发生坍塌，并形成向两端喷射的液柱。之后两端坍塌点在油箱当中相遇，对油箱结构造成更为严重毁伤。

Szendrei 等在基于大量研究的基础上提出假设，认为空穴轴向、径向扩展速度相等，即由伯努利方程可得

$$\frac{\mathrm{d}r_c}{\mathrm{d}t}=u_c\approx u=\sqrt{\frac{2p_d}{\rho_i}-2gh} \tag{5.30}$$

式中，r_c 为空穴直径。空穴扩展速度与破片速度关系可表示为

$$u=U_F/(1+\sqrt{\rho_i/\rho_F}) \tag{5.31}$$

联立式（5.30）和式（5.31），可得

$$r_c(t+\mathrm{d}t)-r_c(t)=\sqrt{\frac{d_F^2U_F^2}{4r_c^2\left(1+\sqrt{\rho_1/\rho_r}\right)^2}-2gh}\cdot\Delta t \tag{5.32}$$

经过上述分析，能够分别得出破片撞击油箱时产生的冲击波压力、破片在燃油中运动所受到的制动压力及燃油中空穴的形成与坍塌过程，并能够准确描述流体动压作用行为及破片碰撞油箱过程中对油箱造成损坏的能力。经计算表明，冲击波压力、制动压力及空穴的形成与坍塌过程都能够对油箱造成一定程度的破坏，并成为破片引燃燃油过程中不可忽视的因素。

5.2.3　数值模拟

含能破片较惰性钢破片具有更强的引燃燃油能力，钢破片高速碰撞燃油油箱后，能够贯穿油箱前端盖并进入油箱，破片剩余速度造成燃油一定程度的雾化，但由于侵孔处氧气含量不足，不能使燃油持续燃烧，侵彻初始阶段产生的火焰也逐渐熄灭。含能破片毁伤油箱行为，是动能侵彻和化学能释放联合毁伤作用的结果，能够对油箱造成严重的结构毁伤，使燃油与氧气充分接触，为燃油燃烧提供了必要条件。由此可见，油箱毁伤程度对引燃燃油有着十分重要的影响，油箱破裂越严重，燃油泄漏越快，与空气中氧气接触越充分，引燃概率也相应提高；相反，燃油油箱变形较小，就没有足够的氧气供燃油燃烧。含能破片和钢破片碰撞油箱数值模拟结果如图 5.22 和图 5.23 所示。两种破片毁伤油箱过程较为类似，都能够击穿燃油油箱前端铝靶并在燃油内运动。由于含能破片力学强度低于钢破片，在侵彻油箱前端铝靶时，墩粗变形较大，因此，在燃油中运动时，能够形成更强烈的空穴现象，并使油箱变形更为严重。最终，含能破片与钢破片均能够贯穿油箱，并对油箱结构造成严重破坏。

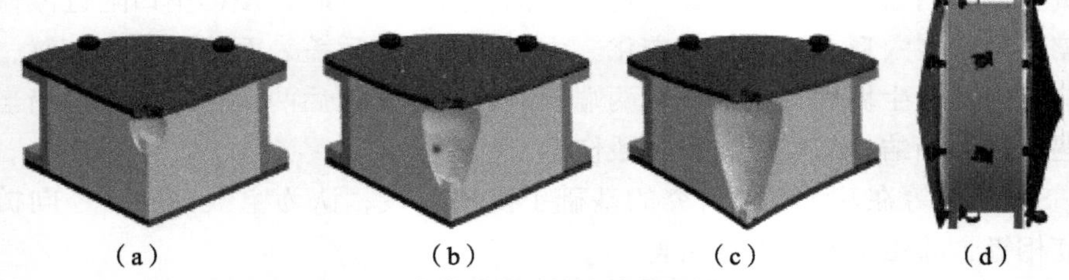

图 5.22 含能破片碰撞油箱数值模拟结果

(a) $t=32\ \mu s$；(b) $t=88\ \mu s$；(c) $t=146\ \mu s$；(d) $t=430\ \mu s$

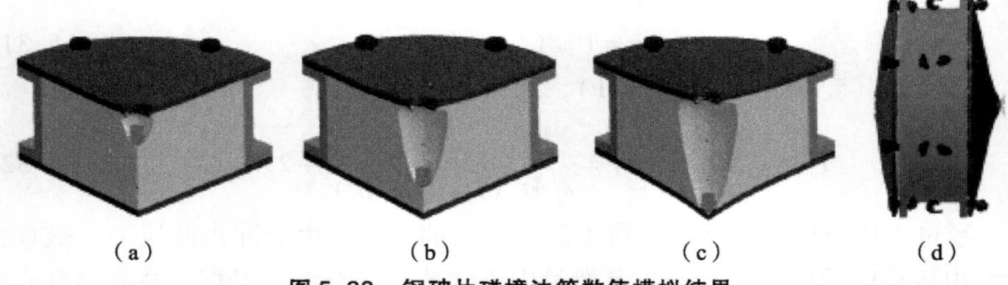

图 5.23 钢破片碰撞油箱数值模拟结果

(a) $t=28\ \mu s$；(b) $t=76\ \mu s$；(c) $t=126\ \mu s$；(d) $t=360\ \mu s$

从图 5.22 和图 5.23 中可以看出，两种破片在侵彻铝靶过程中速度都有明显下降。由于含能破片墩粗变形较大，并且在侵彻铝靶过程中速度损失较多，随后在燃油中运动时比钢破片速度下降较快。当运动一定时间后，两种破片速度有第二次明显下降过程，说明破片能够穿透油箱后盖板。

从数值模拟结果中可以看出，含能破片与钢破片均能依靠动能侵彻贯穿油箱，并且对油箱结构造成严重破坏。但试验中含能破片能够引燃燃油，而钢破片仅在碰撞开始阶段产生火光，随后迅速熄灭。这说明含能破片冲击反应后释放出大量能量，同时，由于动能侵彻作用造成油箱结构破坏，能够引燃燃油。相比于同质量惰性钢破片，引燃燃油能力显著增强，后效作用十分明显。

为了验证含能破片在毁伤效能方面的优越性，何源等利用传统铝热剂 $Al+Fe_2O_3$ 及普通 45 钢破片对开放式钢壳油箱进行冲击毁伤试验。结果显示，惰性钢破片未能引燃油箱内的航空柴油，复合铝热剂破片完全引燃柴油概率较高。惰性破片侵彻油箱外壁仅产生单一穿孔，孔径与破片直径相差不大；含能破片侵彻时，孔径增大，在靶板两面和破片外壳上产生严重的烧蚀痕迹。对试验数据进行计算分析可知，当惰性破片冲击初速为 1 246 m/s 时，冲击温度和卸载后温度均低于 0#航空柴油的燃点。复合铝热剂破片冲击温升较大，并且诱发了化学反应，试验中破片最高温度均超过 0#航空柴油的燃点 643 K。复合

铝热剂破片在冲击过程中释放能量，可能会无法保证反应的持续进行，故发生不能完全燃烧柴油的情况。

5.3 含能破片对屏蔽装药的毁伤

5.3.1 冲击过程中屏蔽炸药内初始参量的计算

1. 屏蔽炸药中冲击波能量计算

关于非均质炸药冲击起爆能量的计算，Walker – Wasley 提出了一维短脉冲冲击起爆能量判据理论，认为冲击波只有一维部分对炸药的冲击起爆有作用，并且将压力和粒子速度与最大压力脉冲作用时间联系起来，建立了能量计算式。因此，该表达式的局限性显而易见：其未对稀疏波到达射弹/飞片的轴线加以考虑，因此对冲击持续时间的定义不准确；只考虑了一维脉冲对冲击起爆有作用，假定了冲击波分支流对起爆没有作用，而冲击波的分支流有可能包含高于起爆压力线的压力；未对不同头部形状的碰撞体的区别加以考虑，实际情况是球头或锥形的碰撞体产生的冲击波由于稀疏波进入得更快，其压力峰值衰减得更快，因此需要更大的速度才能引爆炸药。

James 在 Walker – Wasley 工作的基础上利用阻抗匹配法对冲击能量公式进行了修正，提出了考虑头部形状、碰撞体直径及屏蔽壳厚度的能量计算公式：

$$E = \frac{p_4 u_{p4} D_4}{n C_4} \tag{5.33}$$

式中，n 为考虑不同头部形状的系数；C_4 为受冲击炸药的声速。冲击裸装炸药时，D 为 D_0；冲击屏蔽炸药时，D 为 D_c：

$$D_c = D_0 - 2x[C^2 - (u_s - u_p)^2]^{1/2}/u_s \tag{5.34}$$

式中，D_0 为碰撞体原始直径；x 为屏蔽壳厚度；其余参数与前述相同。Cook 认为薄壳体的作用主要是减小了冲击加载面积，即相当于把碰撞体原始直径 D_0 减小后撞击裸装炸药。

$$C^2 = \frac{C_0^2\,(1-\eta)^2(1+s\eta-s\gamma_0\eta^2)}{(1-s\eta)^3} \tag{5.35}$$

式中，C_0 为 Grnüeisen 系数；η 为物质的比容比：

$$\eta = 1 - V/V_0 \tag{5.36}$$

式中，V为比容。固体物质的比容与压力的关系为

$$p = \frac{C_0^2(V_0 - V)}{[V_0 - S_0^2(V_0 - V)]^2} \tag{5.37}$$

利用式（5.35）~式（5.37）对不同破片壳体材料、屏蔽壳材料、厚度、破片直径、头部形状在不同初始撞击速度下，屏蔽壳内炸药压力、冲击波能量进行理论计算。

2. 屏蔽炸药初始参量计算

由冲击波前后质量、动量守恒及界面连续条件，可得

$$\rho_4(C_4 + S_4 u_{p4})u_{p4} = \rho_2[C_2 + S_2(2u'_{p2} - u_{p4})](2u'_{p3} - u_{p4}) \tag{5.38}$$

$$p_4 = \rho_4(C_4 + S_4 u_{p4})u_{p4} \tag{5.39}$$

结合炸药线性 Hugoniot 关系来表示材料中冲击波速度与质点速度之间的关系：

$$u_{s3} = C_3 + S_3 u_{p3} \tag{5.40}$$

$$u_{s4} = C_4 + S_4 u_{p4} \tag{5.41}$$

联立式（5.38）~式（5.40），即可解得屏蔽炸药中冲击波的各初始状态参量。

何源等分别计算了铝、铜、钢三种屏蔽壳在不同撞击速度情况下，屏蔽炸药中的压力及冲击波能量。破片外形尺寸为 11 mm × 17 mm，头部厚度为 5 mm，平头，壳体材料为钢，屏蔽壳厚度为 6 mm，屏蔽炸药为 Comp B、密度为 1.65 g/cm³。计算结果如图 5.24 所示。

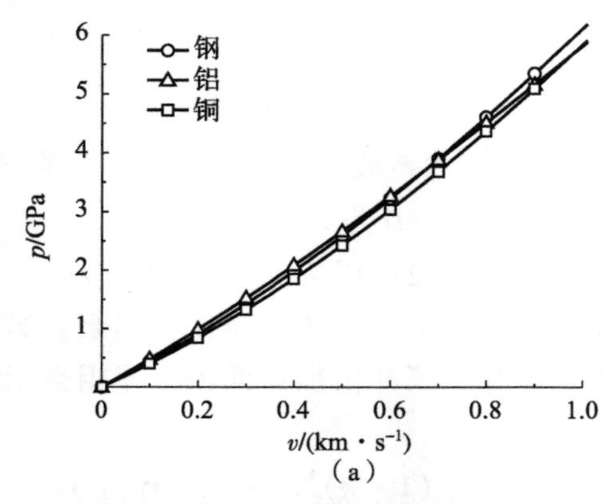

图 5.24 不同屏蔽壳材料时屏蔽炸药中的压力、能量

(a) $p-v$ 曲线

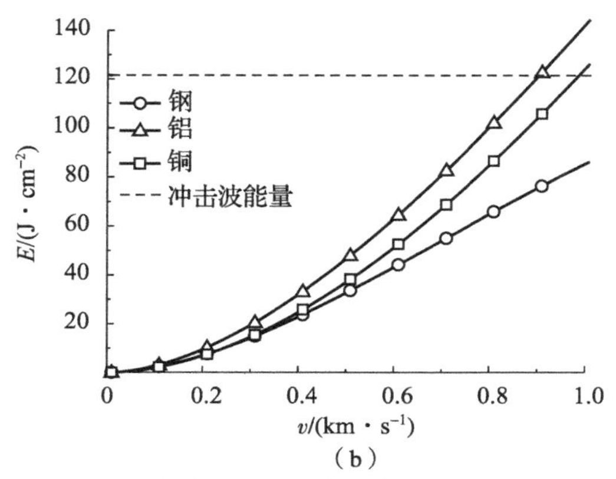

（b）

图 5.24　不同屏蔽壳材料时屏蔽炸药中的压力、能量（续）

（b）$E-v$ 曲线

计算了铝、铜、钢三种破片壳体材料在不同撞击速度情况下，屏蔽炸药中的压力及冲击波能量，各参数与前相同。计算结果如图 5.25 所示。

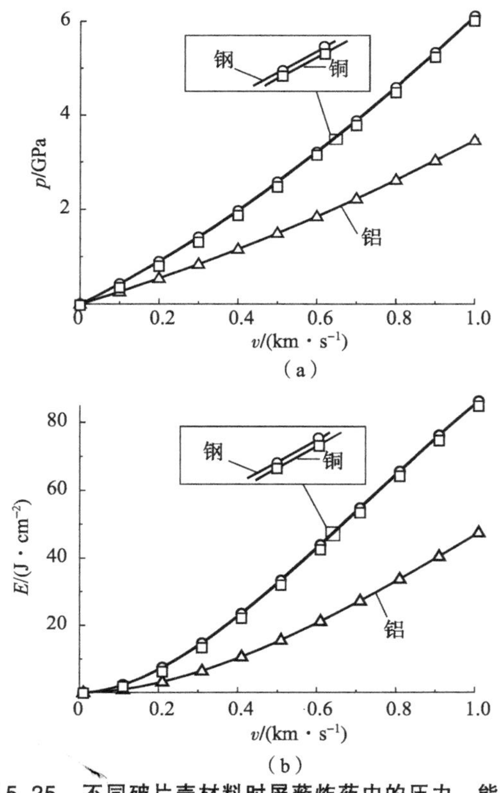

（b）

图 5.25　不同破片壳材料时屏蔽炸药中的压力、能量

（a）$p-v$ 曲线；（b）$E-v$ 曲线

根据不同破片直径，计算了不同撞击速度情况下屏蔽炸药中的冲击波能量，各参数与前相同。计算结果如图 5.26 所示。

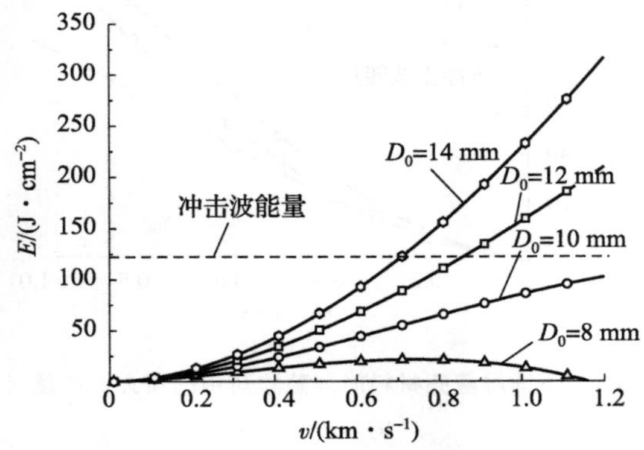

图 5.26 不同破片直径时屏蔽炸药中的 $E-v$ 曲线

计算了不同头部形状破片撞击时屏蔽炸药内的冲击波能量，各参数与前相同。计算结果如图 5.27 所示。

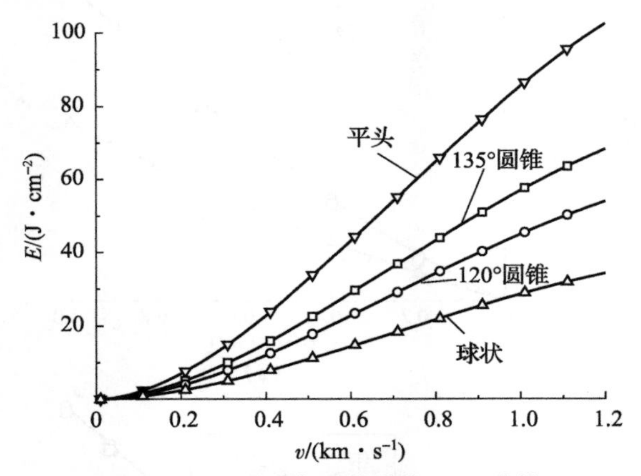

图 5.27 不同头部形状时的 $E-v$ 曲线

根据不同屏蔽壳体厚度，计算了不同撞击速度情况下屏蔽炸药中的冲击波能量，各参数与前相同。计算结果如图 5.28 所示。

根据以上计算结果可得出如下结论：

（1）由图 5.24 可知，在相同条件下，屏蔽壳材料的不同，对屏蔽炸药中的压力、冲击波能量的影响不大，并且 $p_{铝}>p_{铜}>p_{钢}$、$E_{铝}>E_{铜}>E_{钢}$。

（2）由图 5.25 可知，破片壳体材料的阻抗是决定屏蔽炸药中压力和能量的关键，阻抗相近的铜壳和钢壳破片在相同撞击速度下在屏蔽炸药中产生的压力和冲击波能量相近，并且远高于铝壳破片。

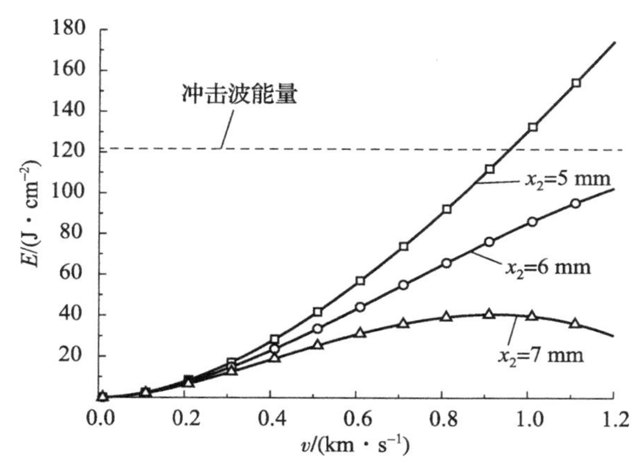

图5.28　不同屏蔽壳体厚度时的 $E-v$ 曲线

（3）由图5.26和图5.27可知，随着破片直径的增加、屏蔽壳厚度的减小，输入屏蔽炸药中的冲击波能量逐渐增加。但由于考虑了稀疏波的作用，冲击波能量并不是随着冲击速度的增加而直线上升，而是逐渐趋于平缓。这是由于采用了有效直径 D_e 代替原始直径 D_0，随着冲击速度的增加，稀疏波进入得更快，有效直径减小得更快。

（4）由于公式中引入了有效直径，因此，在速度增大一定程度后，有效直径会逐渐减小为零，甚至负值。可从图5.26中的 $D_0=8$ mm 曲线看出，冲击波能量随着冲击速度的增加开始下降。

（5）不同头部形状情况下，屏蔽炸药内的冲击波能量 $E_{平头}>E_{锥形}>E_{球头}$，这是由于锥形和球头与平头破片相比，稀疏波进入得更快，即压力脉冲作用时间相对减少。

5.3.2　含能破片冲击引爆屏蔽炸药过程数值模拟研究

利用非线性有限元计算程序 LS-DYNA 对含能破片冲击引爆屏蔽炸药过程进行仿真计算。对破片和屏蔽炸药中各点的 $p-t$ 曲线进行对比分析，结合冲击引爆过程的应力云图，揭示含能破片冲击引爆屏蔽炸药过程中能量输出方式，即毁伤机理。

含能破片冲击引爆屏蔽炸药结构模型如图5.29所示。计算中各单位采用国际单位制，质量、长度、时间、温度、密度和压力单位分别为 g、cm、s、K、g/cm³、GPa。破片的基本结构尺寸为1.1 cm×1.7 cm，头部厚度为0.35 cm，平头，炸药填满破片内空腔尺寸为0.8 cm×1 cm；屏蔽壳尺寸为11 cm×10 cm×5.6 cm，厚度为0.6 cm；屏蔽炸药尺寸为10 cm×10 cm×4 cm；采用拉格朗日算法，破片壳体、靶板材料模型为 Johnson - Cook 模型，状态方程（EOS）为 Grüneisen 状态方程；破片内装药和屏蔽炸药材料模型与状态方程为弹塑性模型（Elastic - Plastic - Hydro）和点火与增长方程（Ignition - Growth - of - Reaction - in - HE）；破片壳体为钢，屏蔽壳为铝，屏蔽炸药为 Comp B 炸药。

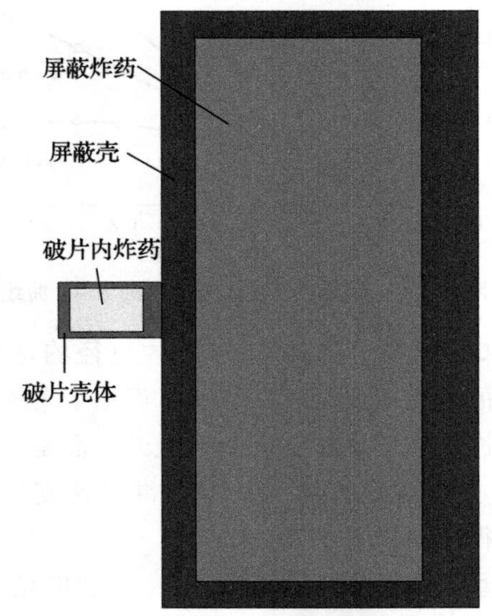

图 5.29　含能破片冲击薄靶板示意图

调整破片冲击初速，得到冲击引爆结果，获取的含能破片冲击引爆、未引爆及惰性破片冲击引爆屏蔽炸药各阶段应力云图见表 5.1。其中，用于与含能破片对比的惰性破片为：将破片内炸药的临界压缩度改至无限大，即破片内炸药不发生反应。屏蔽炸药在引爆和未引爆情况下沿轴线各点的 $p-t$ 曲线如图 5.30 和图 5.31 所示。

表 5.1　各阶段应力云图

状态	t/μs		
	2	3.6	9
含能破片 未引爆 $v=1\ 100$ m/s	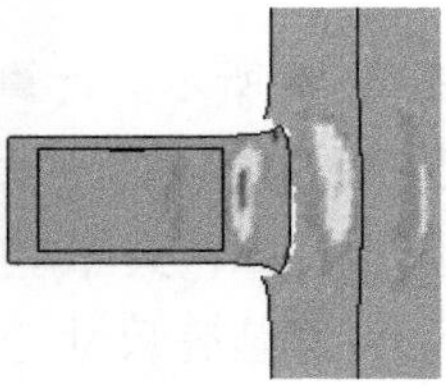	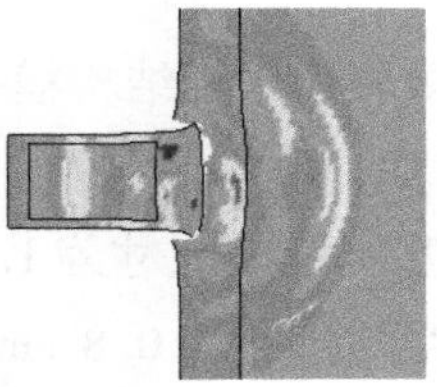	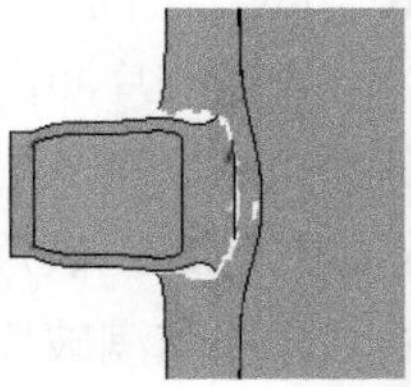

续表

状态	t/μs		
	2	3.6	9
惰性破片引爆 $v = 1\ 700$ m/s			
含能破片引爆 $v = 1\ 260$ m/s			

状态	t/μs	
	11	13
含能破片 未引爆 $v = 1\ 100$ m/s		
惰性破片引爆 $v = 1\ 700$ m/s		
含能破片引爆 $v = 1\ 260$ m/s		

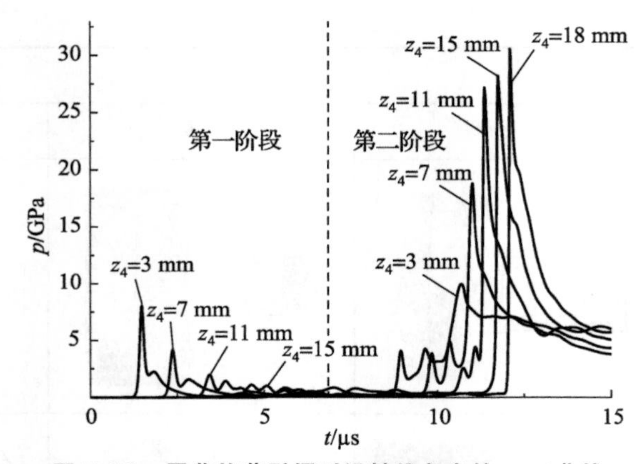

图 5.30　屏蔽炸药引爆时沿轴线各点的 $p-t$ 曲线

（注：图中 z 表示观测点距炸药前端面距离，下标 4 表示屏蔽炸药）

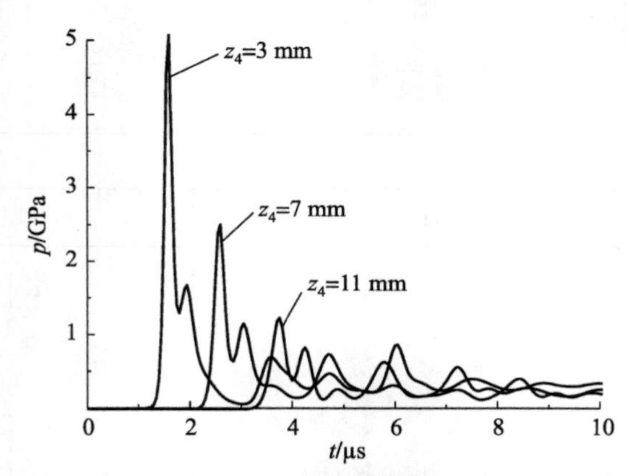

图 5.31　屏蔽炸药未引爆时沿轴线各点的 $p-t$ 曲线

（注：图中 z 表示观测点距炸药前端面距离，下标 4 表示屏蔽炸药）

为了研究含能破片的毁伤作用机理，获取了含能破片冲击引爆屏蔽炸药及对应速度下惰性破片冲击屏蔽炸药时破片内炸药和屏蔽炸药中的 $p-t$ 曲线进行对比，结果如图 5.32 和图 5.33 所示。

对含能破片冲击引爆屏蔽炸药进行数值模拟分析，从以上曲线和应力云图可得出如下结论：

（1）由含能破片冲击引爆和未引爆屏蔽炸药各时刻的应力云图可以看出，未引爆时破片内炸药自身并未起爆，并且屏蔽炸药中只是在 3.6 μs 时刻入射了一个碰撞冲击波；而引爆情况下，破片内炸药自身先起爆，起爆时刻约为 3.6 μs，并且屏蔽炸药中分别在 3.6 μs 和 9 μs 入射了碰撞冲击波和破片内炸药爆炸产生的爆轰波。

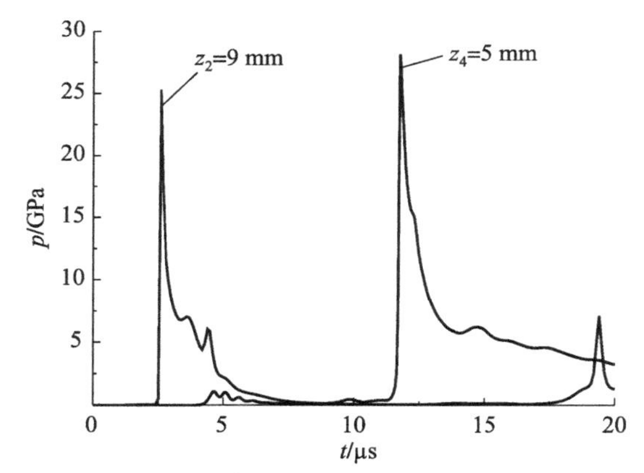

图 5.32　引爆时破片内炸药与屏蔽炸药的 $p-t$ 曲线

（注：图中下标 2 表示破片内炸药，下标 4 表示屏蔽炸药）

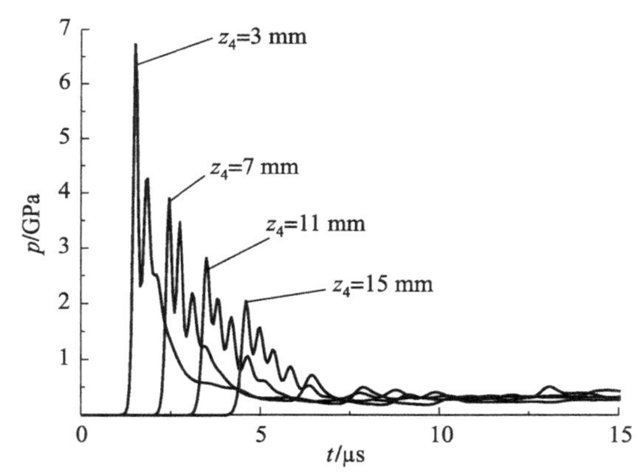

图 5.33　破片内为惰性物质时轴线各点的 $p-t$ 曲线

（注：下标 4 表示屏蔽炸药）

（2）由引爆和未引爆情况下屏蔽炸药沿破片轴线各点的 $p-t$ 曲线即图 5.30 和图 5.31 可以看出，被引爆时，屏蔽炸药内的压力峰值远高于未引爆情况。并且图 5.32 所示的 $p-t$ 曲线可以分为两个阶段：第一阶段，随着 z_4 的增加，压力峰值逐渐降低，此为破片碰撞屏蔽壳产生的入射冲击波；第二阶段，由于破片内炸药的起爆爆轰波传入屏蔽炸药中，引发了屏蔽炸药的爆轰，因此，随着 z_4 的增加，压力峰值逐渐升高，在 15 mm 左右形成稳定的爆轰。此现象也与获取的应力云图相符。图 5.32 中，未引爆时屏蔽炸药内各点的压力曲线呈现简单的碰撞冲击波的传播和衰减过程。

（3）从破片内炸药和屏蔽炸药的 $p-t$ 曲线对比即图 5.32 来看，破片内炸药的爆轰要明显早于屏蔽内炸药的爆轰，在 5 μs 以内，破片内，炸药即基本

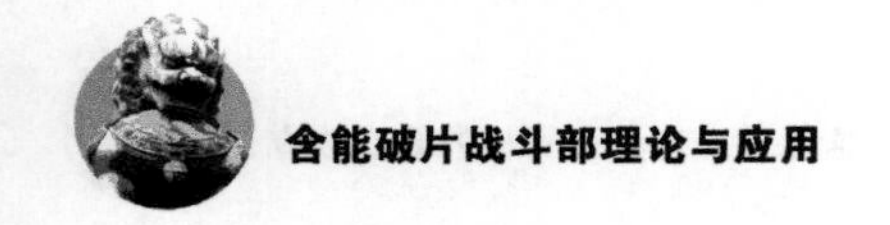

完成了爆轰，而屏蔽炸药的爆轰则在 12 μs 左右开始。并且破片内炸药的压力峰值约为 25 GPa，屏蔽炸药的压力峰值约为 30 GPa。

（4）当破片内为惰性物质时，即阻止破片内炸药的起爆，用前引爆速度冲击屏蔽炸药，发现破片内及屏蔽炸药中的压力曲线与未引爆及图 5.33 中的第一阶段情况类似，$z_4=3$ mm 的压力峰值均为 7 GPa 左右，屏蔽炸药未能产生引爆效果。

综合以上计算和分析可知，含能破片冲击引爆屏蔽炸药的物理过程为：碰撞产生的冲击波先引发破片内炸药的爆轰反应，再由破片内炸药反应释放的能量与碰撞冲击波能量叠加来引爆屏蔽炸药，并且破片内炸药的反应能在引爆过程中起着主要作用。由于爆轰反应能量的输入，在相同条件下，普通惰性破片较含能破片需要更高的初始冲击速度才能引爆屏蔽壳体后炸药，由此可见，含能破片对屏蔽炸药有更好的毁伤效果。

5.3.3 含能破片冲击引爆屏蔽炸药试验研究

王海福等采用弹道试验对含能破片引爆屏蔽装药作用行为进行研究，并且与同质量钨合金破片引爆能力进行对比，并基于 AUTODYN-2D 平台对破片冲击起爆屏蔽装药行为展开数值模拟研究。通过数值模拟与试验结果的对比，得到含能破片引爆屏蔽装药机理。通过研究得出，含能破片具有足够的强度及侵彻能力，撞击速度大于 1 171 m/s 时，可贯穿 10 mm 厚 LY12 硬铝靶，大于 1 287 m/s 时，可贯穿 6 mm 厚 A3 钢靶，并且自身发生剧烈的化学反应，能可靠引爆屏蔽装药。含能破片的自爆效应是其引爆屏蔽装药的主要原因。含能破片在撞击目标时被激活，进入炸药内部后，释放大量化学能及气体产物，造成周围炸药温度迅速升高，形成大量热点，从而引起炸药爆轰。含能破片的自爆效应使得其对装药的引爆能力较惰性金属破片有显著增强，降低了引爆装药所需的动能，有望提高破片战斗部的杀伤威力。

肖艳文进行了含能破片以 1 165 m/s 速度碰撞铝盖板屏蔽装药的试验，发现钨合金破片未能引爆铸装 B 炸药，只造成盖板机械穿孔及装药碎裂，而同等条件下含能破片能够对屏蔽装药进行引爆。由以上试验结果可以得出，含能破片比同质量的钨合金破片具有更强的引爆能力。

罗振华等以弹道枪加载 ϕ9 mm × 9 mm 圆柱形破片，对破片引燃 8 mm 和 3 mm厚 Q235 钢板屏蔽 B 炸药和 A-Ⅸ-Ⅱ 炸药的引爆能力进行试验研究和分析。含能破片引爆炸药试验表明，7.3 g 含能破片穿透 8 mm 厚 Q235 钢板，并使 A-Ⅸ-Ⅱ 炸药半爆的临界速度为 910 m/s。由此可知，7.3 g 含能破片穿透 8 mm 厚 Q235 钢板并引爆炸药所需的动能为 3.02 kJ，可计算得到 7.3 g 破片以

910 m/s 的速度对 8 mm 厚 Q235 钢板的击穿概率为 1，贯穿后对战斗部的毁伤概率 $P_n = 1$。

叶小军研究了含能破片对屏蔽炸药的毁伤行为，得出了含能破片比普通惰性金属破片具有更低的冲击引燃临界速度，含能破片的冲击引燃临界速度为 925 m/s，而普通惰性金属破片的冲击引燃临界速度为 1 450 m/s。

李杰研究了壳体式含能破片对玻璃盖板后的铸装 B 炸药的冲击毁伤试验。其壳体内填装的活性材料为炸药、活性金属粉末等。试验结果得出，含能破片能够在速度为 700 m/s 左右时引燃目标，但不能够对目标进行引爆，而爆炸式含能破片在 1 270 m/s 左右时引爆目标装药。

王树山等用钨锆合金破片和普通材料的破片进行试验对比，发现其具有更小的临界起爆速度和起爆能量，该破片即是含能破片的一种。

何源研究发现，含能破片与同质量惰性破片相比，能够在更低速度下引爆屏蔽炸药。

为了进一步阐明含能破片对屏蔽炸药的冲击毁伤机理，进行了含能破片冲击引爆屏蔽炸药的试验研究。

5.3.4　含能破片对屏蔽炸药的毁伤机理

由以上分析和试验可知，含能破片对目标的毁伤机制与普通惰性破片明显不同，除与普通惰性破片一样拥有动能毁伤之外，在破片侵彻靶板过程中或侵彻靶板后，含能破片内活性材料由于受强冲击加载而发生化学反应并释放化学能，对目标靶特别是靶后炸药产生二次毁伤效果。结合理论模型和试验结果对含能破片的毁伤机理进行定量研究，重点分析含能破片的毁伤作用机制及在冲击引爆屏蔽炸药过程中是何种能量引发了屏蔽炸药的起爆行为。

含能破片以一定速度碰撞屏蔽装药时，在弹靶交界处将产生冲击波，并分别向含能破片和屏蔽装药方向传入。随后，含能破片贯穿屏蔽装药前靶板，由于受到强烈冲击载荷作用，含能破片碎裂并被激活，开始发生化学反应，在屏蔽装药内部释放大量化学能。同时，联合侵彻过程中传入炸药内部的冲击波，在炸药内部形成大量热点。随着温度进一步升高，热点逐步扩散并最终引爆炸药。含能破片引爆屏蔽装药的机理较为复杂，为方便问题研究，首先考虑含能破片动能侵彻作用对屏蔽装药冲击起爆的影响，之后再对冲击起爆后释放化学能引爆屏蔽装药的机理进行研究。为与上述试验相符，采用圆柱形破片冲击引爆屏蔽装药。

现假设圆柱形破片以速度 v 碰撞屏蔽装药，使用线性 Hugoniot 关系表示材料中冲击波速与粒子速度之间的关系，并结合冲击波前后质量、动量守恒，可

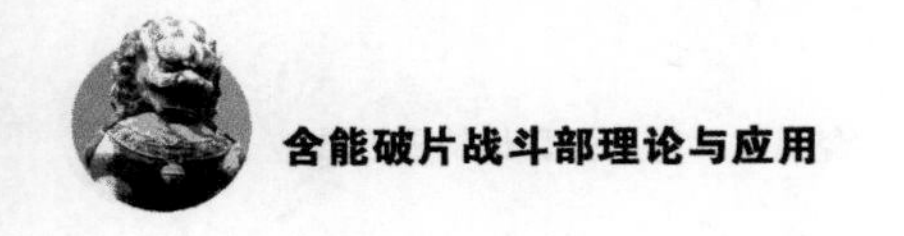

得出初始冲击波压力表达式：

$$p_1 = \rho_1 (x_1 + y_1 u_{b1}) u_{b1} \tag{5.42}$$

$$p_2 = \rho_2 (x_2 + y_2 u_{b2}) u_{b2} \tag{5.43}$$

式中，1、2 分别表示破片与屏蔽装药盖板；x 和 y 为材料的 Hugoniot 参数；密度 u 为冲击压缩区域粒子速度。

根据连续边界条件，可得

$$v - u_{b1} = u_{b2} \tag{5.44}$$

$$p_1 = p_2 \tag{5.45}$$

当冲击波在破片及屏蔽装药中传播时，将受到材料的阻碍作用，使得冲击波不断衰减。因此，用 p 来表示冲击波传播过程中的冲击压力，其衰减规律为

$$p' = p\mathrm{e}^{-\alpha l} \tag{5.46}$$

式中，α 为衰减系数；l 为冲击波传播相应距离。同时，当冲击波经过破片或屏蔽装药时的冲击压力为 p 时，相应位置的粒子运动速度表示为 u。因此，综合上述公式可知，屏蔽装药中炸药受破片冲击在其内部形成的冲击压力和压缩区域粒子速度可由以下两式求出：

$$p_3 = \rho_2 [x_2 + b_2 (2u'_{b2} - u_{b3})](2u'_{b2} - u_{b3}) \tag{5.47}$$

$$p_3 = \rho_3 (x_3 + y_3 u_{b3}) u_{b3} \tag{5.48}$$

考虑冲击压力作用时间 t，碰撞形成的初始冲击波到达盖板与炸药界面的时间为

$$T = \frac{h}{D_1} \tag{5.49}$$

式中，D_1 和 h 分别为冲击波速和靶板厚度。由于盖板中的稀疏波速大于或等于含能破片中的稀疏波速，含能破片边缘产生的稀疏波是一个以含能破片边缘点 c 为圆心，c_2 为半径的圆弧。经分析可求得初始冲击波在 T 时刻对应的半径为

$$r_c = r_0 - [c_2^2 - (D_2 - u_2)^2]^{0.5} \frac{h}{D} \tag{5.50}$$

综合上式即可计算出破片冲击引爆屏蔽装药的能量密度判据为

$$E_m = 19 p_3 u_3 r_c / (8 l c_2) \tag{5.51}$$

含能破片冲击引爆屏蔽装药的临界速度约为 2 400 m/s，这一速度明显高于试验中含能破片引爆屏蔽装药速度。这说明，含能破片仅依靠动能侵彻作用引爆屏蔽装药较为困难，活性材料的内爆效应才是引爆屏蔽装药的主要机理，能够显著提高破片引爆屏蔽装药的能力。

为了进一步研究活性材料的冲击起爆反应，接下来对活性材料冲击起爆释放化学能量行为进行分析。活性材料能否完全发生反应受到冲击压力阈值和冲

击波作用时间两种因素的影响。当初始冲击压力高于活性材料临界起爆阈值时，活性材料能够被激活，随着冲击波在活性材料中的传播，冲击压力不断衰减，直至低于临界起爆压力后，剩余活性材料不再发生反应；另外，冲击波到达靶板背面后，反射出向含能破片中传播的稀疏波，当速度更快的稀疏波追赶上破片中的冲击波时，冲击压力将被卸载，使得剩余活性材料不再发生反应。分别对两种因素进行计算，能够得出活性材料在不同碰撞速度下的反应率。

这说明含能破片以弹道极限速度碰撞屏蔽装药时，能够成功引爆屏蔽装药，进一步提高含能破片碰撞速度后，活性材料反应更加完全，能够释放出更高的能量，引爆屏蔽装药能力越强。

对于含能破片而言，其不仅具有与惰性金属破片同样的冲击起爆能力，同时，在后爆效应后能够产生大量化学能的释放，可直接在战斗部装药内部形成起爆源。计算分析可以认为，只要含能破片能够击穿屏蔽装药盖板且可靠起爆，则能够将其引爆。其引爆装药概率表达式为

$$P_{ex}=\begin{cases}0, & E_{bF}<4.5\\ P_{nk}, & E_{bF}\geqslant 4.5\end{cases} \tag{5.52}$$

对惰性金属破片来说，影响其引爆的因素有被引爆物参数、冲击体参数和遭遇条件。被引爆物参数是指外壳材料、厚度、炸药密度等因素；冲击体参数主要指破片材料、形状、质量及速度等因素；遭遇条件主要指冲击遭遇角度和面积等因素。惰性金属破片引爆概率 P_{ex} 的经验公式为

当 $10^{-6}A_1<6.5+100a$ 时，

$$P_{\mathrm{ex}}=0 \tag{5.53}$$

当 $10^{-6}A_1>6.5+100a$ 时，

$$P_{ex}=1-3.03\mathrm{e}^{-5.6\frac{10^{-8}A_1-a_1-0.065}{1+3a^{2.31}}}\sin\left(0.34+1.84\,\frac{10^{-8}A_1-a_1-0.065}{1+3a^{2.31}}\right) \tag{5.54}$$

$$A_1=0.005\rho_e q^{2/3}v^3 \tag{5.55}$$

$$a=0.05\,\frac{\rho_{m1}b_1+\rho_{m2}b_2}{q^{1/3}} \tag{5.56}$$

式中，ρ_e 为炸药密度；m_1 为被引爆物外壳密度；b_1 为被引爆物外壳厚度；m_2 为蒙皮金属密度；b_2 为蒙皮金属厚度。

含能破片与同等条件惰性钢破片引爆屏蔽装药的概率曲线如图 5.34 所示。从图中可以看出，随着破片质量和速度的增加，破片对屏蔽装药的引爆概率显著增加；随着盖板厚度的增加，破片引爆屏蔽装药的概率逐渐减小。同时，通过对比可以看出，与惰性钨破片相比，含能破片引爆屏蔽装药能力显著增强。

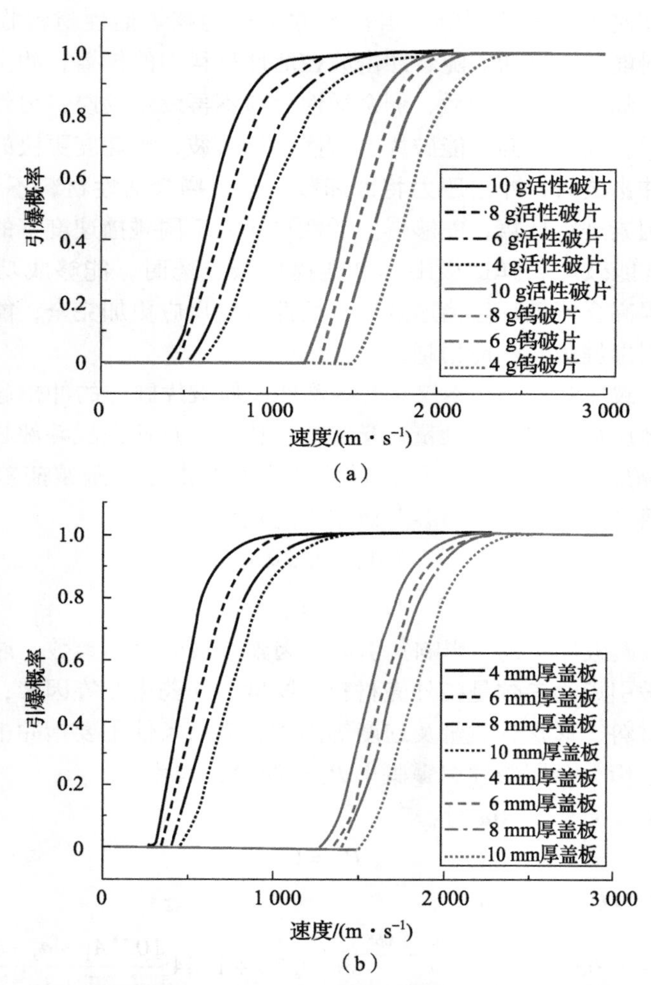

图 5.34　含能破片与同等条件惰性钢破片引爆屏蔽装药的概率曲线

（a）引爆概率随破片质量变化曲线；（b）引爆概率随盖板厚度变化曲线

参 考 文 献

[1] 赵宏伟，余庆波，邓斌，等．活性破片终点毁伤威力试验研究 [J]．北京理工大学学报，2020，40 (4)：375－381.

[2] 陈进，陈元建，袁宝慧，等．活性破片对钢板侵彻性能的实验研究 [J]．科学技术与工程，2014，14 (35)：53－55.

[3] 肖艳文．活性破片侵彻引发爆炸效应及毁伤机理研究 [D]．北京：北京

理工大学，2016.

[4] 张雪朋. 活性射流作用钢靶侵彻爆炸联合毁伤效应研究 [D]. 北京：北京理工大学，2016.

[5] 苏成海，王海福，谢剑文，等. 活性射流作用混凝土靶侵彻与爆炸效应研究 [J]. 兵工学报，2019，40 (9)：1830 - 1835.

[6] 王璐瑶，蒋建伟，李梅，等. 钨锆铪活性合金破片冲击释能行为实验研究 [J]. 兵工学报，2019，40 (8)：1603 - 1610.

[7] 王海福，刘宗伟，俞为民，等. 活性破片能量输出特性实验研究 [J]. 北京理工大学学报，2009，29 (8)：663 - 666.

[8] 徐露萍，李邦贵，胡米. 国外高效毁伤技术简析 [J]. 飞航导弹，2010 (12)：73 - 77.

[9] 帅俊峰，蒋建伟，王树有，等. 复合反应破片对钢靶侵彻的实验研究 [J]. 含能材料，2009，17 (6)：722 - 724.

[10] 王晓峰，郝仲璋. 炸药发展中的新技术 [J]. 火炸药学报，2002 (4)：37.

[11] 黄亨建，黄辉，阳世清，等. 毁伤增强型破片探索研究 [J]. 含能材料，2007，15 (6)：566 - 567.

[12] Varma A, Rogachev A S, Mukasyan A S, et al. Complex behavior of self - propagating reaction waves in heterogeneous media [C]. Proceedings of the National Academy of Sciences of the United States of America, 1998 (95): 11053 - 11058.

[13] Cai J, Jiang F C, Vecchio K S, et al. Mechanical and microstructural properties of PTFE/Al/W composite [C]. Kohala Coast, Hawaii, 2007, 955 (1): 723 - 726.

[14] Zhou Q, Hu Q, Wang B, et al. Fabrication and characterization of the Ni - Al energetic structural material with high energy density and mechanical properties [J]. Journal of Alloys and Compounds, 2020 (832): 154894.

[15] Mock W J, Holt W H. Impact initiation of rods of pressed polytetrafluoroethylene (PTFE) and Aluminum powders [C]. AIP Conference Proceedings, 2006 (845): 1097 - 1100.

[16] 殷艺峰. 活性材料增强侵彻体终点侵爆效应研究 [D]. 北京：北京理工大学，2015.

[17] 路中华，孙文旭，罗志恒，等. 反应破片对中厚铝合金靶的侵彻效应研究 [J]. 科技导报，2013，31 (17)：46 - 50.

[18] 万文乾，余道强，彭飞，等．含能材料药型罩的爆炸成型及毁伤作用 [J]．爆炸与冲击，2014，34 (2)：235 – 240.

[19] 张雪朋，肖建光，余庆波，等．活性药型罩聚能装药破甲后效超压特性 [J]．兵工学报，2016，37 (8)：1388 – 1394.

[20] 杨华楠，廖雪松，王绍慧，等．含能破片技术与应用 [J]．四川兵工学报，2010，31 (12)：4 – 7.

[21] 陶忠明，方向，李裕春，等．PTFE 基含能药型罩制备及毁伤性能研究 [J]．火工品，2016 (6)：13 – 16.

[22] 万文乾，余道强，彭飞，等．含能材料药型罩的爆炸成型及毁伤作用 [J]．爆炸与冲击，2014，34 (2)：235 – 240.

[23] 刘桂涛，梁栋，赵文天，等．锆基多功能合金的动态压缩性能研究 [J]．兵器材料科学与工程，2012，35 (2)：73 – 76.

[24] Nielson D B，Truitt R M，Rasmussen N. Low temperature，extrudable，high density reactive material [J]. United States Patent Application，2004 (5)：020397.

[25] Wang H F，Zheng Y F，Qing Y U，et al. Initiation behavior of covered explosive subjected to reactive fragment [J]. Journal of Beijing Institute of Technology，2012，21 (2)：143 – 149.

[26] 梁争峰．活性破片战斗部静爆试验报告 [R]．西安：西安近代化学研究所，2013.

[27] 彭军，李彪彪，袁宝慧，等．钢包覆式活性破片侵彻双层铝靶的行为特性研究 [J]．火炸药学报，2020，43 (1)：90 – 95.

[28] 张云峰，刘国庆，李晨，等．新型亚稳态合金材料冲击释能特性 [J]．含能材料，2019，27 (8)：692 – 697.

[29] 余庆波，刘宗伟，金学科，等．活性破片战斗部威力评价方法 [J]．北京理工大学学报，2012，32 (7)：661 – 664.

[30] 刘艳君，肖贵林，陈军，等．活性药型罩毁伤性能仿真及实验研究 [J]．火工品，2017，17 (3)：18 – 21.

[31] 罗振华，董素荣，赵军强，等．某型活性破片毁伤后效试验研究与分析 [J]．科学技术与工程，2014，14 (32)：214 – 216.

[32] Myriski B. Shear – driven reactive material combustion at high – speed impact [C]. Joint Classified Warheads and Ballistics Symposium，2005.

[33] 谢长友，蒋建伟，帅俊峰，等．复合式反应破片对柴油油箱的毁伤效应试验研究 [J]．高压物理学报，2009，23 (6)：447 – 452.

[34] 王毅．纳米及纳米复合材料在铝热剂中的应用研究［D］．南京：南京理工大学，2008.

[35] 肖艳文，徐峰悦，郑元枫，等．活性材料弹丸碰撞油箱引燃效应实验研究［J］．北京理工大学学报，2017，37（6）：557－561.

[36] 王海福，郑元枫，余庆波，等．活性破片引燃航空煤油实验研究［J］．兵工学报，2012，33（9）：1148－1152.

[37] 王海福，郑元枫，余庆波，等．活性破片引爆屏蔽装药机理研究［J］．北京理工大学学报，2012，32（8）：786－789.

[38] 叶小军．含能破片对带壳炸药的引燃机理及抛射强度研究［D］．南京：南京理工大学，2008.

[39] 李杰．可爆破式反导技术研究［D］．南京：南京理工大学，2006.

[40] 王树山，李树君，马晓飞，等．钨合金破片对屏蔽装药撞击起爆的实验研究［J］．兵工学报，2001（2）：189－191.

[41] 何源．含能破片冲击反应机理及其对典型目标的毁伤效应研究［D］．南京：南京理工大学，2011.

第6章

含能破片战斗部毁伤效应及试验技术

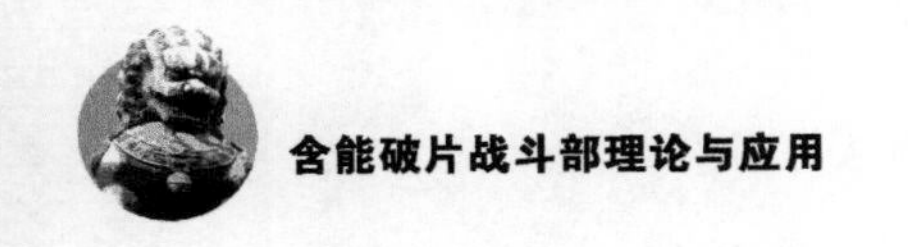

6.1 破片战斗部杀伤标准与杀伤面积

6.1.1 毁伤准则

简单地讲，毁伤准则就是判断目标是否被毁伤或被毁伤程度的一个判据。毁伤准则包含两层含义：①毁伤的定义，即给出目标是否毁伤的量化标准；②目标受损程度与作用在目标上的毁伤元之间的关系。因此，毁伤准则是目标和毁伤元的函数。

破片的毁伤准则是指有效破片（能够毁伤目标的破片）毁伤各类目标时，破片参数的极限值。由于目标种类繁多、结构复杂，不可能每类目标都由试验来确定毁伤准则。工程上往往采用试验类比的方法来确定破片对不同目标的毁伤准则。从弹丸的设计和使用角度来说，正确地给出破片毁伤各类目标的准则是一个十分重要的问题。

1. 破片动能准则

爆破杀伤弹对目标的毁伤主要以破片击穿作用为主，破片的动能 $E_{f,k}$ 是衡量这一毁伤效应的主要参数：

$$E_{f,k} = \frac{1}{2} m_f v_c^2 \tag{6.1}$$

式中，v_c为破片撞击目标时的速度（m/s）；其他符号含义同前。

为满足$E_{f,k}$要求，弹丸壳体结构必须与装填的炸药量相匹配，即装填炸药量越大，破片速度越高，但相应的破片有效质量就会减小；反之，破片有效质量增加。以往认为，杀伤人员的破片有效质量应在4 g以上，最好为5～10 g，这主要是因为以往弹丸装填的炸药能量较低，相应的破片速度也比较低，为满足动能要求，所需的破片质量就较大。但现在装填弹丸的炸药能量比过去增加了约25%，因此，对有效杀伤破片质量有了新的要求。同时，战斗伤亡情况调查表明，人员受伤比死亡影响大。因为伤员需要人照顾、运送，这样会大大减弱战斗力，加大后勤运输压力，并且对周围人员的精神产生不良影响。因而击伤人员的破片质量不一定要很大，但速度要高，只要使人致伤，即可达到使对方战斗减员的目的。因此，目前杀伤破片正朝着小、多、快的方向发展。弹体材料多采用高强度、高脆性钢，并适当减薄弹体，多装药，装填能量高的炸药，使破片质量减小，数量增多，飞散速度加快。这样，在保证原杀伤动能的条件下，杀伤威力大大提高了。

目前，美国发展应用的高破片率弹体钢破片质量多在1 g左右，杀伤效应较好。美国现装备的杀伤定向雷BLV－26/13，在其他条件都不改变的情况下，0.7 g球形破片的碰击速度由低速500 m/s提高到1 500 m/s时，其伤道容积增加近10倍，失活组织清除量增加了32倍，伤口入口面积增加了7倍，伤情大大加重。有人证明，如果破片初速达到3 000 m/s，那么0.01 g的破片也能引起创伤。可见，增加破片速度是提高杀伤威力的重要途径。

2. 破片比动能准则

由于破片是个多棱体，飞行中又会旋转，同时破片与目标遭遇时的面积对毁伤能量有较大影响，所以用杀伤破片比动能$e_{f,k}$作为衡量对目标的杀伤标准，要比$E_{f,k}$更为确切。

$$e_{f,k}=\frac{E_{f,k}}{S}=\frac{m_f}{2S}v_c^2 \tag{6.2}$$

式中，S为破片与目标相遇时的接触面积。

据资料报道，击毁飞机润滑系统、冷却系统和供给系统或者击穿铝制蒙皮所需破片的比动能$e_{f,k}=392\sim491\ \mathrm{J/cm^2}$；破坏飞机大梁和操纵杆所需的$e_{f,k}=785\ \mathrm{J/cm^2}$；击穿4 mm飞机钢甲所需的$e_{f,k}\geqslant785\ \mathrm{J/cm^2}$；击穿12 mm飞机钢甲所需的$e_{f,k}=3\ 434\ \mathrm{J/cm^2}$；杀伤人员的比动能为：0.5 g方形破片，$e_{f,k}=133\ \mathrm{J/cm^2}$，1 g球形破片，$e_{f,k}=111\ \mathrm{J/cm^2}$，5 g方形破片，$e_{f,k}=139\ \mathrm{J/cm^2}$。

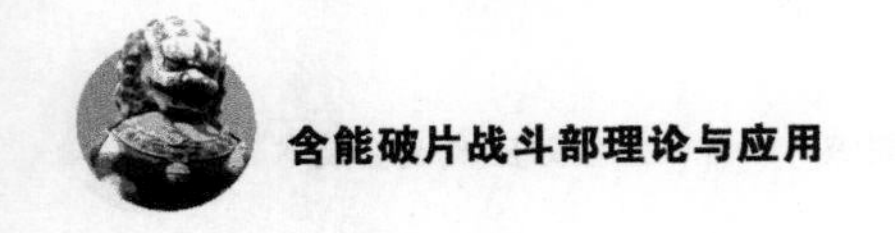

3. 破片密度准则

战斗部爆炸后，破片在空间的分布是不连续的，随着破片离炸点距离的增大，破片间的距离也加大。这样就破片本身来说，即使具有足够的动能，也不一定能命中目标。因此，单纯地将破片动能 $E_{f,k}$ 和破片比动能 $e_{f,k}$ 作为杀伤标准不够全面，还必须同时确定破片在威力半径范围内的分布密度 $\sigma(\mathrm{m}^{-2})$ 才能保证毁伤目标。破片密度越大，破片命中目标的概率和击毁目标的概率越大。但是，σ 增大，相应地要求破片数 N_0 增加，使战斗部质量增加；或在一定战斗部质量下，壳体质量增加，装药量减少，这又会导致破片初速 v_0 下降。所以，要设计一个合理的 σ 值。通常 m_f 小的，σ 要设计得大些；反之，σ 设计得小些。对于空空导弹杀伤战斗部，当 $m_f=3\sim6$ g 时，$\sigma=4\ \mathrm{m}^{-2}$；对于地空导弹杀伤战斗部，$m_f=7\sim11$ g 时，$\sigma=1.5\sim2.5\ \mathrm{m}^{-2}$。

6.1.2 人员的杀伤准则

杀伤爆破弹除了对付空中目标外，主要用来对付敌方的有生力量。例如，破片伤在战场上占很大的比例，第一次世界大战中占60.39%，第二次世界大战及朝鲜战争中占75%以上，越南战争中也达到70%。因此，研究破片对有生力量的杀伤标准，客观地评价破片杀伤作用的大小，对改进弹丸的威力设计和对部队的实际使用都有重要意义。目前世界各国普遍采用破片动能作为衡量标准，美国规定动能大于78 J的破片为杀伤破片，低于78 J的破片被认为不具备杀伤能力。我国规定的杀伤标准为98 J。除此之外，哥耐曾提出以 mv^3 作为破片的杀伤标准；Mcmillen Gregg提出侵彻速度为75 m/s作为破片的杀伤标准等。我国杀伤破片除考虑动能外，还提出破片质量≥1 g的要求。提出质量要求，除了保证杀伤距离外，还考虑了杀伤效果。各种杀伤弹药的战术技术指标中往往对弹丸质量、杀伤威力（杀伤面积、杀伤半径等）都有一定的要求，实际上是限定破片质量在一定范围之内。

目前国内外试验评定破片杀伤能力时，通常采用25 mm松木板，有时也用1.5 mm低碳钢板或4 mm合金铝板。根据不同的破片贯穿狗胸腔的杀伤试验结果与贯穿25 mm厚松木板的杀伤标准的对比，得到破片杀伤人员的比动能为111～142 J/cm²。试验表明，0.5 g立方体破片以300 m/s的速度和1 g球体破片以260 m/s的速度贯穿狗胸腔时，狗立即死亡。这与贯穿25 mm厚松木板所需的能量近似，因此，将贯穿狗胸腔的破片能量确定为对人员的杀伤能量。由此可知，笼统地规定以78 J作为杀伤人员的能量标准是不严密的。近20年来，国外进行了利用非生物靶代替生物靶进行致伤能量准则的研究（表6.1）。

表6.1　杀伤动物狗与穿透标准松木板关系

能量	0.5 g（立方体）		1 g（球体）		5 g（立方体）	
	狗	松木板	狗	松木板	狗	松木板
动能/J	21.3	24.8	36.4	35.3	102.0	104.0
比动能/(J·cm^{-2})	133.4	152.1	110.8	110.8	139.3	142.2

斯特恩根据试验，建立了单一破片随机命中一个人，并使其在5 s内完全失去战斗力的概率P_{hk}。图6.1中，m_f的单位为g，v_c的单位为m/s，A的单位为cm^2。

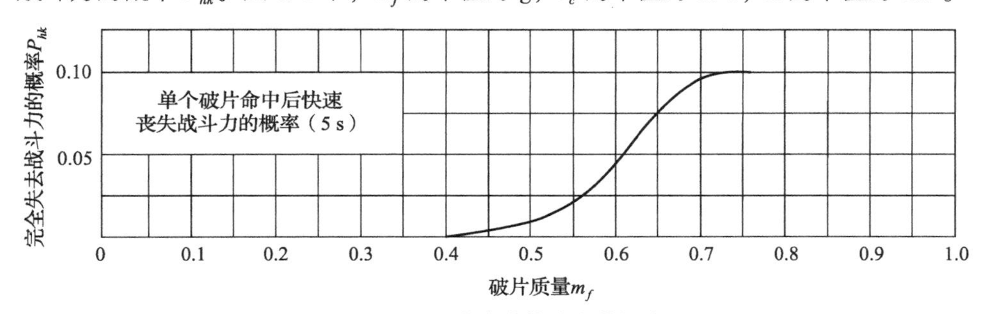

图6.1　5 s内丧失战斗力的概率

一个人在5 s内失去战斗力，几乎全部是第二或第三胸椎脊髓或部分脑髓的严重损伤。当然，也会由人体其他部位的多种复合创伤所致，但多种复合创伤的概率随距离的增加而下降。它与距离的高次方成反比，下降速度比单一创伤造成的概率随距离的增加而下降的速度要快得多。

6.1.3　杀伤面积

弹丸爆炸后，壳体破碎成大量高速破片，向四周飞散，形成一个破片作用场，使处于场中的目标受到毁伤。地面榴弹主要用于对付人员和轻型装甲车辆等目标，高射榴弹主要用于对付飞机、导弹等目标。对于不同类型的目标，弹丸威力所用的表示方法和指标不同。对于地面人员目标，目前常用球形靶和扇形靶杀伤面积来表征。

1. 球形靶杀伤面积的定义

设弹丸在地面目标上空一定高度爆炸，破片向四周飞散，其中部分破片击中地面上的目标并使其毁伤。在地面任一位置（x，y）处取微元面$\mathrm{d}x\mathrm{d}y$，并设目标在此微元面内被破片杀伤的概率为$P(x, y)$，则$\mathrm{d}S=P(x,y)\mathrm{d}x\mathrm{d}y$为微

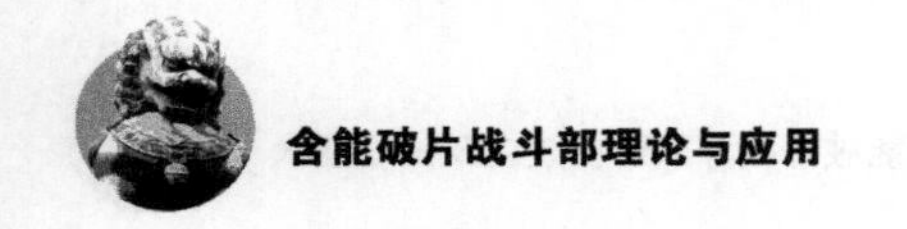

元面 $dxdy$ 内的杀伤面积，全弹的杀伤面积为

$$S = \int_{-\infty}^{+\infty} \int_{-\infty}^{+\infty} P(x,y)\,dxdy \tag{6.3}$$

根据杀伤面积的定义，杀伤面积并不是炸点附近地面上一块真实的面积，而是一个加权等效面积，杀伤概率是它的权。等效面积具有下列含义：如令目标在地面以一定方式布设，并且目标密度为常数，以“块/m^2”表示。微元面 $dxdy$ 内的目标个数将为 $dn = dxdy$，而其中被杀伤的目标个数预期值为

$$dn_k = P(x,y)\,dn = \sigma P(x,y)\,dxdy \tag{6.4}$$

由此，地面上目标被杀伤的预期数将为

$$\begin{cases} n_k = \int_{-\infty}^{+\infty} \int_{-\infty}^{+\infty} \sigma P(x,y)\,dxdy = \sigma S \\ S = \dfrac{n_k}{\sigma} \end{cases} \tag{6.5}$$

即被杀伤目标数目的数学期望 n 直接与弹丸的杀伤面积 S 成比例。如果弹丸杀伤面积已知，将它乘以目标密度，即可求出杀伤目标数目的预期值。

对于人员来说，杀伤概率 $P(x, y)$ 一般用美国的易损性模型表述，其表达式为

$$P(x,y) = 1 - [1 - P_B(x,y)] \cdot [1 - P_F(x,y)] \tag{6.6}$$

式中，$P_B(x, y)$ 为弹丸（战斗部）爆炸时冲击波单独作用杀伤人员的概率；$P_F(x, y)$ 为破片单独作用杀伤人员的概率。由于冲击波杀伤距离有限，所以只考虑破片的杀伤概率。

假设弹丸爆炸后形成 N 块破片，其大小和飞散都是随机的，故击中任意点 (x, y) 处目标的破片数与各破片的杀伤能力也是随机的。目标可能仅被一块破片击中，也可能被 2 块、3 块甚至 N 块击中。设单块破片击中目标的概率为 P，则目标被 N 块破片击中的概率服从二项式分布，即

$$P_i = C_{N_0}^i P_h^i (1 - P_h)^{N_0 - i} \tag{6.7}$$

当 P 很小、N 很大时，有

$$P_i \approx \frac{(N_0 P_h)^i}{i!} e^{-N_0 P_h} = \frac{\bar{m}^i}{i!} e^{-\bar{m}} \tag{6.8}$$

这是普哇松分布。式中，$N_0 P_h = \bar{m}$，为命中目标破片数目的数学期望值。

在击中的 i 枚破片中，由于破片大小不同，杀伤能力也不同。用条件杀伤概率 P 表示单枚破片对目标的平均杀伤概率，并假设各破片杀伤目标时为相互独立事件，则击中 i 枚破片条件下目标被杀伤的概率为

$$g_i = 1 - (1 - \bar{P}_{hk})^i \tag{6.9}$$

则目标被破片所杀伤的全概率为

$$P(x,y)=\sum_{i=1}^{N_0}P_i g_i=\sum_{i=1}^{N_0}\frac{\bar{m}^i}{i!}\mathrm{e}^{-\bar{m}}[1-(1-\bar{P}_{hk})^i]$$

$$=\mathrm{e}^{-\bar{m}}\left[\sum_{i=1}^{N_0}\frac{\bar{m}^i}{i!}-\sum_{i=1}^{N_0}\frac{\bar{m}(1-\bar{P}_{hk})^i}{i!}\right]\tag{6.10}$$

当 N 很大时，有

$$\sum_{i=1}^{N_0}\frac{\bar{m}^i}{i!}\approx \mathrm{e}^{\bar{m}}-1\tag{6.11}$$

$$\sum_{i=1}^{N_0}\frac{[\bar{m}(1-\bar{P}_{hk})]^i}{i!}=\mathrm{e}^{\bar{m}(1-\bar{P}_{hk})}-1\tag{6.12}$$

联立上述各式，得

$$P(x,y)=\mathrm{e}^{-\bar{m}}[\mathrm{e}^{\bar{m}}-1-\mathrm{e}^{\bar{m}(1-\bar{P}_{hk})}+1]=\mathrm{e}^{-\bar{m}}(\mathrm{e}^{\bar{m}}-\mathrm{e}^{\bar{m}-\bar{m}\bar{P}_{hk}})$$

$$=1-\mathrm{e}^{-\bar{m}\bar{P}_{hk}}=1-\mathrm{e}^{-\bar{N}_s}\tag{6.13}$$

式中，m 为破片命中数目的数学期望；$\bar{P}_{hk}$ 为每个破片在击中目标前提下的平均杀伤概率；N 为击中 $(x,\ y)$ 处目标的杀伤破片数目的数学期望。

击中目标的杀伤破片预期数又可写成

$$\bar{N}_s=\alpha(x,y)A_n\tag{6.14}$$

式中，$\alpha(x,\ y)$ 为杀伤破片的球面分布密度；A_n 为目标的暴露面积，即目标在弹目方向上的投影面积。

目标被弹丸破片杀伤的概率 $P(x,\ y)$ 可写成

$$P(x,y)=1-\mathrm{e}^{-A_n\alpha(x,y)}\tag{6.15}$$

所以，要确定目标被弹丸破片杀伤的概率 $P(x,\ y)$，需要确定微元内目标的暴露面积和杀伤破片的球面分布密度。

对于人员，站立时的暴露面积为 0.5 m^2，攻击时的暴露面积为 0.37 m^2，卧倒时的暴露面积为 0.1 m^2，如图 6.2 所示。在靶场试验中，通常将人体的形状看成一个高 1.45 m、宽 0.35 m、厚 0.18 m 的柱体形状。

2. 杀伤破片球面分布密度

杀伤破片球面分布密度通常为纬角 φ 和距爆炸中心距离 R 的函数，即

$$\alpha(x,y)=\alpha(\varphi,R)\tag{6.16}$$

由于战斗部的破片呈轴对称飞散，在静态爆炸条件下，在与弹轴夹角为 q 处取微元区间 $(-d,\ +d)$，假设微元区间的杀伤破片总数为 $\mathrm{d}N$，则半径 R 处的杀伤破片球面分布密度为

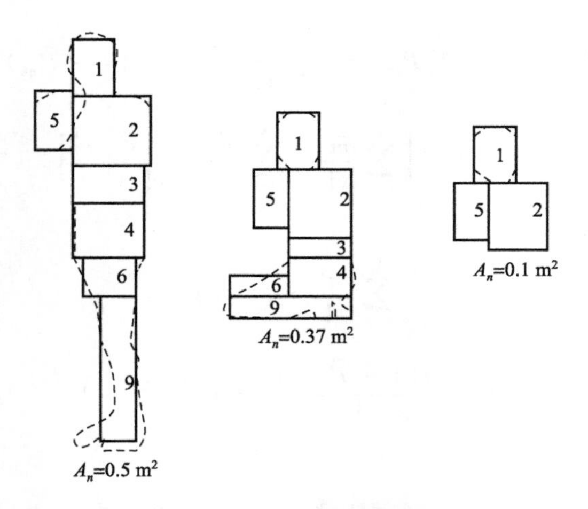

图 6.2　各种姿势下人形靶的暴露面积

$$\alpha(\varphi,R)=\frac{\mathrm{d}N_{\varphi}}{\mathrm{d}S_{\varphi}} \tag{6.17}$$

式中，$\mathrm{d}S_{\varphi}$ 为球带微元面积，由下式决定：

$$\mathrm{d}S_{\varphi}=2\pi R^{2}[\cos(\varphi-\mathrm{d}\varphi)-\cos(\varphi+\mathrm{d}\varphi)]\approx 2\pi R^{2}\sin\varphi\mathrm{d}\varphi \tag{6.18}$$

$$\begin{cases}\alpha(\varphi,R)=\dfrac{\mathrm{d}N_{\varphi}}{2\pi R^{2}\sin\varphi\mathrm{d}\varphi}=\dfrac{N_{0}f(\varphi)\mathrm{d}\varphi}{2\pi R^{2}\sin\varphi\mathrm{d}\varphi}=\dfrac{N_{0}f(\varphi)}{2\pi R^{2}\sin\varphi}=\dfrac{N_{0}}{R^{2}}\rho(\varphi)\\ \rho(\varphi)=\dfrac{f(\varphi)}{2\pi\sin\varphi}\end{cases} \tag{6.19}$$

有效杀伤破片的球面分布密度是一个非常关键的参数，出于保密的原因，在文献中通常无法找到有效杀伤破片球面分布密度，该密度各个国家一般都通过试验的方法获得。

实际上，弹丸（战斗部）在终点处爆炸时，存在终点速度 v_0，因此，在计算杀伤破片分布密度时，应叠加弹丸（战斗部）的终点条件，飞行中的破片初速由 v_0 变为 v_d，与弹轴的夹角由 φ 变为 φ'，如图 6.3 所示。

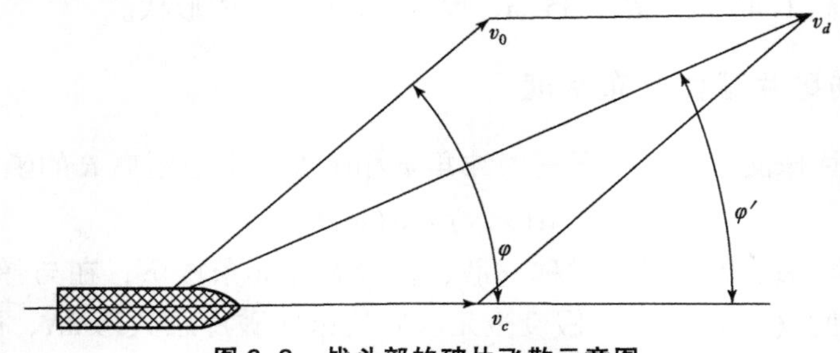

图 6.3　战斗部的破片飞散示意图

$$v_0\sin\varphi = v_d\sin\varphi' \tag{6.20}$$

$$v_0\cos\varphi + v_c = v_d\cos\varphi' \tag{6.21}$$

$$v_d^2 = v_c^2 + v_0^2 + 2v_c v_0\cos\varphi \tag{6.22}$$

球带变成以 φ' 为中心，宽为 $2\mathrm{d}\varphi'$，但其上的破片数仍为 $\mathrm{d}N_\varphi$，所以半径为 R 处的破片密度为

$$\alpha_d(\varphi',R) = \frac{\mathrm{d}N_\varphi}{2\pi R^2\sin\varphi'\mathrm{d}\varphi'} = \alpha(\varphi,R)\frac{\sin\varphi\mathrm{d}\varphi}{\sin\varphi'\mathrm{d}\varphi'} \tag{6.23}$$

得

$$\tan\varphi' = \frac{\sin\varphi}{\cos\varphi + v_c/v_0} \tag{6.24}$$

求导得

$$\frac{\mathrm{d}\varphi'}{\cos^2\varphi'} = \frac{(\cos\varphi + v_c/v_0)\cos\varphi - \sin\varphi(-\sin\varphi)}{(\cos\varphi + v_c/v_0)^2}\mathrm{d}\varphi \tag{6.25}$$

由三角公式可得

$$\frac{\mathrm{d}\varphi}{\mathrm{d}\varphi'} = \frac{1 + 2(v_c/v_0)\cos\varphi + (v_c/v_0)^2}{1 + (v_c/v_0)\cos\varphi} \tag{6.26}$$

因为

$$\sin\varphi'\sqrt{1 + \tan^2\varphi'} = \tan\varphi' \tag{6.27}$$

得

$$\sin\varphi'\sqrt{1 + \frac{\sin^2\varphi}{(\cos\varphi + v_c/v_0)^2}} = \frac{\sin\varphi}{\cos\varphi + v_c/v_0} \tag{6.28}$$

所以

$$\frac{\sin\varphi}{\sin\varphi'} = \sqrt{1 + 2\frac{v_c}{v_0}\cos\varphi + \left(\frac{v_c}{v_0}\right)^2} \tag{6.29}$$

得

$$\alpha_d(\varphi',R) = \alpha(\varphi,R)\frac{[1 + 2(v_c/v_0)\cos\varphi + (v_c/v_0)^2]^{3/2}}{1 + (v_c/v_0)\cos\varphi} \tag{6.30}$$

因此，根据弹丸在静态下爆炸时的半径为 R 的球面上第 i 区破片密度 $\alpha(\varphi, R)$，就可知道动态下相应的球面密度 $\alpha_d(\varphi', R)$。

3. 球形靶杀伤面积的计算

如图 6.4 所示，设弹丸在高度为 h 的空中爆炸，O 点为炸点在地面上的垂直投影，AC 为弹轴延长线，θ_c 为落角，B 点为微元面积的中心。以 O 为原点，沿径向和轴向划分微元。微元距 O 点的距离及 β 角是已知的。

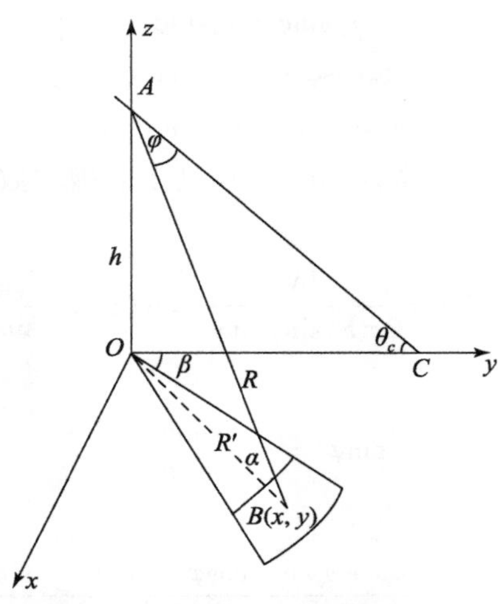

图 6.4　弹丸在空中爆炸时与地面微元面积的位置关系

由△ABC和△OBC可知

$$\overline{BC}^2=\overline{AC}^2+R^2-2\overline{AC}^2\cdot R\cdot\cos\varphi \tag{6.31}$$

$$\overline{BC}^2=R'^2+\overline{OC}^2-2\overline{OC}\cdot R'\cdot\cos\beta \tag{6.32}$$

所以

$$\overline{AC}^2+R^2-2\overline{AC}\cdot R\cdot\cos\varphi=R'^2+\overline{OC}^2-2\overline{OC}\cdot R'\cdot\cos\beta \tag{6.33}$$

由直角△AOC和直角△AOB可知

$$\overline{AC}=\frac{h}{\sin\theta_c} \tag{6.34}$$

$$R=\sqrt{R'^2+h^2}=\sqrt{x^2+y^2+h^2} \tag{6.35}$$

$$\overline{OC}=\frac{h}{\tan\theta_c} \tag{6.36}$$

得

$$\cos\varphi=\frac{h\sin\theta_c+R'\cdot\cos\beta\cdot\cos\theta_c}{\sqrt{R'^2+h^2}}=\frac{h\sin\theta_c+x\cos\theta_c}{\sqrt{x^2+y^2+h^2}} \tag{6.37}$$

则

$$\varphi=\arccos\left(\frac{h\sin\theta_c+R'\cdot\cos\beta\cdot\cos\theta_c}{\sqrt{R'^2+h^2}}\right) \tag{6.38}$$

把φ代入可得距炸点距离为R、动态飞散角为φ'的球面上的杀伤破片分布密度$\alpha_d(\varphi', R)$（单位面积内的杀伤破片数）。知道微元面积处的地面杀伤破片密度后，再根据目标的姿态及弹目的相对位置关系求出目标的暴露面积$\Delta x\Delta y$，计算出杀伤概率$P(x, y)$，则微元面内的杀伤面积为

$$\Delta S = P(x,y)\Delta x\Delta y \tag{6.39}$$

将所有微元的杀伤面积求和，得到弹丸的总杀伤面积为

$$S = \sum \Delta S \tag{6.40}$$

4. 扇形靶杀伤面积的计算

扇形靶杀伤面积的定义为

$$S = S_0 + S_1 \tag{6.41}$$

式中，S 为密集杀伤面积；S_1 为疏散杀伤面积。

密集杀伤面积为

$$S_0 = \pi R_0^2 \tag{6.42}$$

式中，R_0 为密集杀伤半径，其含义为：在此半径圆周上设置人形靶（高 15 m、宽 0.5 m、厚 0.25 m 的松木）时，能保证平均被一块杀伤破片所击中。相应的系伤准则是：能击穿 25 mm 厚松木靶板的破片为杀伤破片，两块嵌入板内的未穿破片折算为一块杀伤破片，一片以上杀伤破片击中目标即为杀伤。

疏散杀伤区域的面积是指在 R 以外的区域，平均命中每块人形靶的破片数都小于 1，所以疏散杀伤面积要进行相应的折算，定义为

$$S_1 = \int_{R_0}^{R_m} \overline{N}\, 2\pi R \mathrm{d}R \tag{6.43}$$

式中，$\overline{N}$ 为半径为 R 的圆周上一个人形靶上所命中的平均破片数；R_m 为扇形靶试验布置的最大半径（大扇形靶为 60 m，小扇形靶为 24 m）。

对于圆心角为 60°的扇形靶，半径 R 周向可排列的人形靶数近似为 $2\pi R/0.5$，其中 0.5 是靶板的宽度，扇形靶上的破片数为 N，则一块人形靶上平均命中的破片数为

$$\overline{N} = \frac{6N/2}{2\pi R/0.5} = \frac{3N}{4\pi R} \tag{6.44}$$

根据密集杀伤半径 R 的定义，在 R_2 处，$\overline{N} = 1$，所以有

$$N_0 = \frac{4}{3}\pi R_0 \tag{6.45}$$

式中，N_0 为密集杀伤半径处人形靶上的破片数，和密集杀伤半径 R 呈线性关系。为了得到扇形靶杀伤面积，需要进行扇形靶试验。在扇形靶试验中，首先根据不同距离处扇形靶上的破片数，得到 $N-R$ 关系曲线（图 6.5），过原点作 $N = 4\pi R/3$ 直线，和曲线的交点所对应的横坐标即为密集杀伤半径 R。

疏散杀伤面积为

$$S_1 = \int_{R_0}^{60} \frac{3N}{4\pi R} 2\pi R \mathrm{d}R = 1.5 \int_{R_0}^{60} N \mathrm{d}R \tag{6.46}$$

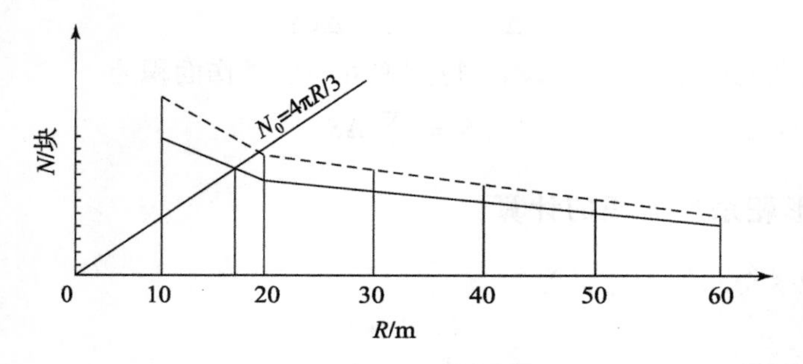

图 6.5 N－R 关系曲线

如果是圆心角为 30°的扇形靶，则直线方程为

$$N = \frac{4}{3}\pi R \tag{6.47}$$

疏散面积为

$$S_1 = 3\int_{R_0}^{60} N\mathrm{d}R \tag{6.48}$$

有了密集杀伤半径和 $N-R$ 曲线，根据上面这些方程就可以求得扇形靶的杀伤面积。大扇形靶总的杀伤面积为

$$S = \pi R_0^2 + 3\int_{R_0}^{60} N\mathrm{d}R \tag{6.49}$$

小扇形靶总的杀伤面积为

$$S = \pi R_0^2 + 3\int_{R_0}^{24} N\mathrm{d}R \tag{6.50}$$

由此可见，扇形靶杀伤面积主要是通过扇形靶试验数据稍经处理而求得，免去了许多中间环节（如破片的形成、飞散、飞行中的衰减等）的计算与测试，这些中间环节的存在不可避免地会引入相应的误差，这是它的优点。但是从理论上看，这些指标也存在以下缺点：

（1）对射击条件（或弹目遭遇条件）做了硬性规定，但又与实战条件相差较大。

（2）杀伤准则比较粗糙，对于嵌入破片，嵌入深度没有统一的标准。

（3）密集杀伤面积或半径尚有比较直观的含义，疏散杀伤面积的含义不明显。杀伤面积不能直观预报在规定射击条件下被杀伤的目标平均数，不便于部队直接使用。

此外，通过长期实践发现，扇形靶杀伤面积在某些情况下常常不能对弹丸（战斗部）的威力做出全面评价，甚至出现明显偏差。

6.2　破片战斗部试验方法

杀爆战斗部爆炸后形成的冲击波超压场和破片场是对目标形成杀伤的主要毁伤元，破片场参数如破片群飞散角、飞散密度、破片大小、数量、飞行速度、速度衰减系数等对战斗部的作战效能有着重要影响。目前国内靶场主要参考 GJB 3197—1998《炮弹试验方法》对战斗部静爆破片速度、杀伤半径与空间分布进行测试。由于战斗部爆炸强火光烟尘、强冲击振动，破片群数量较大、飞散方向各不相同，导致测试设备布设与防护、破片场数据采集与处理非常困难。随着软硬件技术的发展，破片测试技术主要有靶板法、光电靶、雷达、声靶、多光谱探测、X 射线成像、超高速摄影、闪光成像等光学成像方法，每种测试方法都有自己的优缺点：靶板法布设和回收破片费时费力；雷达多目标信号处理较复杂；光电靶仅能捕获有限数量的破片且防护困难；闪光成像成本高，仅能成像数帧破片图像等。

6.2.1　传统接触式测试方法

1. 靶板法

靶板法是国内外测试破片分布普遍采用的方法之一。即在破片的散布区一定角度内布置拼接的靶板，形成一堵“墙”，位于炸心的战斗部爆炸后，破片飞行击中靶板，试验后由人工判读破片在一定角度内的分布。靶板的材质多为木板或钢板。试验结束后，采用人工判读的方式做标记进行统计分析。钢板构成的靶板还可以进一步分析破片的侵彻能力。图 6.6 所示是荷兰 TNO 实验室采用靶板法进行破片分布测试的现场图片。这种方法效果直观，但是靶板只能单次使用，试验前的布置工作与试验后的统计工作都需要大量工作量，因此试验成本高，试验效率比较低。同时，分布参数与其他参数也无法关联。Cranfield 大学军械测试与评估中心曾采用多路开关测试破片分布，如图 6.7 所示。

国内靶场常常采用梳状靶测试破片速度、钢板分区统计破片分布，这种测量方法的测试设备单次使用，多个破片的速度和分布关系无法对应。×××战斗部速度参数测速梳状靶如图 6.8 所示。

图 6.6　荷兰 TNO 实验室破片分布测量图

图 6.7　Cranfield 大学破片分布电测法现场

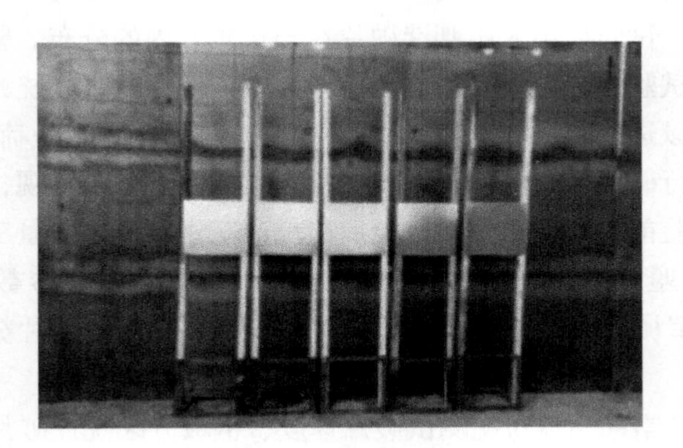

图 6.8　梳状靶布置图

2. 铝箔靶

根据定距测时法，使用铝箔构成断靶。由于战斗部爆炸时会产生强大的冲击波，铝箔靶单次测试后，无论是否有破片穿过铝箔，都会被损坏，需重新布靶，不能重复测量，测试效率较低。国内许多测试单位仍沿用通断靶进行破片速度测试，某试验单位曾使用通断靶测得偏心式战斗部破片速度，其铝箔靶如图 6.9 所示。

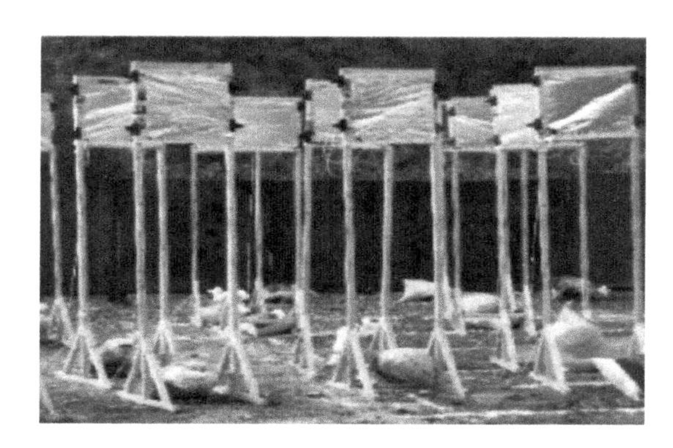

图 6.9　破片测速时使用的铝箔靶

3. 梳状靶

PSI 公司曾开发了单元尺寸为 4 in[①] × 8 in 测破片分布的多道开关靶，该装置曾获 SBIR 奖，其工作原理及现场布置如图 6.10 所示。由水平的 12 个铝箔电极条和竖直的 7 个铝箔电极条将空间分割成 84 个破片分布测试分辨区，形成前后两个幕，水平与竖直电极间形成绝缘层。当破片飞行撞击并穿越前后两个电极阵列时，飞行区域的铝箔电极条断开，形成开关信号，经编码电路，采集卡采集数据并处理。

6.2.2　高速成像法

1. 摄影法

间接摄影法包括碰击法和穿孔法，这两种方法都是利用高速摄影来拍摄战斗部破片从引爆开始到破片到达靶面的时间，时间间隔的启和停都是利用发光

① 1 in = 2.54 cm。

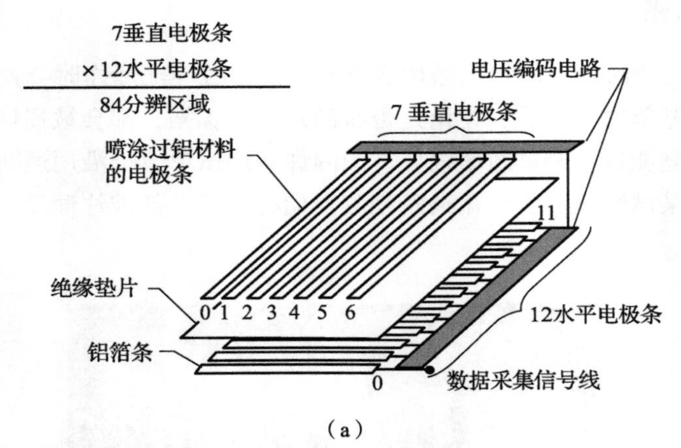

（a）

（b）

图 6.10 PSI 公司多道开关靶

（a）PSI 公司多道开关靶工作原理；（b）PSI 公司多道开关靶测破片分布现场布置图

信号记录下来的，以战斗部爆炸发光作为启动信号，以破片在靶面处的发光作为停止信号。

1）碰击法

碰击法是将钢板作为靶，将破片碰击钢板发光作为停止信号，如图 6.11 所示。

2）穿孔法

穿孔法的靶板为不透明的纸板，在靶中添加照明灯光系统，美国曾采用破片信号启动的闪光装置，其原理如图 6.12 所示。

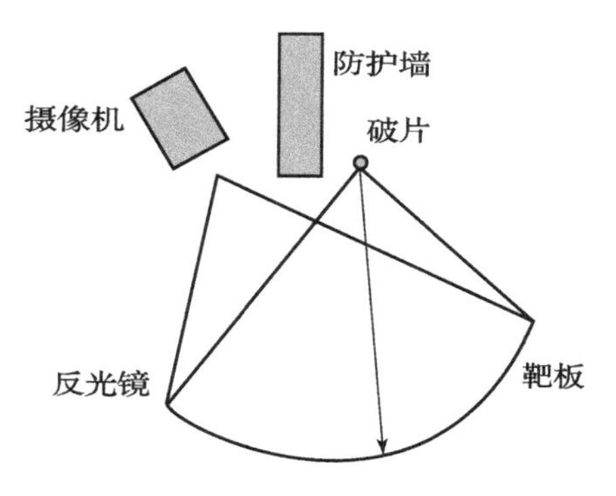

图 6.11　碰击法原理图

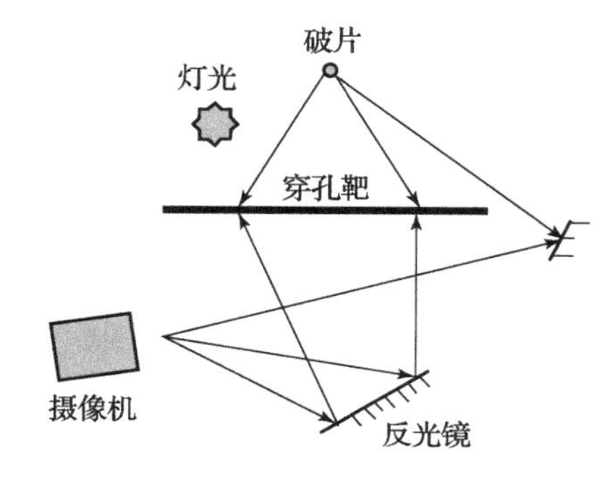

图 6.12　穿孔法原理图

直接摄影法是在距爆炸战斗部较近的位置上拍摄破片群运动的阴影图像，测得在距爆心较近的距离上，在较小的区间内破片的运动速度及速度的变化。速度值利用胶片运动分析仪处理得到。该方法与前面两种方法的测试原理不同，它是利用一个破片控制装置，使战斗部爆炸以后，只有沿弹体上一条子午线及附近生成的破片能够飞散出来。从目前的研究水平来看，这种方法可以测到 10 个以上的破片。图 6.13 所示为美国 2005 NDIA（National Defense Industrial Association，国防工业协会）会议资料中采用相机进行破片速度及分布测试的系统示意图。

图 6.13　美国 NDIA 破片速度及分布测试系统示意图

美国国防部弹药和爆炸物危险等级分类程序中提及采用高速摄影测试战斗部破片速度，在爆心周围布置接弹包，用于统计破片分布情况。其测试方法如图 6.14 所示。2004 年，澳大利亚智能制造与设计会议资料中也提及了破片分布测试方法，如图 6.15 所示。

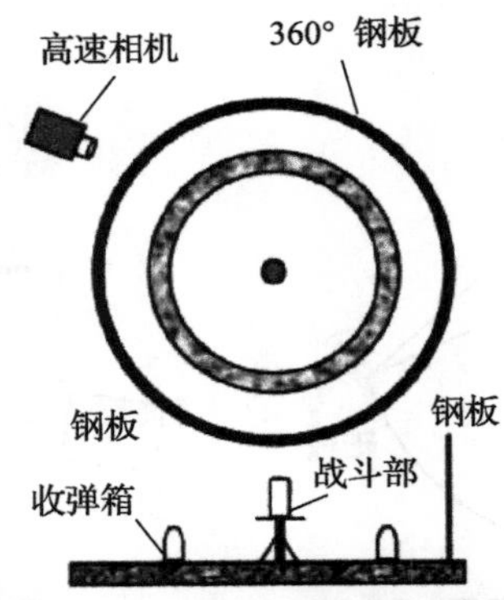

图 6.14　美国国防部弹药和爆炸物危险等级分类程序破片参数的测试方法

图 6.15　澳大利亚智能制造与设计会议资料中破片分布测试

美国桑地亚国家实验室采用高速摄影方法对不同种类战斗破片速度和空间分布进行测试，测速范围可达 1 900 m/s。其摄影装置如图 6.16 所示。

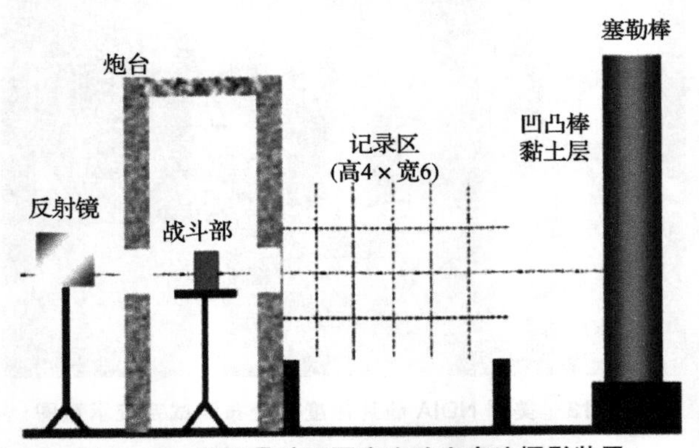

图 6.16　美国桑地亚国家实验室高速摄影装置

破片参数测试系统采用高速摄影测量破片参数，其优点是能够拍摄到爆炸时的过程，但它只能拍摄局部过程，而不是全部过程，因此，在速度计算时，也只能计算拍摄到的为数不多的几个破片的速度，并且在计算时需要通过人工辨别后进行计算，很容易产生误差，因而精确性不高。高速摄影仪器价格高

昂，使得其适用范围受到限制。

2. 相机交会法

双 CCD 交会立靶在竖直平面放置两个线阵 CCD 相机，两个相机的光轴交于空间的某一点，构成一个竖直的光电测量靶面。以两个相机的光学中心连接线为 X 轴，以垂直于连线的轴为 Y 轴。只要知道已有参数光学系统焦距 f，测出基线长 d、角度量 α 和 β、参数像距 h_1 和 h_2，便可确定靶面内任意一点 C 的坐标（X，Y）（图 6.17）。该方法容易由于立靶结构偏差而引入测量误差。双 CCD 相机要求有共用触发信号源实现严格的同步。

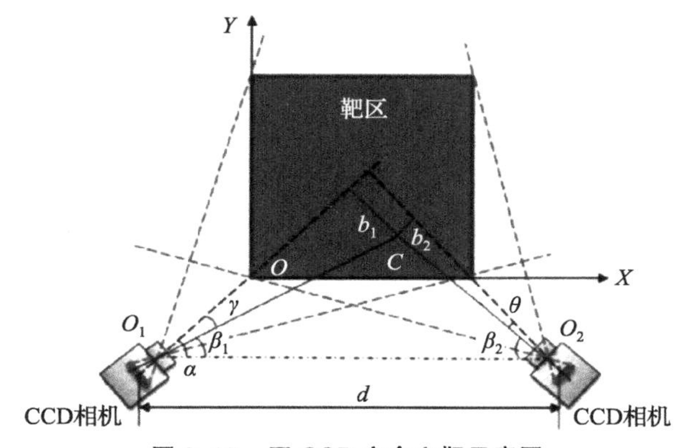

图 6.17 双 CCD 交会立靶示意图

3. X 射线阴影成像法

采用脉冲 X 射线阴影摄影的方法测量破片速度和分布，如荷兰的 TNO 实验室采用两个脉冲 X 射线源获取破片群的阴影摄影图像，再经图像处理得到破片空间分布（图 6.18），测试可在室内进行。该方法图像较为模糊，图像处理容易引入误差。测试设备价格高昂，技术复杂。

4. 破片轨迹成像法

根据双目立体视觉原理，采用两台高速相机记录破片在视场范围内的图像序列，解算破片运动轨迹信息，再利用获得的时空关系数据和运动规律建立运动参数解算模型，从而获取破片初速和速度衰减系数。该方法相对双相机交会形成靶面的测量方式，布设更简单，可获取多破片在不同时刻的速度、坐标信息，在系统标定、轨迹解算等方面还需进一步探索。双目视觉破片轨迹测试方案布站如图 6.19 所示。

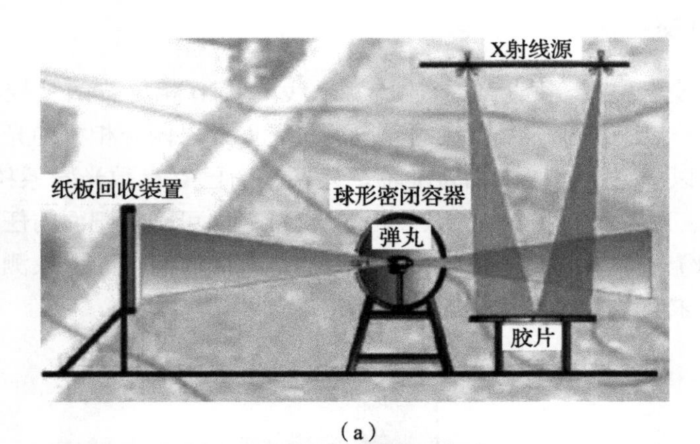

（a）

（b）

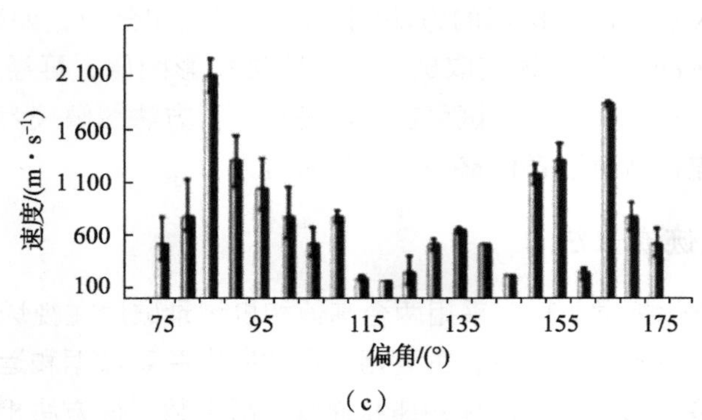

（c）

图 6.18　荷兰 TNO 实验室破片速度测量

（a）速度测量装置；（b）破片阴影照片；（c）处理结果

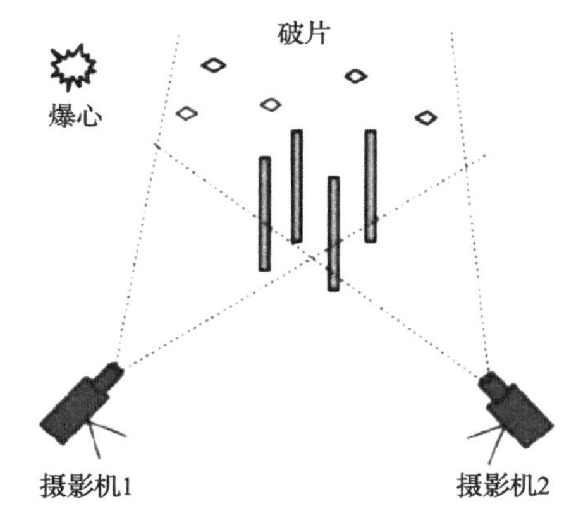

图 6.19　双目视觉破片轨迹测试方案布站示意图

6.2.3　光幕测试法

1. LED 多光幕组合法

西安工业大学提出了六光幕光电系统用于弹丸或破片速度及坐标测试，并进行了验证性试验。根据多个 LED 光幕之间的相对位置和角度，推导出经过物体的速度和坐标信息。由于采用框架式结构，适合测试弹丸参数，对威力小、散布小的模拟破片可进行测试。测试系统如图 6.20 所示。

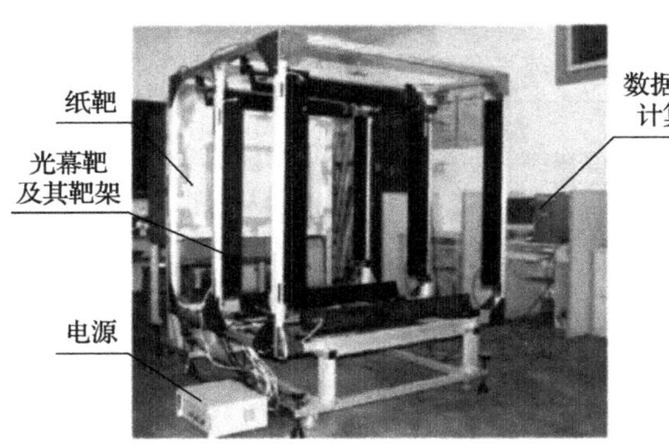

图 6.20　六光幕速度、坐标测试系统

2. 激光光幕靶

中北大学采用激光光幕、光电检测、高速数据存储、软件数据处理、光干扰抑制等技术，研制成功多种型号激光光幕破片速度测试系统，以实现战斗部爆炸产生破片飞行速度和分布的全天候、连续、可重复、实时、非接触光电检测。该测试设备速度参数采用定距测时法，精度较高，分布测试只能采用多台阵列完成区域分布的统计，无法实现对具体破片的形状、坐标的测试。中北大学研制的激光光幕破片测速仪及现场分布如图 6.21 所示。

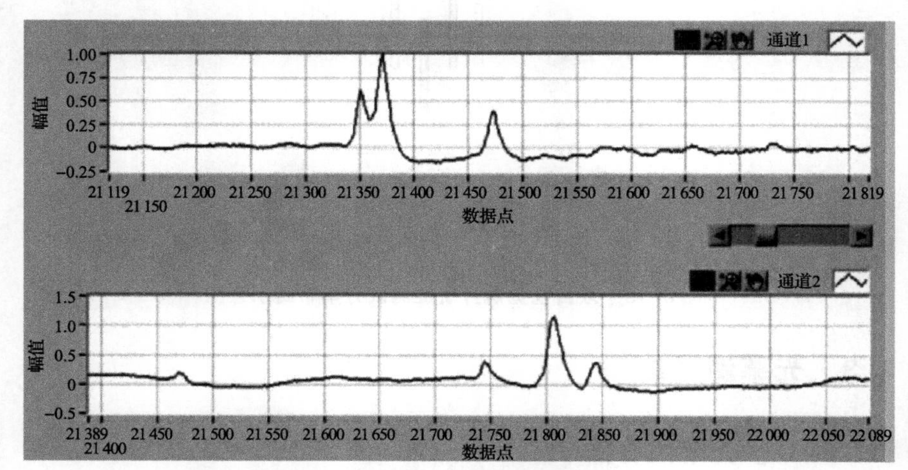

图 6.21　中北大学激光光幕破片测速系统

6.2.4　各破片参数测试方法对比分析

根据各种测试手段的测试机理，将其基本原理及特点进行比对，见表 6.2。

表 6.2　战斗部静爆试验破片参数测试方法

序号	方法	基本原理	优缺点（可测参数）
1	靶板法	木板或钢板接触式测试，炸点周围形成环形或矩形区域，依据弹孔分析分布规律	靶场沿用至今的测试手段，可靠获得破片分布信息和侵彻能力，布置烦琐、一次性使用。（多破片分布、侵彻能力）
2	铝箔靶	接触式测试，定距测时法。破片穿透铝箔靶瞬间线路被接通，数据采集系统记录过靶信号	只能获得速度最快的单破片的速度信息，数据量过少，不能完成全面评价，成本低、不可靠、精度低，布设烦琐。(单破片速度)
3	梳状靶	接触式测试，定距测时法。将普通网靶并联使用，实现多个破片测试	测试多个破片速度信息，前后靶面破片容易对应，精度不高，容易损毁，布设烦琐。(多破片速度)

续表

序号	方法	基本原理	优缺点（可测参数）
4	LED 多光幕测试技术	非接触，定距测时法测试速度，发光二极管构成多光幕组合测试坐标	完成速度、坐标同时测试，框架式结构，爆炸场中不便于防护，容易损毁，适用于破片数量较少的定向战斗部。（定向稀疏破片速度和坐标）
5	激光光幕测试技术	非接触，定距测时法，有效区域为激光光幕，传感器为 PIN 型光电二极管	主机置于地下，便于防护。可靠完成速度参数测试，不能测试坐标，无法解决斜入射带来的误差。（多破片速度）
6	间接摄影法	非接触，包括碰击法和穿孔法，利用战斗部起爆火光作为启动信号，以破片在靶面处的发光作为停止信号	可完成破片速度信息获取，不能获得破片坐标、分布信息。部分高速相机禁运。（多破片速度）
7	相机交会法	非接触，线阵相机交会，高速成像解算速度和破片坐标	破片速度和坐标同时测试，测试数量有限，双相机严格共面，相机置于爆炸场，不易于防护。（多破片速度、坐标、衰减规律）
8	破片轨迹测试法	非接触，双目立体视觉高速成像解算破片轨迹，推算破片速度和坐标	破片速度和坐标同时测试，测试数量有限，可远离爆炸场，防护容易，轨迹解算较为复杂。（多破片速度、坐标）
9	X 射线阴影摄像法	两个脉冲 X 射线源获取破片群的阴影摄影图像	同时获得速度和坐标信息，图像质量不高，处理困难，价格高昂，不适合外场使用。（多破片速度、坐标）

6.3　破片空间分布试验方法

由于弹丸的几何形状不是球对称体，加上弹丸结构上的固有特点，如炸药形状、装填和起爆方式等不同、弹壳厚薄不均匀等因素的影响，使弹丸破片在空间的分布不均匀。为了评估弹丸破片的杀伤作用，必须要知道弹丸破片的飞散分布规律，以便为研究改进弹丸结构和提高杀伤威力提供试验数据。目前国内外普遍采用长方形靶或球形靶试验方法来测量榴弹破片的空间分布。

6.3.1 球形靶试验方法

如图 6.22 所示，假定球面中心安置一个弹丸，弹丸爆炸后，破片向四周飞散并穿过球面，根据球面上破片的穿孔数可求得破片在各个方位上的分布密度（单位球面角内的分布密度），该分布密度与破片初速、破片数量、质量分布等因素共同决定了弹丸的杀伤威力。为了确定球面上各处的位置，用经纬线在球面上划成许多区域，两条经线夹成的区域称为球瓣，两条纬线夹成的区域称为球带，球瓣和球带分别用经角 ψ 和纬角 Φ 表示。由于弹丸是轴对称体，所以破片的飞散是轴对称性，因此，只要研究了破片在球瓣上的分布情况，就知道了破片在整个球面上的分布。由于球瓣很难制作，所以在实际使用中将靶做成半圆柱形，然后把球瓣投影其上，并在靶上画出对应各球带的投影区域。弹丸爆炸后，统计各区域（球带和球瓣边所围成）的面积和破片数，就可求出该区域所对应的球面角内的破片密度。通常把这种半圆柱形靶称为球形靶，球形靶分为 19 个区，1 区和 19 区对着弹头和弹尾，对应的 $\Delta\Phi$ 各为 5°，其余的 17 个区对应的 $\Delta\Phi$ 都是 10°，$\Delta\psi$ 角一般作成 30°，球形靶的半径 R_0 根据弹丸口径决定。球形靶展开图如图 6.23 所示。

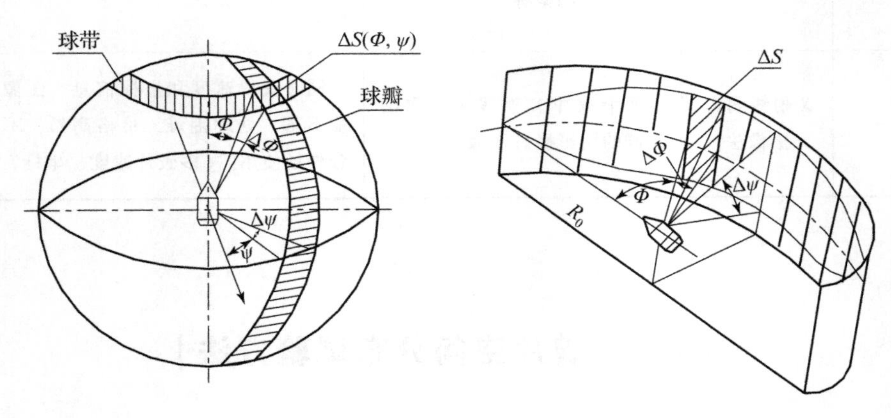

图 6.22 球形靶

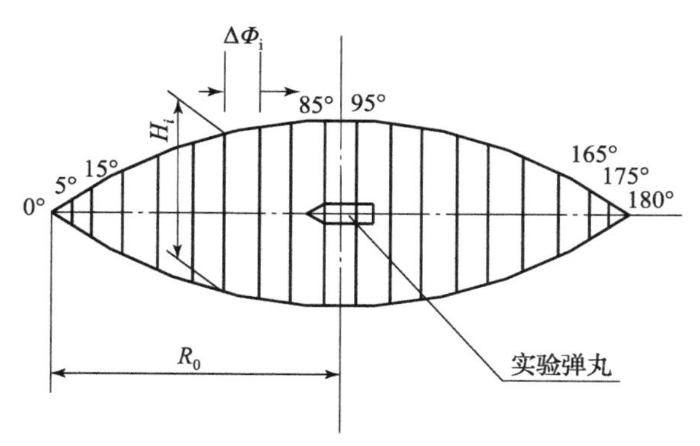

图 6.23　球形靶展开图

第 1 区	$\Phi_1=0°$	$\Delta\Phi=0°$
第 2 区	$\Phi_2=5°$	$\Delta\Phi=10°$
第 3 区	$\Phi_3=15°$	$\Delta\Phi=10°$
⋮	⋮	⋮
第 10 区	$\Phi_{10}=85°$	$\Delta\Phi=10°$
⋮	⋮	⋮
第 17 区	$\Phi_{17}=165°$	$\Delta\Phi=10°$
第 18 区	$\Phi_{18}=175°$	$\Delta\Phi=10°$
第 19 区	$\Phi_{19}=180°$	$\Delta\Phi=5°$

球形靶第 i 区域的靶高为

$$H_i=2R_0\arctan\left(\sin\Phi_i\cdot\sin\frac{\Delta\psi}{2}\right)\tag{6.51}$$

式中，$\Delta\psi=30°$。

这样，球形靶上每个球带对应的面积为 ΔS_i：

$$\Delta S_i=\frac{1}{2}(H_i+H_{i+1})\cdot 0.174\,5R_0\tag{6.52}$$

统计出 ΔS_i 内的破片数，就可求出该区域所对应的球面角内的破片密度或对应每个区域每单位 Φ 角的破片相对百分数 $\delta(\Delta\Phi_i)-\Phi$ 曲线。

6.3.2　扇形靶试验方法

扇形靶试验是测定弹丸（战斗部）在静止（落角 $\theta_c=90°$，落速 $v_c=0$）情况下爆炸时，破片的密集杀伤半径。而目前对扇形靶试验法中的疏散杀伤面积、密集杀伤面积及总杀伤面积应用较少。密集杀伤半径的定义是：当在一定距离的圆周上，平均一个人形靶（立姿，高 1.5 m、宽 0.5 m）上有一块击穿

25 mm 松木靶板的破片时，则此距离即为密集杀伤半径。试验时，通常设置6个不同距离、圆心角为30°的扇形靶面。对于82～152 mm 口径的弹丸，分别为10 m、20 m、30 m、40 m、50 m和60 m六个距离，对于82 mm以下的弹丸，则分别为4 m、8 m、12 m、16 m、20 m和24 m六个距离，靶板高为3 m，每一距离的靶板的靶长为30°圆心角所对应的弧长。靶板的材料为松木（国外为针叶松），靶板厚25 mm。这种靶板的强度大致与动物的胸腹腔强度相同。

假设一个人体（立姿）的暴露面积为A_e（立姿，1.45 m×0.351 m），在垂直平面内，目标的密度为$\sigma(\mathrm{m}^{-2})$，击穿25 mm原松木靶板的破片密度为ρ，则一个目标所占面积为$1/\sigma$。在$1/\sigma$面积内，一个杀伤破片（能击穿25 mm松木）命中目标的概率为

$$P_1=\frac{A_e}{1/\sigma}=\sigma A_e \tag{6.53}$$

不被一个杀伤破片命中的概率为

$$P_0=1-P_1=1-\sigma A_e \tag{6.54}$$

不被ρ/σ个杀伤破片命中的概率为

$$P_\rho=(1-\sigma A_e)^{\rho/\sigma} \tag{6.55}$$

至少被一个杀伤破片命中的概率为

$$P_k=1-P_\rho=1-(1-\sigma A_e)^{\rho/\sigma} \tag{6.56}$$

当$\sigma A_e \ll 1$时，上式可写为

$$P_k=1-(1-\sigma A_e)^{\rho/\sigma}=1-\mathrm{e}^{-\sigma A_e\cdot\rho/\sigma}=1-\mathrm{e}^{-\rho A_e} \tag{6.57}$$

由密集杀伤半径的定义，可得

$$P_k=1-\mathrm{e}^{-\rho A_e}=1-\mathrm{e}^{-\frac{1}{1.5\times0.5}\times1.45\times0.35}=0.492 \tag{6.58}$$

因此，在密集杀伤半径上对目标的杀伤概率（至少命中一块能击穿厚度为25 mm的松木靶板时的杀伤概率）为0.492。但是应该指出，上述计算中认为立姿人员的暴露面积为1.45 m×0.35 m，也就是说，立姿人员都面向炸点。这一假设与实际情况是不相符合的，应根据人员模型尺寸计算出立姿情况下的平均暴露面积，然后计算杀伤概率。如果人员模型尺寸为高1.45 m、宽0.351 m、厚0.18 m，在立姿情况下，如果它相对炸点出现的各种状态（暴露面积）的概率相等，其平均暴露面积A_e为侧面积$2\times(1.45\times0.351+1.45\times0.18)$除以π，即

$$A_e=\frac{2\times(1.45\times0.351+1.45\times0.18)}{\pi}=0.49 \tag{6.59}$$

其密集杀伤半径处对目标的杀伤概率为

$$P_k=1-\mathrm{e}^{-\rho A_e}=1-\mathrm{e}^{-\frac{1}{1.5\times0.5}\times0.49}=0.48 \tag{6.60}$$

从上述分析和计算可以看出，扇形靶试验可以直观地得到杀伤概率为 $P_k=0.48$ 的半径，此半径称为扇形靶试验的密集杀伤半径。其杀伤人员的标准是至少有一个杀伤破片命中目标。

设密集杀伤半径为 R_0，在高度 1.5 m 的 $2\pi R_0$ 圆周上排列的标准人形靶数量为 $4\pi R_0$（因标准人形靶的宽度为 0.5 m），根据密集杀伤半径的定义，在 1.5 m 高的圆周上的穿透破片数 $6N_0/2=3N_0$ 应等于 $4\pi R_0$。式中，N_0 为 R_0 对应的 1/6 圆周上（圆心角 60°）穿透靶板的破片数，即

$$4\pi R_0=3N_0$$

$$N_0=4.18R_0 \tag{6.61}$$

式中，R_0 为密集杀伤半径（cm）；N_0 为在密集杀伤半径的 1/6 圆周上穿透 3 m 高靶板的破片数（块）。

6.4　典型杀爆战斗部试验

6.4.1　球形靶威力试验

1. 试验器材

为了测试战斗部破片空间分布、预制破片穿甲能力、密集杀伤半径、含能破片威力性能、破片初速等参数，试验器材主要包括：

（1）矩形靶，主要包括 Q235 钢板、固定靶板的靶架和钢钎等。

（2）装甲钢靶，主要包括 616 均质装甲钢板、固定靶板的靶架和钢钎等。

（3）松木靶，主要包括松木板、固定靶板的靶架和钢钎等。

（4）含能破片见证靶，数量 12 套，主要包括 Q235 钢板、1.5 mm 厚后效铝靶、纯棉棉被、航空煤油油箱、固定靶板的靶架和钢钎等。

（5）爆桩，用于支撑固定战斗部，保证爆心高度为 1.89 m。

（6）安全掩体，用于高速摄影和起爆操作。

2. 测试仪器

（1）破片测速系统，本系统采用梳状靶测速方案，主要由 PCB 梳状靶、测速仪、信号线、靶架组成。PCB 梳状靶有效测试面积为 0.5 m×0.5 m，数量为 36 张，测速仪数量为 3 台。

（2）破片测速系统，本系统采用高速摄影测速方案，主要由测速铝靶和高速摄影组成。测速铝靶主要材料为前后布置的 1 mm 厚铝板，铝板尺寸宽 × 高为 1 m × 3 m。高速摄影机在铝靶的侧向布置，通过研判破片到达前后铝板的时间差和对应关系对破片速度进行测试。

（3）超压测试系统，用于测量爆轰波及冲击波状态场。

（4）高速摄影系统，试验采用 5 000 幅/s 以上的高速摄影进行数据采集。

（5）航拍无人机，用于对试验过程的摄像监控。

（6）气象测量仪器，主要有气压计、温湿度计、风速仪（精度 ±1 m/s）。

（7）其他测试仪器，主要有电雷管测试仪、普通录像、经纬仪、水平仪、200 m 测绳等。

3. 场地布置

每发战斗部在爆心点均为水平固定，轴线与矩形靶长边平行，头部指向为 90°，试验器材及测试仪器的布设互不影响测试结果。主要试验器材布置如图 6.24 所示（战斗部水平放置），试验布置现场如图 6.25 所示。

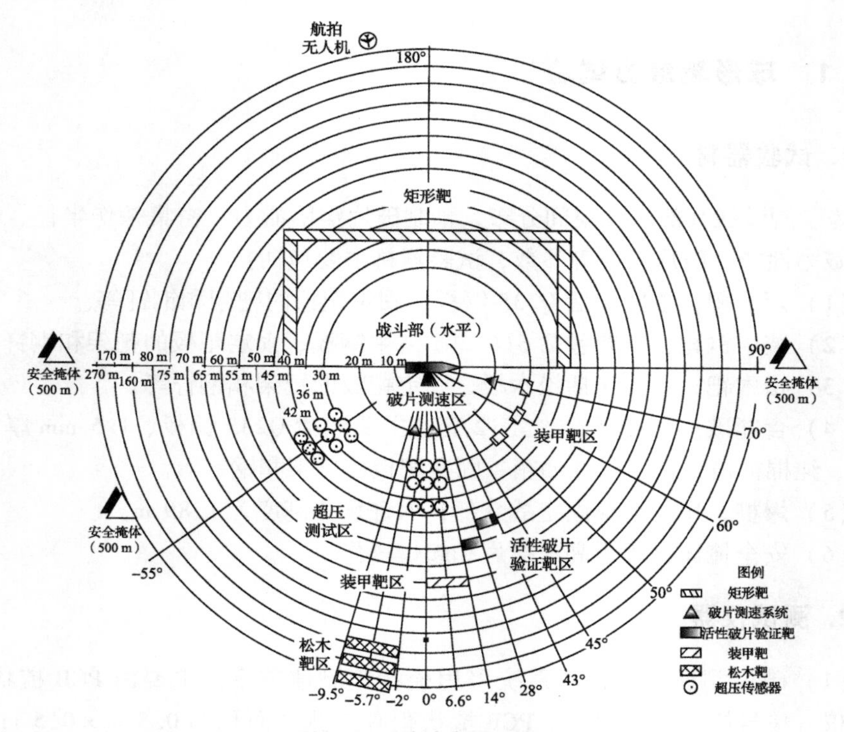

图 6.24 试验布置示意图

图6.25　试验布置现场

1）矩形靶

矩形靶主要用于测试战斗部飞散角和方向角，在距爆心40 m处垂直地面布置，靶板之间无缝隙。矩形靶布置情况如图6.26所示。

图6.26　矩形靶布置现场

2）松木扇形靶

松木扇形靶主要用于测试战斗部密集杀伤半径。扇形靶每组布设形成封闭区域，并保持各靶靶面正对爆心，垂直于水平面。扇形靶布置情况如图6.27所示。

图6.27　扇形靶布置现场

3）均质装甲钢靶

装甲钢靶为间隔布置，靶面垂直于地面指向爆心。布设位置如图6.28所示。

图 6.28　均质装甲钢布置现场

4）复合纵火靶

每个距离各 6 套，其中 3 套钢板后挂置棉被，其余 3 套钢板后间隔一定距离挂置铝板和航空煤油油箱（油箱内液面高度不低于 1/2），并且每个距离上的靶板之间间隔 0.5 m，以避免靶板之间的相互影响，靶面垂直于地面指向爆心，布设位置如图 6.29 所示。

图 6.29　复合纵火靶布置现场

5）测速系统

每个区域 6 组梳状靶，由一套测速仪采集存储测试信号。布设情况见图 6.30 所示。

图 6.30　测速系统布置现场

采用梳状靶进行破片速度测试，战斗部起爆的同时给测速系统发出信号，测速系统开始计时，当破片打到前、后梳状靶靶面时，分别记录下时间，在已知前后两靶面之间距离的情况下，可以计算破片在该距离飞行的平均速度。

6）高速运动分析系统

本次试验共使用 3 套高速摄影系统，布置在距爆心 500 m 左右处，高速摄影仪与战斗部之间通视，既要能拍摄到战斗部起爆过程，又要能拍摄到装甲靶和纵火复合靶。在高速摄影仪镜头前适当距离处布置防弹玻璃。

7）超压测试系统

超压测试系统用于测量爆轰波及冲击波状态场。布置示意图如图 6.31 所示。

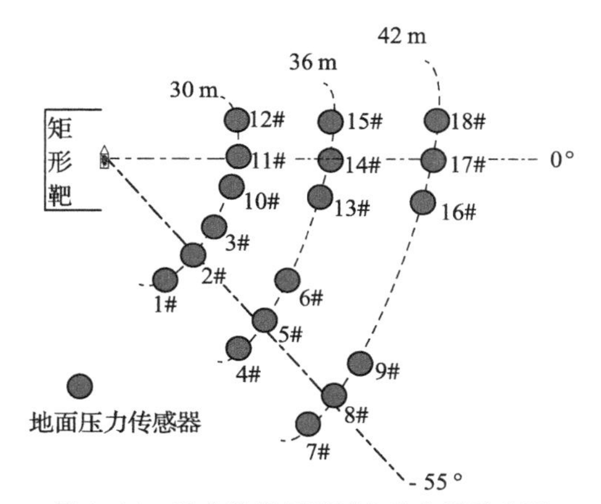

图 6.31 冲击波超压测试点位布置示意图

4. 试验结果

试验结果包括矩形靶上破片分布、大规格预制破片装甲靶穿透情况、破片速度测试数据及扇形靶上破片着靶情况等。战斗部爆炸现场如图 6.32 所示。

图 6.32 战斗部爆炸现场

6.4.2 扇形靶静爆试验

1. 试验器材

为了测试战斗部破片空间分布、密集杀伤半径、预制破片穿甲能力、峰值超压及正压作用时间、破片初速等参数。试验器材主要包括松木扇形靶、15 mm 厚均质装甲靶、纵火复合靶及梳状靶测速系统，以及高速运动分析系统、破片回收装置、超压测试系统、爆桩、吊车、吊具、起爆设备、安全掩体、标杆及发电机等。起爆设备主要包括起爆器、电雷管测试仪、起爆线缆、电雷管。

2. 场地布置

试验器材的布设互不影响测试结果，主要试验器材布置如图 6.33 所示（战斗部水平放置）。

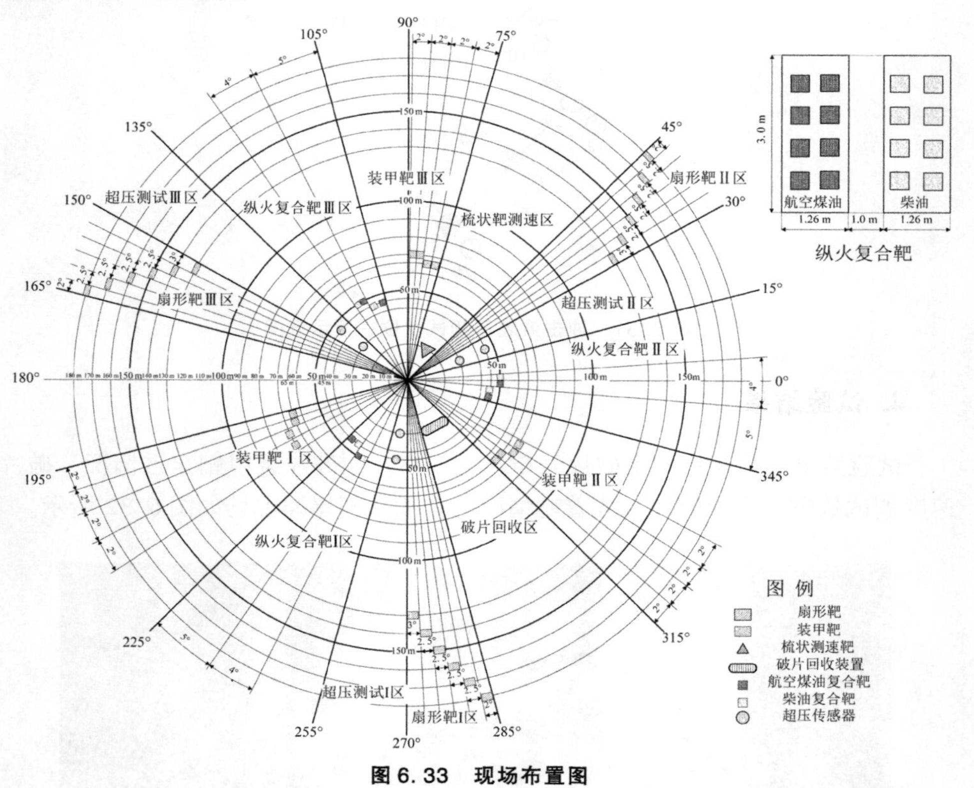

图 6.33 现场布置图

1）松木扇形靶

松木扇形靶主要用于测试战斗部密集杀伤半径，每组布设形成封闭区域，

并保持各靶靶面正对爆心，垂直于水平面。扇形靶布置情况如图6.34所示。

图6.34　扇形靶布置现场

2）均质装甲钢靶

均质装甲钢靶布设3组，每组圆心角间隔120°，靶板垂直固定在地面上，各靶板之间不遮挡。布设位置如图6.35所示。

图6.35　均质装甲钢布置现场

3）复合纵火靶

每套复合纵火靶包括航空煤油复合靶和柴油复合靶各一套，分别用于考核含能破片穿透Q235钢板对航空煤油油箱及柴油油箱的后效作用。每块钢板后布设8个充油油桶。

复合纵火靶共布设3组，每组圆心角间隔120°，靶板垂直固定在地面上，各靶板之间不遮挡。布设位置如图6.36所示，油箱布置情况如图6.37所示。

图6.36　复合纵火靶布置现场

4）梳状靶测速系统

采用梳状靶进行破片速度测试，当破片打到梳状靶靶面时，梳状靶两级之间导通，经过调理后，形成破片过靶的脉冲信号。以起爆时刻作为零时刻，读取破片到达梳状靶靶面的时刻，在已知布靶距离的情况下，可以计算破片在该距离飞行的平均速度。

共布设 9 个点位测速靶，每个点位布设 3 块梳状靶，共布设梳状靶 27 块。梳状靶尺寸为 0. 5 m×0. 5 m，梳状靶中心距地面均为 1. 5 m。梳状靶布置示意图如图 6. 38 所示，布置现场如图 6. 39 所示。

图 6. 37　油箱布置情况

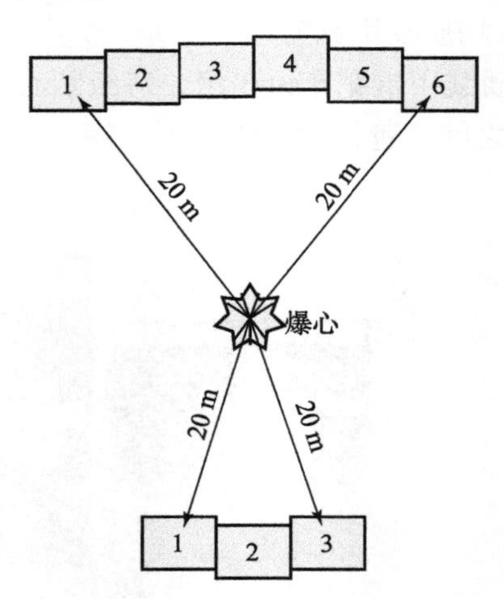

图 6. 38　梳状靶场地布置示意图

图 6. 39　梳状靶布置现场

5）高速运动分析系统

本次试验共使用 3 套高速摄影系统，布置在距爆心 600 m 左右处，高速摄影仪与战斗部之间通视，既要能拍摄战斗部起爆过程，又要能拍摄到装甲靶和纵火复合靶。高速摄影仪镜头前适当距离处布置防弹玻璃。

6）破片回收装置

破片回收装置布置在距爆心 30 m 处，用于回收破片，对破片的破碎情况进行统计。布置现场如图 6.40 所示。

图 6.40　破片回收装置布置现场

7）超压测试系统

超压测试系统用于测量爆轰波及冲击波状态场。布置示意图如图 6.41 所示。

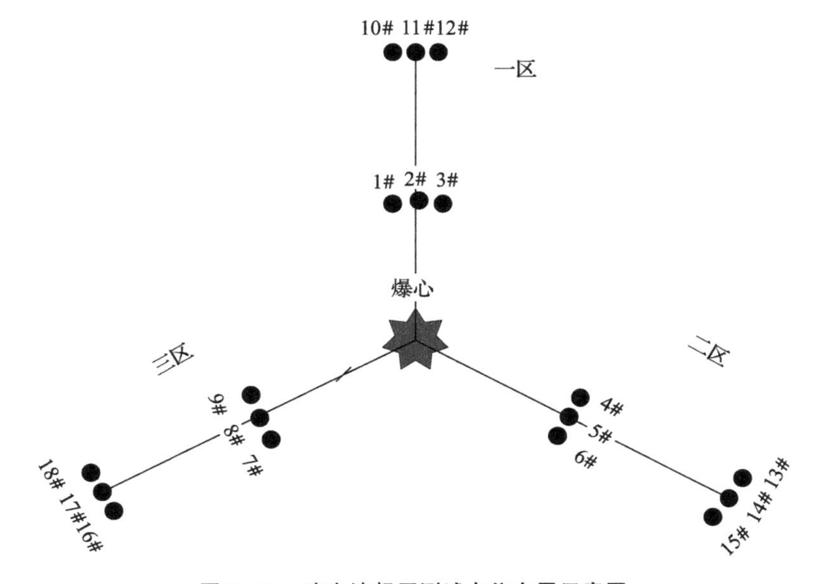

图 6.41　冲击波超压测试点位布置示意图

3. 试验结果

试验结果包括大规格预制破片穿透装甲靶、破片速度测试数据、峰值超压、正压作用时间、比冲量及扇形靶上破片着靶情况等。试验现场如图 6.42 和图 6.43 所示。

图 6.42　战斗部爆炸现场

图 6.43　航空煤油油箱引燃情况

1）装甲靶板

战斗部预制破片穿透均质装甲靶情况如图 6.44 所示。

图 6.44　均质装甲靶穿透情况

根据距爆心不同距离处均质装甲靶破片着靶及穿透记录，考核战斗部具备穿透爆心不同距离处均质装甲钢板的能力及装甲钢板破片穿透密度。

2）破片速度

测速靶接收的原始数据为破片群的飞行时间，通过测速靶距爆心的距离可计算破片群的平均速度。

3）峰值超压

静爆试验后，读取超压传感器数据，衡量距爆心不同距离处冲击波平均峰值超压。

4）破片破碎性

在战斗部静爆后，对破片回收情况进行统计，可考察预制破片在爆轰驱动过程中的完整性。回收情况如图6.45和图6.46所示。

图6.45　破片回收情况

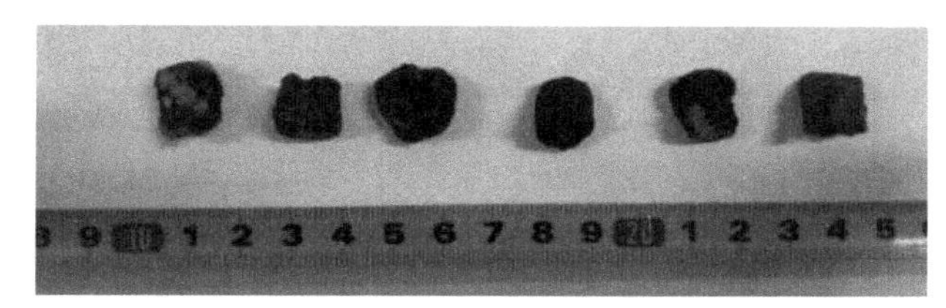

图6.46　回收的含能破片

5）扇形靶

密集杀伤半径定义指尺寸 $H_{st} \times L_{st} = 1.5\ \text{m} \times 0.5\ \text{m}$ 的各标准靶板不留间隔地围在这个圆周上时，每一块靶板被击中一块破片时对应的圆周半径。通过杀爆战斗部地面静爆试验结果，可得到战斗部的密集杀伤半径。

6.4.3　矩形靶综合性能试验

1. 测试仪器设备

壁面超压测试设备：试验采用PCB公司壁面超压传感器，200 m传输线缆，PCB公司信号调理器（放大倍数取1），数据采集设备（采样率：1 MHz，记录长度 5×10^5 个数据点），自动存储功能，采用统一触发信号触发测试设备。试验设备如图6.47～图6.50所示。

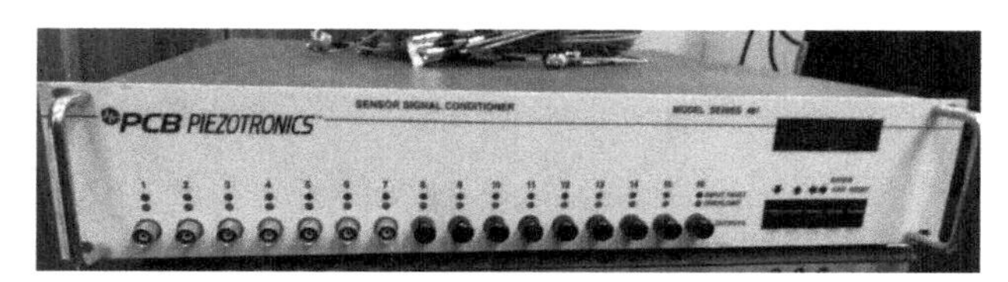

图6.47　信号调理设备

图 6.48　数据采集设备

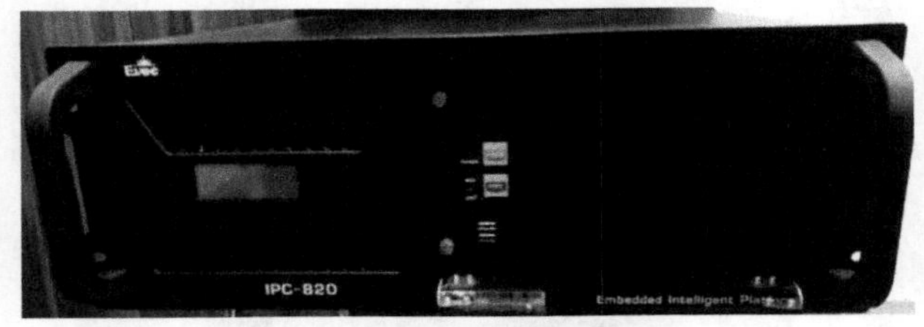

图 6.49　存储计算设备

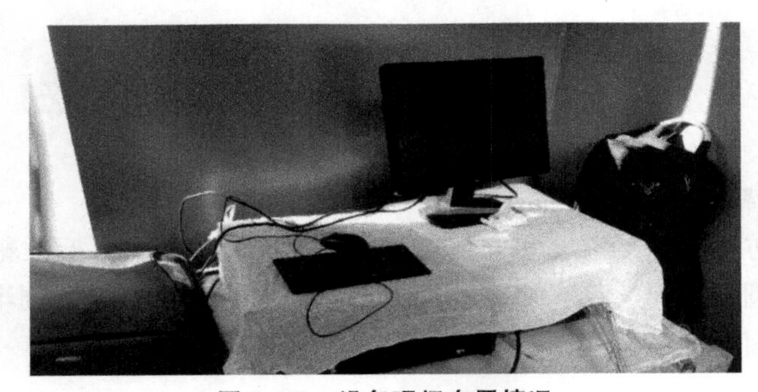
图 6.50　设备现场布置情况

高速摄影：试验采用 Phantom VEO 710 高速数字摄像机（100 万像素产品：1 280 × 800@7 400 帧/s；最高拍摄速率：680 000 帧/s；最小曝光时间 1 μs；内存容量 72 GB），如图 6.51 所示。

图 6.51　高速摄像机

破片速度测试：TG1－16靶网测速系统型（2台）；梳状测速靶，分别置于距离爆心不同距离处，每个梳状靶通过双绞线与测速系统连接。梳状靶测试现场及测速系统如图6.52和图6.53所示。

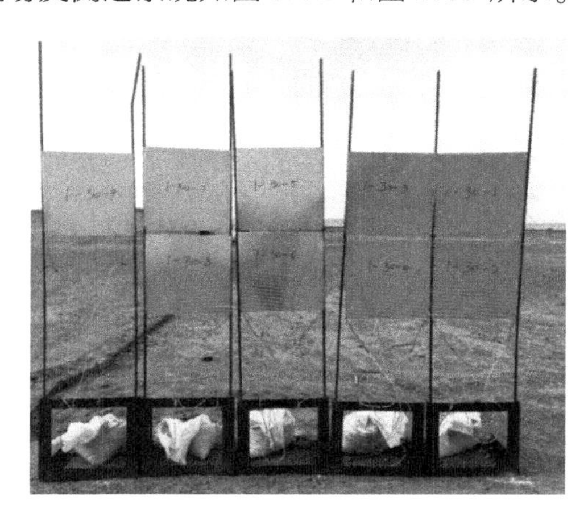

图6.52 梳状靶测试现场

图6.53 测速系统

2. 测试方法

试验器材主要有装甲靶、复合靶、梳状靶测试器材、高速运动分析系统、破片回收装置、冲击波超压测试系统、电雷管及起爆设备、爆桩、标杆、安全掩体、发电机及其他试验器材等。静爆试验布设如图6.54和图6.55所示。

1）均质装甲钢靶

主要包括616装甲靶板及固定靶板的靶架和钢钎等，靶板符合GJB 1496A标准。其布置如图6.56所示。

2）复合后效靶

棉被复合靶主要包括Q235钢板、棉被、固定靶板的靶架和钢钎等。

铝板复合靶主要包括Q235钢板、2A12铝板、固定靶板的靶架和钢钎等。

航空煤油复合靶主要包括Q235钢板、油桶、航空煤油、固定靶板的靶架和钢钎等。

复合后效靶布置现场如图6.57、图6.58所示。

3）梳状靶测速系统

采用梳状靶进行破片速度测试，当破片打到梳状靶靶面时，梳状靶两级之间导通，经过调理后，形成破片过靶的脉冲信号。以起爆时刻作为零时刻，读取破片到达梳状靶靶面的时刻，在已知布靶距离的情况下，可以计算破片在该距离飞行的平均速度。

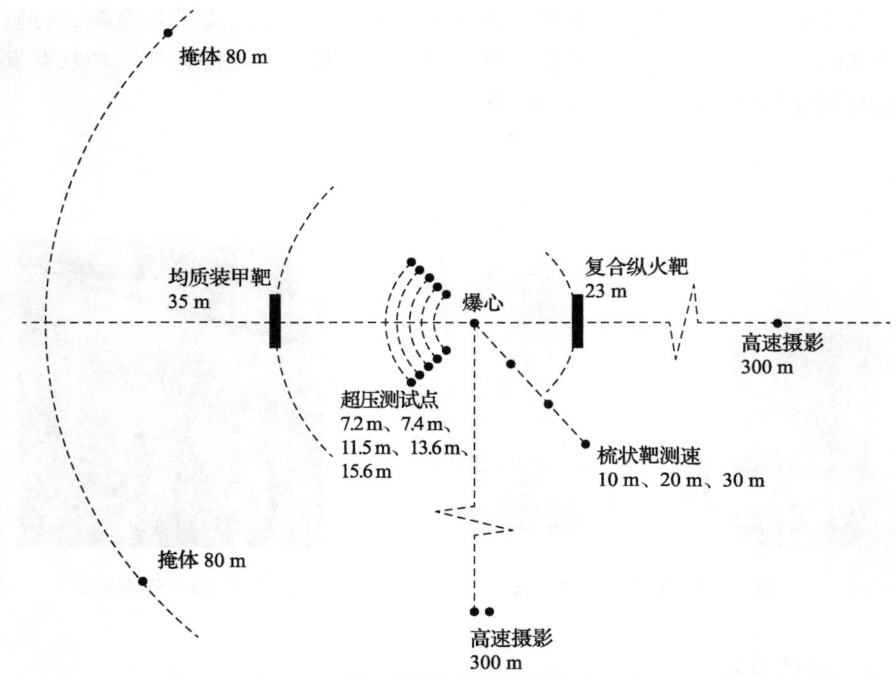

图 6.54　战斗部静爆试验场地布置示意图

图 6.55　战斗部静爆试验现场

图 6.56　均质装甲钢靶布置

图 6.57　复合后效靶正面布置现场

图 6.58　复合后效靶背面布置现场

4）高速运动分析系统

本次试验共使用 3 套高速摄影系统，布置在距爆心 300 m 左右处，高速摄影仪与战斗部之间通视，既要能拍摄到战斗部起爆过程，又要能拍摄到装甲靶和纵火复合靶。高速摄影仪镜头前适当距离处布置防弹玻璃。

5）破片回收装置

破片回收装置布置在距爆心一定距离处，用于回收破片，对破片的破碎情况进行统计，如图 6.59 所示。

图 6.59　破片回收装置图

6）超压测试系统

超压测试系统用于测量爆轰波及冲击波状态场。布置示意图如图 6.60 所示。

3. 试验结果

惰性破片战斗部起爆后，试验现场的高摄图像如图 6.61 所示；同结构含能破片战斗部起爆后，试验现场的高摄图像如图 6.62 所示。

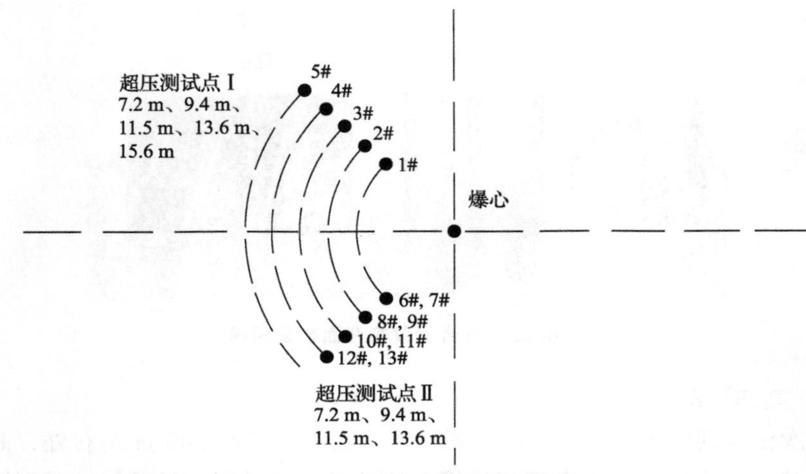

图 6.60 冲击波超压测试点位布置示意图

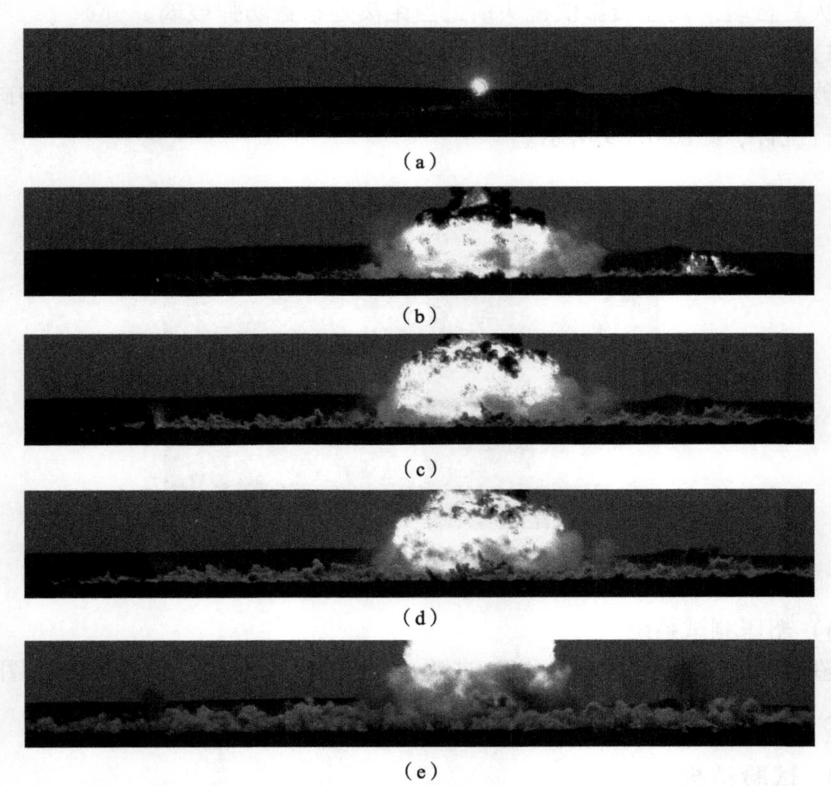

图 6.61 惰性破片战斗部起爆后高速摄影图像

(a) 起爆瞬间；(b) 起爆后 20 ms；(c) 起爆后 40 ms；
(d) 起爆后 60 ms；(e) 起爆后 200 ms

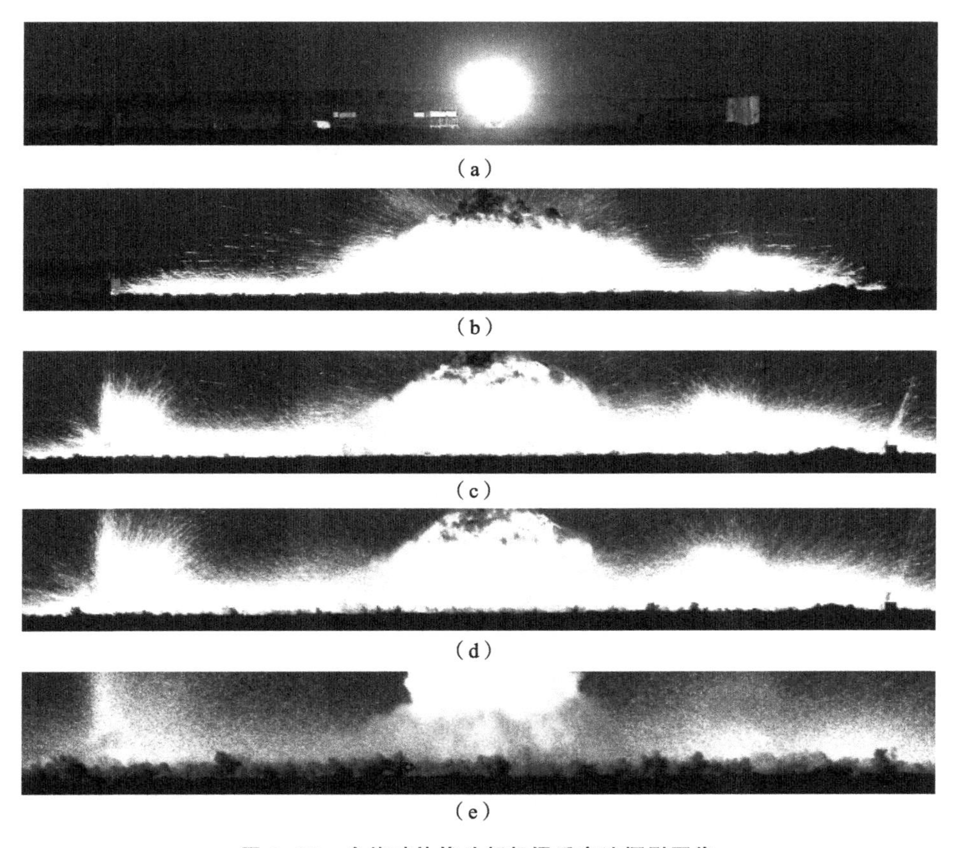

(a)

(b)

(c)

(d)

(e)

图 6.62　含能破片战斗部起爆后高速摄影图像

(a) 起爆瞬间; (b) 起爆后 20 ms; (c) 起爆后 40 ms;
(d) 起爆后 60 ms; (e) 起爆后 200 ms

惰性破片战斗部起爆后，在 10 ms 内转入完全爆轰状态，产生剧烈爆炸火球，如图 6.63 所示，破片向外飞散，于 15 ms 时刻穿透复合后效靶，于 20 ms 时刻破片撞击装甲钢板。惰性破片战斗部的钢制破片和钨球撞击靶板由于纯动能作用，产生撞击火光，起爆 60 ms 后，靶板撞击火光完全消失。

含能破片战斗部起爆后，在 10 ms 内转入完全爆轰状态，产生剧烈爆炸火球，如图 6.64 所示。含能破片战斗部中由于含能黏结剂和含能内衬层的释能作用，爆炸火团异常明亮。破片向外飞散，于 15 ms 时刻穿透复合后效靶，于 20 ms 时刻破片撞击装甲钢板。含能破片战斗部的活性预控破片撞击靶板时，由于动能和化学能的双重作用，释放化学能，在靶板前后产生剧烈火光，起爆 200 ms 后，靶板撞击火光仍然持续。

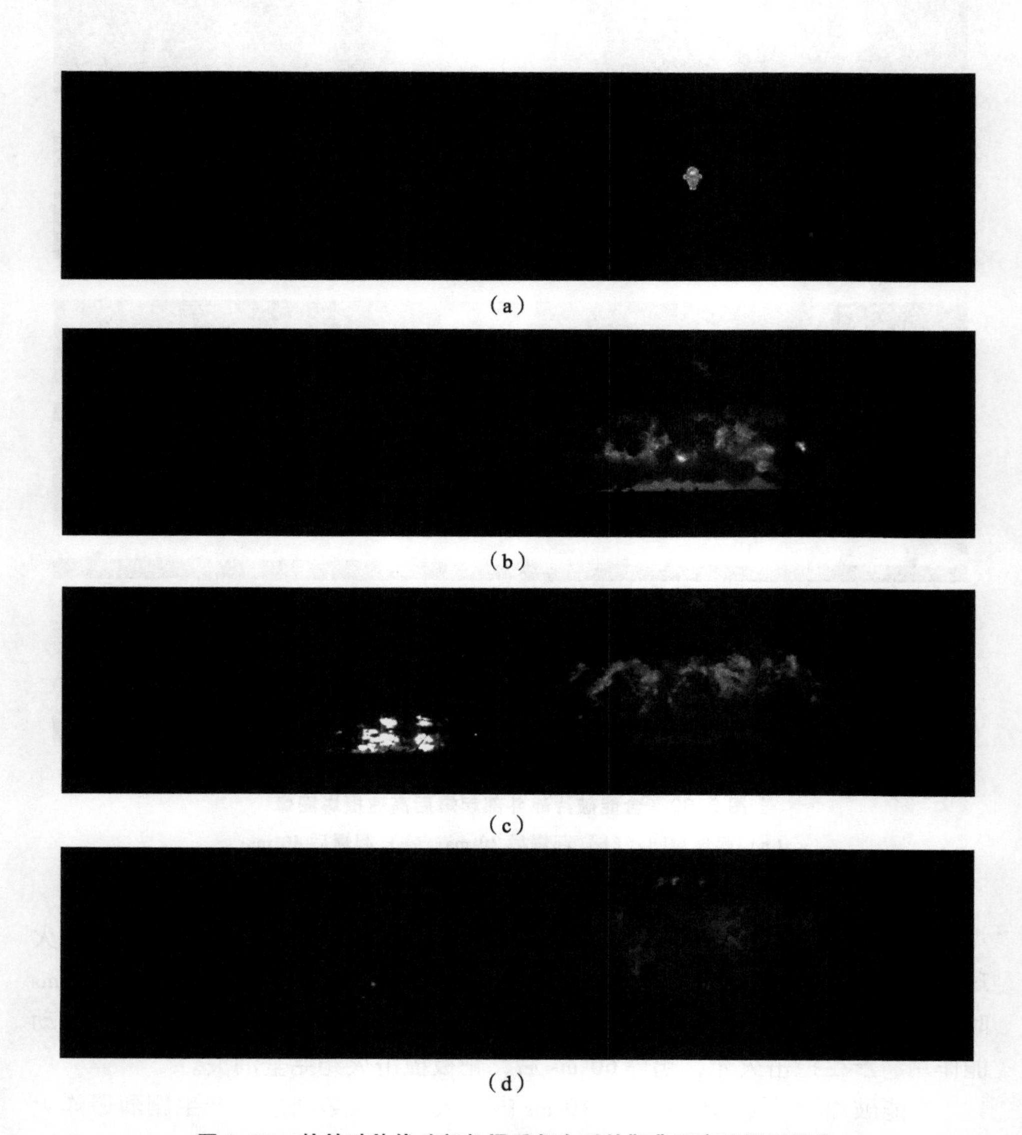

(a)

(b)

(c)

(d)

图 6.63　惰性破片战斗部起爆后复合后效靶背面高速摄影图像

(a) 起爆瞬间；(b) 起爆后 10 ms；

(c) 起爆后 15 ms；(d) 起爆后 30 ms

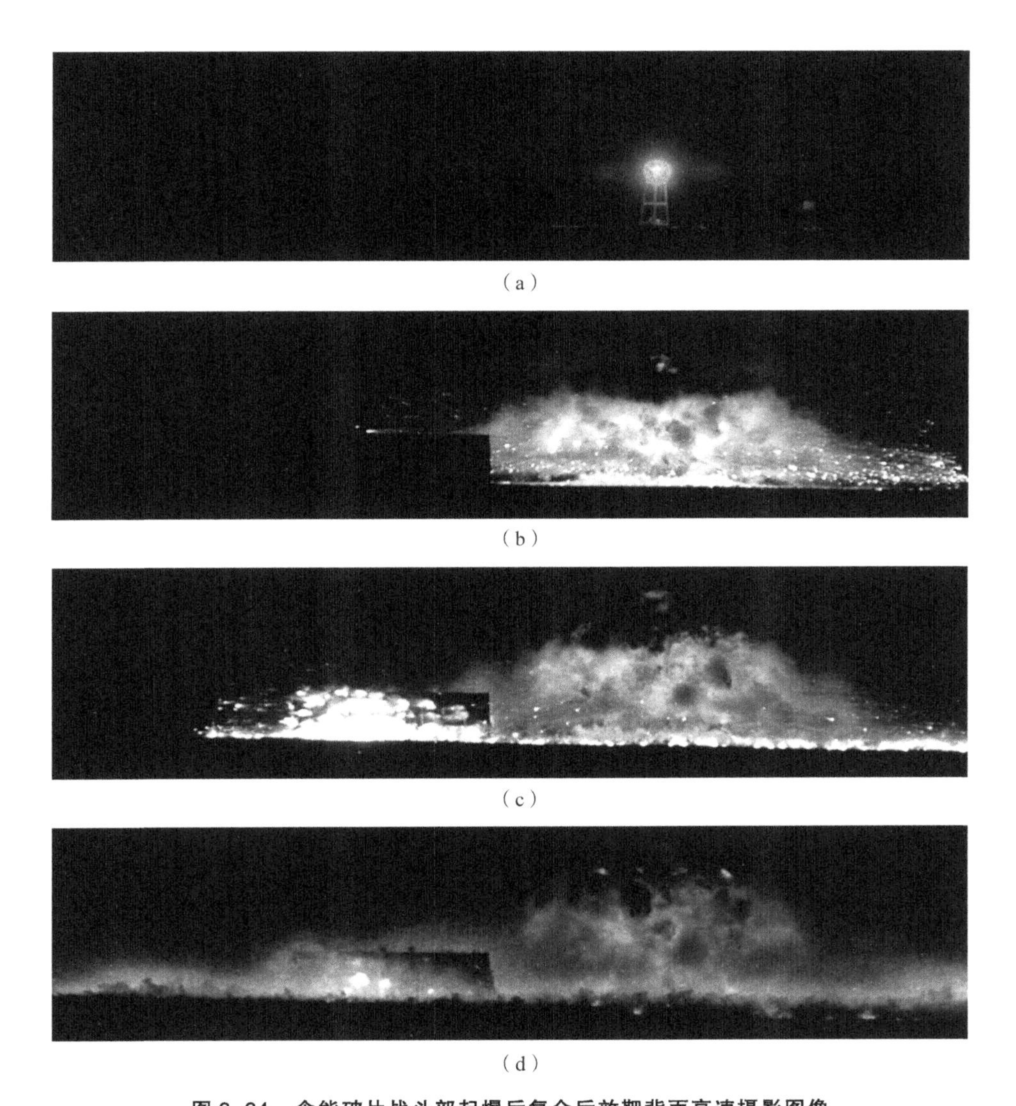

（a）

（b）

（c）

（d）

图6.64　含能破片战斗部起爆后复合后效靶背面高速摄影图像

（a）起爆瞬间；（b）起爆后 10 ms；

（c）起爆后 15 ms；（d）起爆后 30 ms

战斗部静爆后，装甲钢靶板产生穿甲毁伤，靶板上的破片飞散如图6.65和图6.66所示，装甲钢靶板上的破片分布较为均匀。两种不同战斗部的毁伤效果分别如图6.67和图6.68所示。

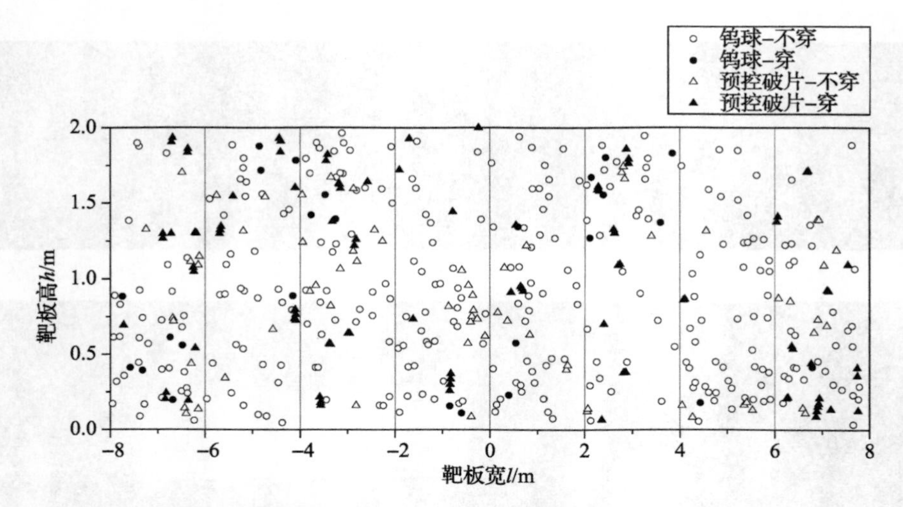

图 6.65　惰性破片战斗部（1#）在 35 m 处钢靶上的破片飞散

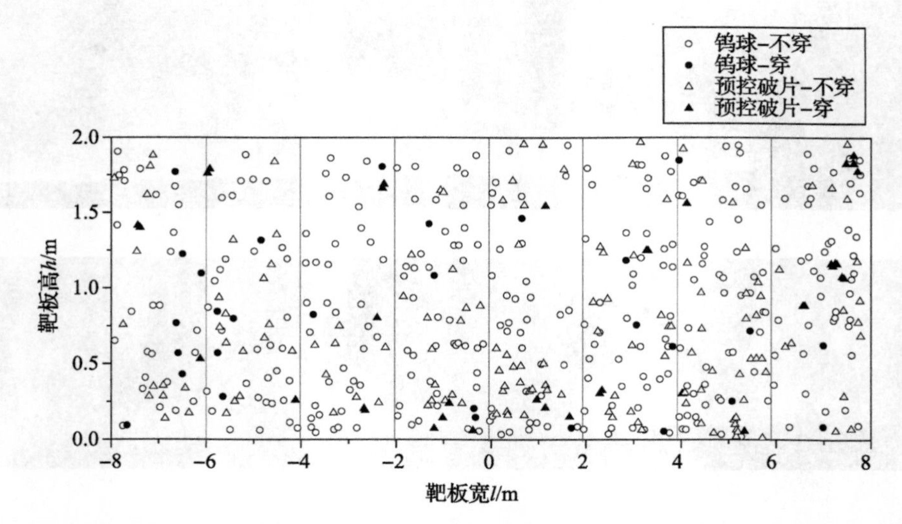

图 6.66　含能破片战斗部（2#）在 35 m 处钢靶上的破片飞散

战斗部静爆后，钨球破片与壳体预控破片击穿 Q235 钢板，并在其后的铝板上形成后效毁伤。惰性破片战斗部由于其破片仅含有钢制破片和钨球破片，在后效铝靶上形成动能穿孔。含能破片战斗部静爆后产生含能破片，其穿透 Q235 钢板后发生释能作用，在后效铝靶上产生扩孔作用。同时，由于含能破片的释能化学反应，在铝板上形成了清晰的熏黑烧灼痕迹。将 3 发战斗部静爆后铝板上的扩孔拍照，导入 AutoCAD 软件内进行面积测量，获得其扩孔总面积。

图 6.67　惰性破片战斗部在地面投影 23 m 处后效铝靶上的毁伤效果

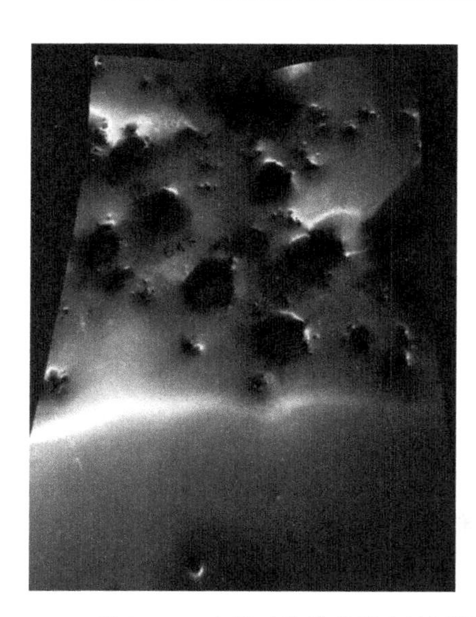

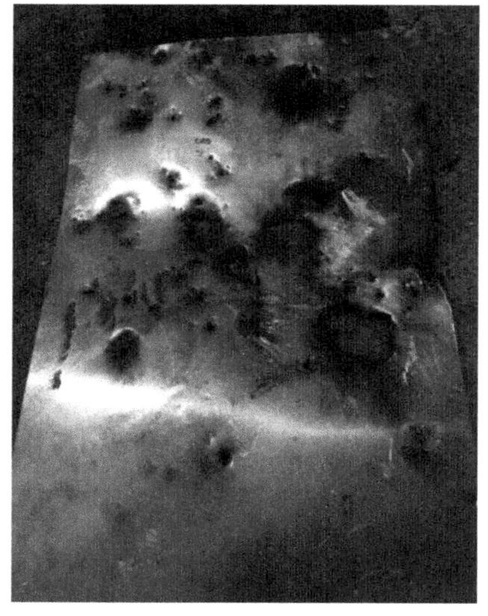

图 6.68　含能破片战斗部在地面投影 23 m 处后效铝靶上的毁伤效果

战斗部静爆后，形成的预控破片和钨球破片对靶后棉被的引燃情况如图 6.69 所示。惰性破片战斗部仅含有钢制预控破片和钨球破片，未能完全引燃靶后棉被。含能破片战斗部将靶后的棉被完全引燃。

(a)

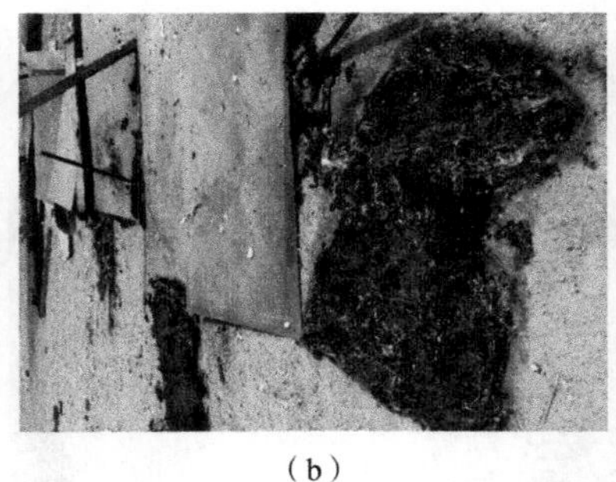
(b)

图 6.69　惰性破片战斗部（a）和含能破片战斗部（b）对靶后棉被的引燃情况

战斗部静爆后，形成的预控破片和钨球破片对靶后航空煤油油箱的引燃情况如图 6.70 和图 6.71 所示，惰性破片战斗部引燃了 8 个油箱，含能破片战斗部引燃了 16 个油箱。

图 6.70　惰性破片战斗部对靶后航空煤油油箱的引燃情况

图 6.71　含能破片战斗部对靶后航空煤油油箱的引燃情况

参 考 文 献

[1] 武锦辉，刘吉．战斗部静爆场破片参数测试技术发展现状［J］．兵器装备工程学报，2019，40（10）：104－110.

[2] 黄正祥，祖旭东．终点效应［M］．北京：科学出版社，2004.

[3] 张国伟．终点效应及其应用技术［M］．北京：国防工业出版社，2006.

索 引

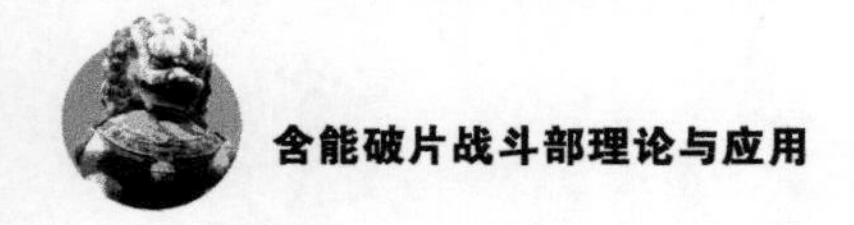

A~B

E ~ F

G

H

J

K

L

M～O

P

Q

R~S

Z

（王彦祥、张若舒、刘子涵　编制）